Regelungstechnik mit Fuzzy Logic

Praktische Anwendungen und Projekte mit
Arduino, ESP32 und RP2040

Josef Bernhardt

elektor
design > share > earn

1. Auflage 2024

● **ISBN 978-3-89576-646-6** Print
ISBN 978-3-89576-647-3 eBook

● Satz und Aufmachung: D-Vision, Julian van den Berg | Oss (NL)
Druck: Ipskamp Printing, Enschede (NL)

Elektor Verlag GmbH, Aachen
www.elektor.de

Inhaltsverzeichnis

Vorwort

Dieses Buch wurde für Studierende sowie für Elektroniker geschrieben, die sich für praktische Anwendungen der Regelungstechnik interessieren. Das Ziel dieses Buches ist, die Grundlagen der Regelungstechnik schwerpunktmäßig für Fuzzy Logic Regelungstechnik zu vermitteln und an mehreren praktischen Beispielen zu erläutern.

Insbesondere werden die Grundlagen der Sensoren und Linearisierung verständlich dargestellt, damit Sie ein solides Verständnis für die Erfassung von Sensordaten erhalten. Darüber hinaus bieten wir Ihnen detaillierte Informationen und Beispiele zur Ansteuerung verschiedener Aktuatoren, um Ihnen zu zeigen, wie Sie Ihre Projekte aufbauen können.

Das Buch wird durch zahlreiche Beispiele ergänzt und beschreibt reale Anwendungen der Regelungstechnik, die alle auf der Arduino-Plattform umgesetzt werden. Dies ermöglicht den Lesern, praktische Erfahrungen zu sammeln und das Gelernte unmittelbar in der Praxis anzuwenden.

Neben den Grundlagen des Arduino Uno decken wir auch die Verwendung des leistungsstarken ESP32 ab, um Ihnen einen umfassenden Einblick in die Welt der Mikrocontroller zu zeigen. Sie werden Schritt für Schritt durch Anwendungen zur Temperaturregelung mit Fuzzy Logic geführt und lernen, wie Sie Motoren, sowohl in ihrer Drehzahl als auch in ihrer Position, regeln können.

Den Abschluss bilden ein Kapitel über Sliding-Mode-Regler sowie eines zu Grundlagen von Neuronalen Netzen, ebenfalls mit mehreren praktischen Beispielen.

Wir hoffen, dass dieses Buch nicht nur beim Lesen Freude bereitet, sondern Ihnen auch dabei hilft, Ihre eigenen Projekte erfolgreich umzusetzen. Wir wünschen Ihnen viel Spaß und Erfolg bei der Lektüre und bei Ihren zukünftigen Projekten!

Abschließend möchten wir allen danken, die uns unterstützt und Details immer wieder überprüft haben, die das Manuskript gelesen und Kommentare abgegeben haben, deren Anmerkungen wir zitieren durften und die uns bei der Redaktion, dem Korrekturlesen und der Gestaltung geholfen haben.

Josef Bernhardt

Kapitel 1 • Arduino Hardware für die Regelungstechnik

Arduino ist eine quelloffene Plattform für Elektronik-Projekte, die Hard- und Software kombiniert. Sie ist benutzerfreundlich und eignet sich sowohl für Anfänger als auch für erfahrene Entwickler. Es gibt viele verschiedene Arduino-Boards, Sensoren und Komponenten zur Auswahl.

Der Name Arduino stammt von einer Bar in der Stadt Ivrea in Italien, in der 2005 die Studenten Massimo Banzi, David Cuartielles, Tom Igoe, Gianluca Martino und David Mellis die Idee zur Entwicklung einer programmierbaren Platine für Prototypen hatten. Schnell wurde Arduino als Open-Source-Plattform veröffentlicht. Dies führte 2009 zur Gründung des Arduino-Unternehmens, das die Produktion und den Vertrieb der Boards unterstützt und kontinuierlich neue Produkte entwickelt.

Mit den Arduino Boards kann man Projekte in verschiedenen Bereichen realisieren, wie z.B. Robotik oder Industriesteuerungen. Für die Programmierung der Hardware Plattform gibt es die Arduino IDE, die das Schreiben, Testen und Hochladen von Programmen ermöglicht.

Die IDE basiert auf C/C++ und erleichtert Anfängern den Einstieg durch zahlreiche Bibliotheken und Beispielcode. Arduino bietet unendliche Möglichkeiten für Kreativität und Innovation.

In diesem Buch über Regelungstechnik kommen hauptsächlich der Arduino UNO und Arduino Nano sowie der ESP32 von Espressif zum Einsatz. Sehr interessant für komplexere Projekte ist auch der Raspberry RP2040.

1.1 Arduino UNO

Der Arduino UNO ist eines der beliebtesten Arduino-Boards und basiert auf dem ATmega328P-Mikrocontroller. Er bietet zahlreiche digitale und analoge Pins sowie Funktionen wie Analog/Digital Wandler, PWM-Ausgänge und serielle Kommunikation. Der UNO ist einfach zu bedienen und hat eine große Entwickler-Gemeinschaft, weshalb er ideal für die Regelungstechnik geeignet ist. Die Programmierung erfolgt über die Arduino-IDE mit C Code. Mit dem UNO können wir Sensoren, Heizungen, Motoren, LEDs und andere Komponenten steuern und hochwertige Regler aufbauen. Durch Erweiterungsplatinen lässt sich seine Funktionalität erweitern, etwa mit Displays, Netzwerk-Verbindungen oder drahtloser Kommunikation. Der UNO wird häufig in Bildungs- und Hobbyprojekten sowie in professionellen Anwendungen für Prototyping und schnelle Entwicklungen eingesetzt.

Abbildung 1.1: Arduino UNO Board

1.2 Arduino NANO

Sehr gut geeignet für Elektronikprojekte ist der Arduino Nano wegen seiner kompakten Bauform, der ebenfalls auf dem ATmega328P-Mikrocontroller basiert. Er bietet ähnliche Funktionen wie der Arduino UNO, jedoch in einem kleineren Formfaktor, was ihn ideal für platzsparende Projekte macht. Der Nano verfügt über 14 digitale I/O-Pins, 8 analoge Eingänge und unterstützt serielle Kommunikation sowie PWM-Ausgänge. Dank seiner geringen Größe und Flexibilität wird der Arduino Nano häufig in tragbaren und platzkritischen Anwendungen eingesetzt.

Abbildung 1.2: Arduino Nano Board

Merkmale und Spezifikationen der CPU

- Mikrocontroller: Atmel / Microchip ATmega328P
- Betriebsspannung: 5 Volt
- Eingangsspannung (empfohlen): 7-12 Volt
- Digitale I/O-Pins: 14 (davon 6 PWM-fähig)
- Analoge Eingangspins: 6 mit 10 Bit Auflösung
- Flash-Speicher: 32 KB (davon 0.5 KB für den Bootloader reserviert)
- SRAM: 2 KB
- EEPROM: 1 KB
- Taktfrequenz: 16 MHz

Arduino Nano Pin	Board	Beschreibung
D2	Taster S1	Digital Eingang aktiv High
D3	Taster S2	Digital Eingang aktiv High
D4	Taster S3	Digital Eingang aktiv High
D5	Taster S4	Digital Eingang aktiv High
D6	Taster S5	Digital Eingang aktiv High
D7	LED 1	Digital Ausgang
D8	LED 2	Digital Ausgang
D9	LED 6	PWM Ausgang
D10	LED 7	PWM Ausgang
D11	LED 8	PWM Ausgang
D12	LED 3	Digital Ausgang
D 13	LED 4	Digital Ausgang
ADC0	Poti R13	Analog Eingang
ADC1	Poti R14	Analog Eingang
ADC2	Poti R15	Analog Eingang
ADC3	Poti R16	Analog Eingang
ADC4	Poti R17	Analog Eingang

Tabelle 1.1: Pin Belegung Arduino Nano Testboard

Abbildung 1.3: Arduino Nano Testboard

1.3 Espressif ESP32

Der ESP32 von Espressif ist eine leistungsstarke Entwicklungsplatine, die auf einem ESP32 Mikrocontroller basiert. Er bietet integriertes WLAN sowie Bluetooth, was ihn ideal für IoT-Anwendungen macht. Die Programmierung erfolgt hier ebenfalls über die Arduino-IDE, die von der offiziellen Arduino-Website [LINK1] heruntergeladen werden kann. Nach der Installation der ESP32-Boardunterstützung können wir den ESP32 mit C++-Code programmieren und auf seine Hardware zugreifen. Der ESP32 verfügt über zahlreiche GPIO-Pins für den Anschluss von Sensoren und Aktuatoren und kann sowohl als Server als auch als Client in WLAN-Netzwerken agieren. Zudem ermöglicht er die Kommunikation über Bluetooth mit anderen Geräten. Dank seiner Vielseitigkeit eignet sich der ESP32 für Projekte in den Bereichen Smart Home, Robotik und Regelungstechnik. Er ist auch für Anfänger geeignet und profitiert von einer großen Entwickler-Gemeinschaft sowie zahlreichen Online-Ressourcen, die beim Einstieg helfen. Mit dem ESP32 können wir Sensordaten sammeln und über WLAN oder auf einem TFT-Display anzeigen sowie Aktuatoren steuern.

Abbildung 1.4: ESP32 Board

Hier die technischen Daten des ESP32 Mikrocontrollers

- Prozessor: Dual-Core Tensilica LX6 mit bis zu 240 MHz
- Speicher: RAM: 520 KB SRAM
  ROM: 448 KB
- Flash-Speicher: Je nach Modell, typischerweise 4 MB

Funktionen

- WLAN: 802.11 b/g/n
- Bluetooth: v4.2 BR/EDR und BLE
- GPIO-Pins: 34 Pins, vielseitig nutzbar für verschiedene Peripheriegeräte

Kommunikationsschnittstellen

- UART: 3 Schnittstellen
- SPI: 4 Schnittstellen
- I2C: 2 Schnittstellen
- I2S: 2 Schnittstellen
- PWM: bis zu 16 Kanäle
- DAC: 2 Kanäle
- ADC: bis zu 18 Kanäle, 12-bit Auflösung

Weitere Funktionen

- Touch-Sensoren: bis zu 10 kapazitive Touch-Eingänge
- RTC (Real-Time Clock)
- Hardware-Beschleunigung für Verschlüsselung (AES, SHA-2, RSA, ECC)

Energieverwaltung

- Verschiedene Energiesparmodi (Light Sleep, Deep Sleep)
- Betriebsspannung: 2.2 V – 3.6 V
- Betriebstemperatur: -40°C bis +85°C

Peripheriegeräte

- Hall-Sensor
- Temperatursensor
- Anschlussmöglichkeiten: USB, eine externe Stromversorgung ist über Batterie oder Akku möglich

1.4 Raspberry RP2040 Controller

Der RP2040 ist ein leistungsstarker Mikrocontroller, der von der Raspberry Pi Foundation entwickelt wurde. Er ist kostengünstig, basiert auf einer Dual-Core-Architektur und wurde speziell für Embedded-Anwendungen entwickelt. Er zeichnet sich durch seine hohe Leistungsfähigkeit, Flexibilität und Energieeffizienz aus.

Die CPU verfügt über eine Reihe von Funktionen, darunter GPIO-Pins, UART-, SPI- und I²C-Schnittstellen sowie eine Vielzahl von Peripheriemodulen. Er unterstützt auch die Programmierung über USB und verfügt über einen integrierten USB-Bootloader, der die Programmierung und den Betrieb ohne externe Programmiergeräte ermöglicht.

Abbildung 1.5: Raspberry RP2040 Board

Merkmale und Spezifikationen

- Mikrocontroller: Dual-Core ARM Cortex-M0+ (bis zu 133 MHz)
- Betriebsspannung: 3,3 Volt
- Digitale I/O-Pins: 30 (davon 26 PWM-fähig)
- Analoge Eingangspins: 4
- Flash-Speicher: 2 MB (QSPI)
- SRAM: 264 KB
- EEPROM: Nicht vorhanden
- Taktgeschwindigkeit: Bis zu 133 MHz

Der RP2040 wird von einer engagierten Entwicklergemeinschaft unterstützt, die eine Vielzahl von Ressourcen bereitstellt, darunter Dokumentationen, Tutorials, Foren und Beispielprojekte. Diese Ressourcen erleichtern die Entwicklung von Projekten und fördern den Austausch von Wissen und Erfahrungen in der Community.

1.5 ESP32 Fuzzy PID Controller Board

Für die Programmbeispiele in diesem Buch verwenden wir ein speziell für die Regelungstechnik entwickeltes Testboard. Die Platine "ESP32 Fuzzy PID Controller" ist eine vielseitige Plattform für präzise Regelungs- und Steuerungsanwendungen. Mit einer breiten Palette von Schnittstellen ermöglicht es eine nahtlose Integration in zahlreiche Anwendungen.

Weitere praktische Anwendungen wie der Einsatz als SPS oder Modbus TCP E/A Modul sowie Protokolle wie MQTT oder Webanwendungen mit Websockets sind jederzeit möglich.

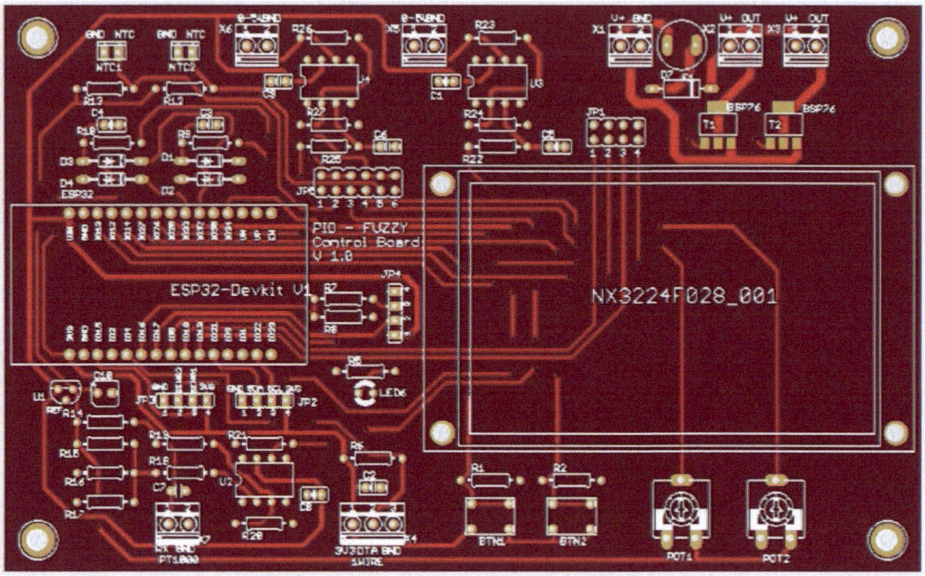

Abbildung 1.6: ESP32 Fuzzy PID Testboard

Eingangsschnittstellen

- 2 x NTC 10K: Diese Schnittstellen ermöglichen die genaue Messung von Temperaturänderungen durch NTC-Temperatursensoren.
- 1 x PT1000: Die PT1000-Schnittstelle ermöglicht die präzise Erfassung von Temperaturwerten mittels PT1000-Temperatursensoren.
- 1 x OneWire für DS18B20 oder DHT11 / DHT22: Diese flexible Schnittstelle unterstützt die Verwendung von DS18B20-Temperatursensoren oder DHT11 / DHT22 Feuchtigkeitssensoren für eine zuverlässige Umgebungserfassung.
- 2 Buttons: Zwei Tasten bieten eine einfache Benutzerschnittstelle für die Steuerung und Konfiguration des Systems.
- 2 Potis: Zwei Potentiometer ermöglichen die manuelle Einstellung von Parametern oder Schwellwerten für eine fein abgestimmte Steuerung.
- 2 Sense Leitungen für Motor Drehzahl und Positionserfassung: Diese Schnittstellen ermöglichen die präzise Erfassung der Motor-Drehzahl und -Position für eine genaue Regelung.

Ausgangsschnittstellen

- 2 x 24 V 1 A für Motor oder Relais wahlweise auch für PWM: Diese Ausgänge bieten die Flexibilität zur Steuerung von Motoren oder Relais, wahlweise über PWM-Signale für eine präzise Leistungsregelung.
- 2 x Analogausgang 0 bis 5 Volt: Zwei analoge Ausgänge ermöglichen die Erzeugung von Spannungssignalen im Bereich von 0 bis 5 Volt zur Ansteuerung externer Geräte.
- 1 x I2C-Anschluss 4-polig für Erweiterungen: Der I2C-Anschluss ermöglicht die einfache Integration von Erweiterungsmodulen für zusätzliche Funktionen oder Schnittstellen.

- 1 x UART2 TTL für ein Display Nextion NX3224F028 (2,8 Zoll): Das Nextion-Display bietet eine klare und benutzerfreundliche Oberfläche zur Anzeige von Daten und dank Touch auch zur Interaktion mit dem System.

Mit seinem leistungsstarken ESP32-Chip und einer Vielzahl von Schnittstellen bietet das **ESP32 Fuzzy PID Controller Board** eine robuste und flexible Lösung für eine Vielzahl von Anwendungen, von der Temperaturregelung bis hin zur Positionskontrolle.

Ein vollständiges Layout und die Schaltpläne befinden sich im Anhang.

Pinbelegung des ESP32 vom Testboard:

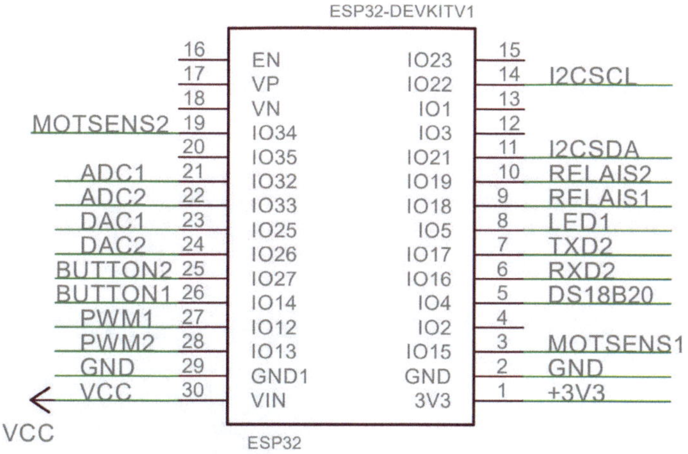

Abbildung 1.7: ESP32 Pinout

Pin Bezeichnung	ESP32 Modul Pin Nr.	GPIO Pin Nummer	Beschreibung
VCC	30		VCC Pin 5V vom USB
3V3	1		3.3 Volt Pin vom Spannungsregler
GND	2 / 29		GND Pin
ADC1	21	IO32	Analog Digitalwandler Kanal 1
ADC2	22	IO33	Analog Digitalwandler Kanal 2
BUTTON1	26	IO14	Taster 1 Eingang
BUTTON2	25	IO27	Taster 2 Eingang
MOTSENS1	3	IO15	Motor Sensor 1 Eingang
MOTSENS2	19	IO34	Motor Sensor 2 Eingang
I2CSDA	11	IO21	I2C Daten
I2CSCL	14	IO22	I2C Takt
RXD2	6	IO16	UART RX Eingang

TXD2	7	IO17	UART TX Ausgang
DS18B20	5	IO4	OneWire Schnittstelle
DAC1	23	IO25	Analog Ausgang 1 0 bis V3.3
DAC2	24	IO26	Analog Ausgang 2 0 bis V3.3
PWM1	27	IO12	Pulsweitenausgang 1
PWM2	28	IO13	Pulsweitenausgang 2
RELAIS1	9	IO18	Ansteuerung für Relais 1
RELAIS2	10	IO19	Ansteuerung für Relais 2
LED1	8	IO5	LED Board

Tabelle 1.2: Pinbelegung für das GPIO ESP32 Modul

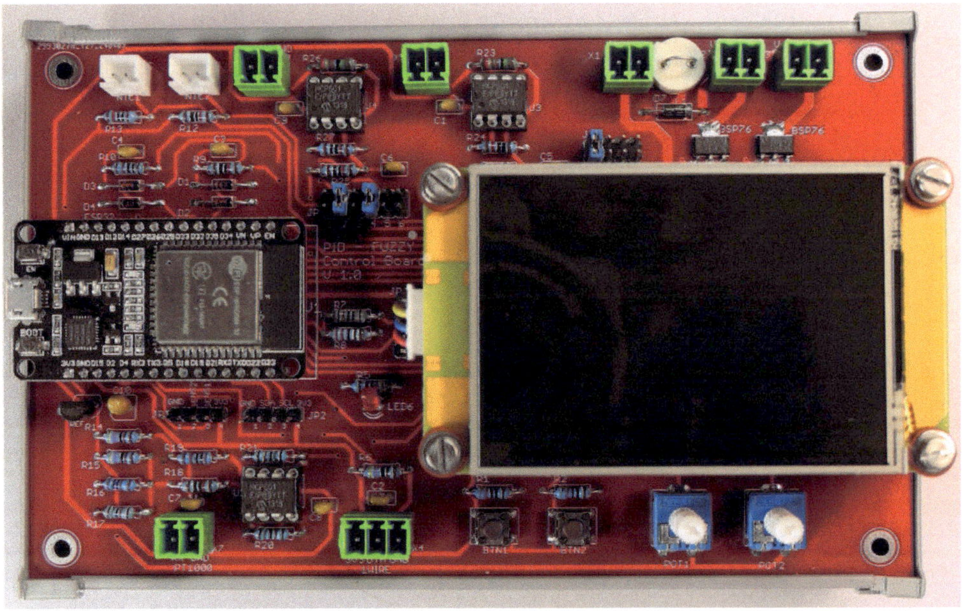

Abbildung 1.8: ESP32 Fuzzy PID Board

1.6 ESP32 Modbus RTU Controller Board

Ebenfalls geeignet, um Messwerte wie Strom, Spannung und Leistung erfassen zu können, ist das ESP32BoardModbusRTUControl Board.

Die Schaltpläne und Layouts dazu befinden sich im Anhang.

Das ESP32 Board wurde entwickelt, um Stromzähler, wie den **Shelly 3EM** über WLAN und die **Eastron SDM** Serie (baugleich mit **controlin**) sowie **KBR multimess 96,** über RS485 (Modbus RTU) auszulesen. Voraussetzung für den Betrieb ist ein funktionierendes

WLAN. Die Daten von den Zählern werden über das eingebaute Display angezeigt und im Sekundentakt per http im JSON Format an einen Server gesendet und dort gespeichert. XML wäre auch möglich. Die Controller Software wurde mit der Arduino IDE erstellt. Mögliche Protokolle sind http Post und Get, MQTT, REST, Modbus TCP Server und weitere, die mit TCP/IP möglich sind. Die Platine ermöglicht auch eine Ansteuerung von Wechselrichtern, um mit den Leistungsdaten eine Nulleinspeisung zu realisieren.

Technische Daten

CPU:	ESP32 von Tensilica
Stromversorgung:	12-24 Volt Gleichspannung
Schnittstellen:	RS485
	WLAN 2,4 GHZ und Bluetooth
	UART RX TX für 5 V Nextion Display 2,4 Zoll NX3224T024
	2 x 24V DC Ausgang für Relais oder Schütz.
	1 x 10 V Analogeingang (erweiterbar auf 0-20 oder 0-50V)
	1 x 10 V Analogausgang (oder 0-5V)1 x OneWire für Temperatursensor DS18B20

Infos zur Software des ESP32 Moduls

Das Modul verbindet sich nach dem Einschalten automatisch mit dem WLAN, dessen SSID und Passwort im Programm eingetragen sind. Sollte kein WLAN verfügbar sein, ist ein Access Point zu installieren.

```
// Wlan Parameter
char* ssid = "FRITZ!Box 7590 RI";
char* password = "42261153805385775967";
```

Danach hat man die Möglichkeit entweder über WLAN den Shelly 3 em auszulesen oder über Modbus RTU den Eastron SDM, oder den Controlin Zähler.

Hier ein Beispiel für die Abfrage des Shelly 3EM im Sekundentakt:

```
// Shelly 3 em
String serverName1 = "http://192.168.178.40/emeter/0";
// Antwort vom Shelly {"power":15.32,"pf":0.25,"current":0.27,"voltage":226.96,"is_valid":true,"total":2.0,"total_returned":0.0}
String serverName2 = "http://192.168.178.40/emeter/1";
// Antwort vom Shelly {"power":49.16,"pf":0.78,"current":0.27,"voltage":225.98,"is_valid":true,"total":5.9,"total_returned":0.0}
String serverName3 = "http://192.168.178.40/emeter/2";
// Antwort vom Shelly {"power":11.56,"pf":0.40,"current":0.13,"voltage":227.10,"is_valid":true,"total":2.0,"total_returned":0.0}
```

Die Daten werden vom JSON Format in Float-Werte konvertiert und die Gesamtleistung berechnet.

Danach wird von einem Timeserver der aktuelle Timestamp abgefragt und die Daten zum Firebase oder Postgre SQL Server gesendet.

```
// Firebase Server
String firebaseserver = "https://getup-now-37905-default-rtdb.europe-west1.firebasedatabase.app/customers/jbernhardt.json";

// http://93.90.178.80:3000/jbernhardt_sensor1
String postgreserver = "http://93.90.178.80:3000/jbernhardt_sensor1";

// {"sensor":"Shelly3em","timestamp":1676635242,"powerdata":[128.5298767,395.1396484,702.9299927,1226.599609]}
```

Die Ankopplung eines RS485 Zähler erfolgt über den UART1 und folgender Bibliothek:

https://github.com/reaper7/SDM_Energy_Meter

```
// RS485 Modbus RTU
#define RXD1 19
#define TXD1 18
#define REDE1 26

// Init RS485 Modbus RTO
SDM sdm(Serial1, SDM_UART_BAUD, REDE1, SERIAL_8N1, RXD1, TXD1); //config SDM
```

Es werden folgende Modbus Register ausgelesen:

```
PowerArr[0] = sdm.readVal(SDM_PHASE_1_POWER);
PowerArr[1] = sdm.readVal(SDM_PHASE_2_POWER);
PowerArr[2] = sdm.readVal(SDM_PHASE_3_POWER);
PowerArr[3] = sdm.readVal(SDM_TOTAL_SYSTEM_POWER);

PowerArr[4] = sdm.readVal(SDM_IMPORT_ACTIVE_ENERGY);
PowerArr[5] = sdm.readVal(SDM_EXPORT_ACTIVE_ENERGY);
```

Für Modbus RTU Zähler anderer Hersteller sind die Register anzupassen und Tests durchzuführen.

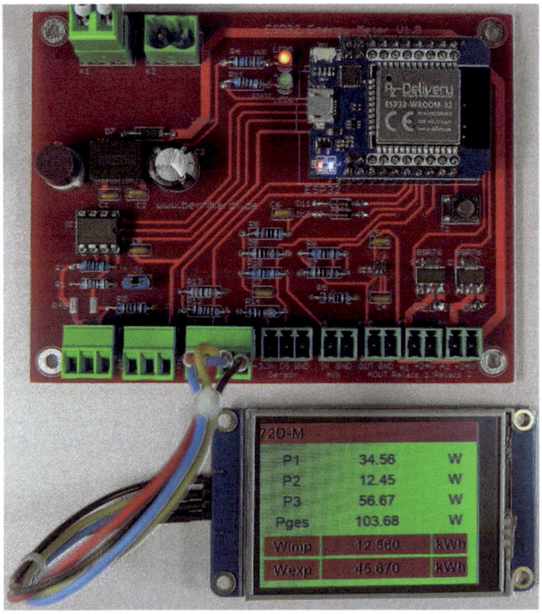

Abbildung 1.9: ESP32 Modbus RTU Board

Ebenfalls im Anhang sind die Schaltpläne und Layouts für ein Arduino Nano Board sowie für ein Arduino Mega Board mit jeweils vier Digital und Analog Leitungen.

1.7 Programmieren der Arduino Boards

Für die Programmierung der Boards steht eine Entwicklungsumgebung zur Verfügung die kostenlos von der Arduino Webseite heruntergeladen werden kann.

Die Software steht für Windows, Linux und macOS zum Download bereit.

Die Adresse der Wbseite: https://www.arduino.cc/en/software

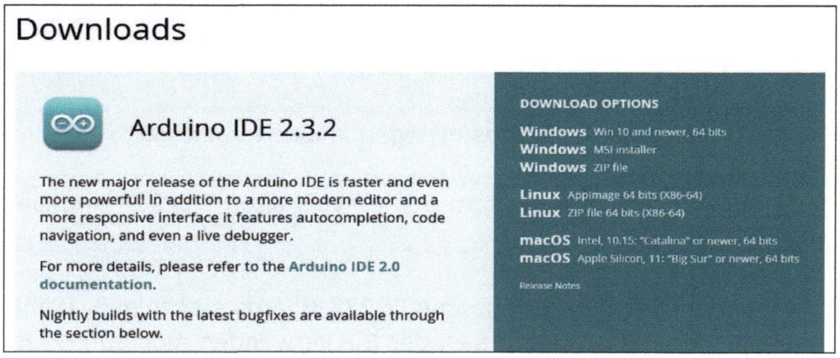

Abbildung 1.10: Download Arduino IDE

Nach der Installation der IDE können über die Boardverwalter Einstellung fehlende Boards wie das ESp32 nachinstalliert werden. Eine Liste der installierbaren Arduino Boards gibt es hier:

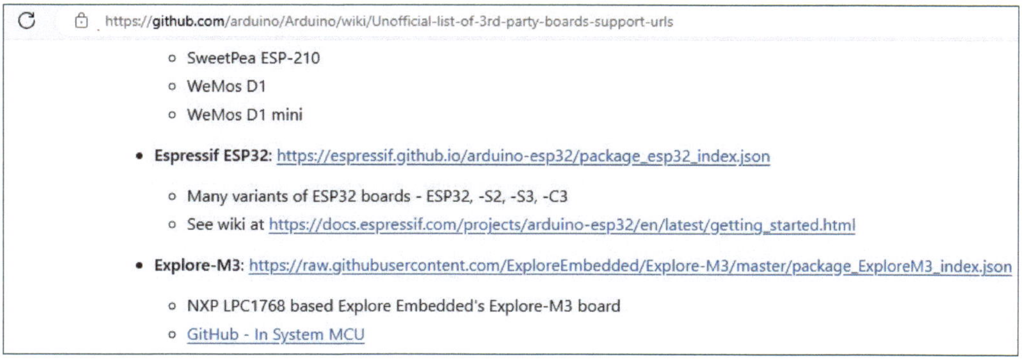

Abbildung 1.11: ESP32 Github Webseite

Unofficial list of 3rd party boards support urls · arduino/Arduino Wiki · GitHub

1. Öffnen Sie die Arduino IDE 2.3.2 auf Ihrem Computer.

2. Gehen Sie zu "Werkzeuge" > "Board" > "Boards-Verwalter".

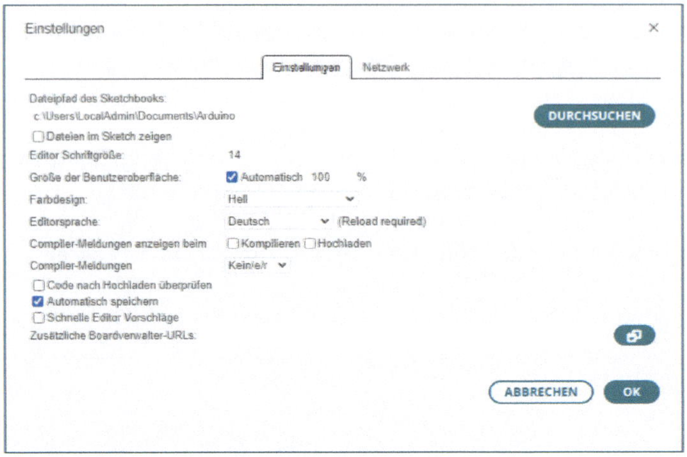

Abbildung 1.12: Einstellungen in der Arduino IDE

3. In der Suchleiste oben rechts im Boards-Verwalter "ESP32" eingeben und die Eingabetaste drücken.

4. Es sollte eine Liste der verfügbaren ESP32-Boards erscheinen. Wählen Sie das entsprechende ESP32-Board aus, das Sie verwenden möchten (z. B. "ESP32 Dev Module").

5. Klicken Sie auf den Installieren-Button neben dem ESP32-Board, um die Boardunterstützung zu installieren.

6. Warten Sie, bis die Installation abgeschlossen ist. Dies einige Minuten dauern.

7. Sobald die Installation abgeschlossen ist, kann man das ESP32-Board in der Liste der verfügbaren Boards unter "Werkzeuge" > "Board" auswählen.

Nachdem das ESP32-Board erfolgreich installiert ist, kann man es wie jedes andere Board in der Arduino IDE verwenden und Programme für den ESP32 schreiben und hochladen.

1.8 Das Nextion Grafik Display

Für die Anzeige der Messdaten in den Beispielen benutzen wir ein 2,8 Zoll Grafik Display NX3224F028_001 von der Firma Nextion. Der große Vorteil gegenüber anderen Displays, wie z.B. welche mit Grafikchip IL9341, ist die Ansteuerung mit dem UART über die RX/TX Leitungen und vor allem die einfachere Programmierung.

Für die Programmierung des Displays steht von der Firma Nextion eine kostenlose Entwicklungsumgebung für den PC zur Verfügung. Mit dieser kann man die Benutzeroberfläche für das Display am PC entwerfen. Es stehen viele Grafikelemente wie Buttons, Textboxen, Labels usw. zur Verfügung.

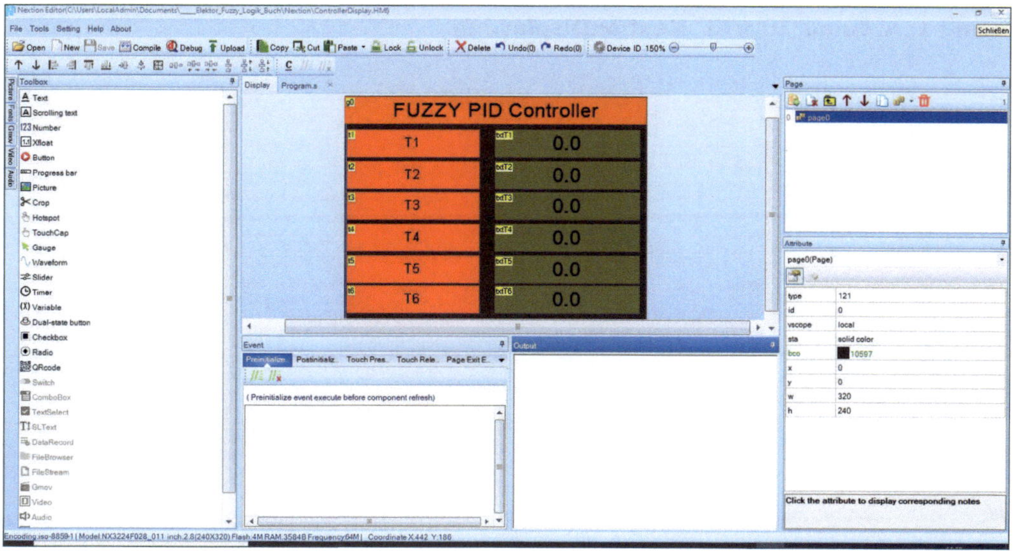

Abbildung 1.13: Nextion Editor IDE

Eine Debug-Funktion und eine Möglichkeit, die TFT-Datei auf das Display zu übertragen, sind ebenfalls in der IDE enthalten. Dazu kann man ein einfaches USB-UART Modul verwenden (Upload).

Eine zweite Möglichkeit ist, die erzeugte TFT Datei auf eine Micro-SD Karte zu speichern. Diesen Menüpunkt findet man unter "File" "TFT file output". Die SD-Karte wird dann in den SD Slot des Displays gesteckt und Spannung angelegt. Jetzt wird das Programm zum Mikrocontroller vom Display übertragen. Danach wird die Karte wieder entfernt. Dadurch erspart man sich das An- und Abstecken des Displays, wenn es auf der ESP32 Platine montiert ist.

Die Dateien ControllerDisplay.HMI und ControllerDisplay.tft sind im Verzeichnis "Nextion" gespeichert.

Auf der Webseite von Nextion finden sich viele weitere Infos und Tutorials.

1.9 Testsoftware für das ESP32 Board

In diesem Programm geht es um die Initialisierung der Hardware. Der Timer wird mit Hilfe der Ticker.h-Bibliothek auf 10 ms initialisiert und danach die beiden UART für die USB-Verbindung zum PC und UART2 für das Nextion Display.

Listing 1: Arduino_UART2_NextionDisplay.ino

```
//-----------------------------------------------------------------------
//
//              Arduino Testsoftware
//              ====================
//
//        Testprogramm for Arduino ESP32 PID Fuzzy Control Board
//        10ms Timer Interrupt Function
//        Init UART2 for Nextion Display
//        Display seconds on Display NX3224F028_001
//
//    Date:     28/04/2024
//    Author:   Josef Bernhardt
//    Hardware: Arduino (ESPRESSIF) ESP32
//
//    File:     Arduino_UART2_NextionDisplay.ino
//-----------------------------------------------------------------------
#include <Arduino.h>
#include <Ticker.h>

int LED_BUILTIN = 2;

// ESP32 UART 2 Pins
#define RXD2 16
#define TXD2 17

// I2C Pins
#define I2CSCL 22
#define I2cSDA 21

// ESP32 ADC Pins
#define ADC1 32
#define ADC2 33
// Motor Sensor Pins
#define MOTSENS1 15
#define MOTSENS2 34
// Buttons
#define BTN1 14
#define BTN2 27

// Relay and Mosfet (BSP76) Pins
#define RELAIS1 18
#define RELAIS2 19
// LED1
#define LED1 5
```

```
// PWM1 and PWM2 Pins
#define PWM1 12
#define PWM2 13
// DAC Outputs 0..5V
#define DAC1 25
#define DAC2 26
// One Wire
#define DS18B20 4
```

In diesem Code wird ein 'Ticker'-Objekt namens 'timer' verwendet, um eine Timer-Funktion alle 10 Millisekunden aufzurufen. Ein Zähler ('counter10ms') wird bei jedem Aufruf um 1 erhöht und wenn dieser Zähler den Wert 100 erreicht, was einer Sekunde entspricht, wird er zurückgesetzt. Die Variable 'OneSecond' wird auf 'true' gesetzt, um anzuzeigen, dass eine Sekunde vergangen ist. Der Sekunden-Zähler ('CounterSeconds') wird in 'loop()' verwendet um die Ausgabe jede Sekunde aufzurufen. Dabei wird OneSecond für den nächsten Durchlauf auf false gesetzt. So erhält man einen genauen Zeittakt für die Ausgabe des Sekundenzählers. Das Programm kann als "Grundgerüst" für die weiteren Programme verwendet werden.

```
// Define 10ms Period
const unsigned long timerInterval = 10;

// Ticker-Objekt for the Timer-Funktion
Ticker timer;

// Counter
int counter10ms=0;

// When 1 second is elapsed
bool OneSecond = false;

// Counter for seconds
int CounterSeconds = 0;

// Timer-Funktion
// Called every 10 ms
void timerCallback()
{
  // Inc 10ms Counter
  counter10ms++;
  // If one Second
  if(counter10ms==100)
  {
     counter10ms = 0;
     // One Second
     OneSecond = true;
```

```
    }
}
```

Diese Funktion sendet Daten an ein Nextion-Display, um den Text einer Textbox zu aktualisieren. Sie verwendet die serielle Schnittstelle 'Serial2', um einen Befehl zu senden, der die Textbox ('textbox') auswählt und den neuen Text ('sfloat') einfügt. Der Text wird in Anführungszeichen gesetzt und der Befehl wird mit drei Abschlussbytes ('0xFF') beendet, was das Ende des Befehls kennzeichnet. Dies ermöglicht es dem Nextion-Display, den Text korrekt anzuzeigen.

```
// Sends Data to Nextion Display in a textbox
void Nextion_Send_Text_to_Textbox(char *textbox,String sfloat)
{
        Serial2.write(textbox);
        Serial2.write(".txt=\"");
        Serial2.print(sfloat);
        Serial2.write("\"");
        Serial2.write(0xFF);
        Serial2.write(0xFF);
        Serial2.write(0xFF);
}

// Initializing the hardware
void setup()
{
  // Init USB UART
  Serial.begin(115200);
  // Nextion Display
  // TFTSerial.begin(9600);
  Serial2.begin(9600, SERIAL_8N1, RXD2, TXD2);
  // Init Hardware
  pinMode(LED_BUILTIN, OUTPUT);
  pinMode(LED1, OUTPUT);
  pinMode(RELAIS1, OUTPUT);
  pinMode(RELAIS2, OUTPUT);
  pinMode(BTN1, INPUT);
  pinMode(BTN2, INPUT);

  // Clear Textboxes
  Nextion_Send_Text_to_Textbox("t1","Counter");
  Nextion_Send_Text_to_Textbox("t2"," ");
  Nextion_Send_Text_to_Textbox("t3"," ");
  Nextion_Send_Text_to_Textbox("t4"," ");
  Nextion_Send_Text_to_Textbox("t5"," ");
  Nextion_Send_Text_to_Textbox("t6"," ");
```

```
    Nextion_Send_Text_to_Textbox("txtT2"," ");
    Nextion_Send_Text_to_Textbox("txtT3"," ");
    Nextion_Send_Text_to_Textbox("txtT4"," ");
    Nextion_Send_Text_to_Textbox("txtT5"," ");
    Nextion_Send_Text_to_Textbox("txtT6"," ");

    // Init Timer with 10ms
    timer.attach_ms(timerInterval, timerCallback);
}
```

In der 'loop()'-Funktion wird überprüft, ob eine Sekunde vergangen ist, basierend auf der 'OneSecond'-Variable. Der neue Wert von 'CounterSeconds' wird über die serielle Schnittstelle an den Seriellen Monitor gesendet und an eine Textbox auf dem Nextion-Display geschickt. Zudem wird der Zustand zweier LEDs umgeschaltet: die interne LED und eine weitere LED ('LED1'). Der Code sorgt so für regelmäßige Aktualisierungen und visuelles Feedback durch die LEDs.

```
void loop()
{

  // Check if one second has passed
  if (OneSecond) {
    // Reset the boolean variable OneSecond
    OneSecond = false;
    CounterSeconds++;

    // Sends variable to USB UART and Seriell Monitor
    Serial.print("Timer: ");
    Serial.println(CounterSeconds);

    // Sends variable to display
    Nextion_Send_Text_to_Textbox("txtT1",String(CounterSeconds));

    // Switching LED
    digitalWrite(LED_BUILTIN,!digitalRead(LED_BUILTIN));
    digitalWrite(LED1,!digitalRead(LED1));

  }
  // Additional code for the main loop
}
```

1.10 Programmbeispiel mit dem ESP32

Im nächsten Programm erfolgt eine Abfrage der Taster. Der Taster an BTN1 wird mit der Funktion 'read_btn1()' abgefragt und entprellt. Die Timer-Funktion wird jede 10 ms aufgerufen und der Taster an BTN2 eingelesen. Wenn dreimal hintereinander, also nach 30 ms, der BTN2 auf Low Pegel liegt, wird die Variable 'key_press' auf True gesetzt. Mit der Funktion 'get_key()' wird der Tastendruck abgefragt. Mit den Informationen betätigt werden die Werte der Zustandsvariablen 'state1' oder 'state2' geändert, um den aktuellen Zustand zu speichern und dann die Ausgänge RELAIS1 und RELAIS2 zu schalten. Einmal drücken schaltet ein, nochmaliges Drücken wieder aus. Diese Funktionen werden später noch für die Einstellung des Sollwertes von Reglern gebraucht.

Listing 2: Arduino_TimerTick_USB_Hardware.ino

```
//----------------------------------------------------------------------
//
//            Arduino Timer Test
//            ==================
//
//      Timer Testprogramm for Arduino ESP32 PID Fuzzy Control Board
//      10ms Timer Interrupt Function
//      Read 2 Buttons and switch Relais Pin with BTN1 and LED1 with BTN2
//
//  Date:     08/05/2024
//  Author:   Josef Bernhardt
//  Hardware: Arduino (ESPRESSIF) ESP32
//
//  File:     Arduino_TimerTick_USB_Hardware.ino
//----------------------------------------------------------------------

#include <Arduino.h>
#include <Ticker.h>

int LED_BUILTIN = 2;

// ESP32 UART 2 Pins
#define RXD2 16
#define TXD2 17

// I2C Pins
#define I2CSCL 22
#define I2cSDA 21

// ESP32 ADC Pins
#define ADC1 32
#define ADC2 33
// Motor Sensor Pins
#define MOTSENS1 15
#define MOTSENS2 34
// Buttons
#define BTN1 14
#define BTN2 27
```

```
// Relay and Mosfet (BSP76) Pins
#define RELAIS1 18
#define RELAIS2 19
// LED1
#define LED1 5
// PWM1 and PWM2 Pins
#define PWM1 12
#define PWM2 13
// DAC Outputs 0..5V
#define DAC1 25
#define DAC2 26
// One Wire
#define DS18B20 4

// Define 10ms Period
const unsigned long timerInterval = 10;

// Ticker-Objekt for the Timer-Funktion
Ticker timer;

// Counter 10 for Timer
int counter10ms=0;

// When 1 second is elapsed
bool OneSecond = false;

// State for Buttons
int state1 = 0;
int state2 = 0;

// Variable for BTN2 in Timer
int key_state = 0;
int key_counter = 0;
int key_press = 0;
```

Neben der Zeitmessung wird in der 'TimerCallback'-Funktion der Zustand des Tasters BTN2 abgefragt. Um eine stabilere Tastererkennung zu gewährleisten, muss der Taster insgesamt mindestens 30 Millisekunden lang gedrückt sein. Bei Erreichen dieses Zählers wird der Tasterzustand aktualisiert und 'key_press' auf 1 gesetzt, falls der Taster 30 ms gedrückt wird. Diese Methode stellt sicher, dass der Taster tatsächlich für eine bestimmte Zeit gedrückt wird, bevor er als gedrückt erkannt wird.

```
// Timer-Funktion
// Called every 10 ms
void timerCallback()
{
    // Inc 10ms Counter
    counter10ms++;
    // If one Second
    if(counter10ms==100)
    {
      counter10ms = 0;
      // One Second
      OneSecond = true;
    }

    // Read Button 2 in Timer function
    int input = digitalRead(BTN2);
    if( input != key_state )
    {
      key_counter++;
      if( key_counter == 3 )
      {
        key_counter = 0;
        key_state = input;
        if( input ) key_press = 1;
      }
    }
    else key_counter = 0;
}

// Read Button 2
int get_key()
{
      int result;
      result = key_press;
      key_press = 0;
      return result;
}
```

Die Funktion 'read_btn1()' prüft den Zustand des Tasters BTN1 und erkennt, ob er gedrückt wurde. Wenn der Taster von einem Zustand 'LOW' auf 'HIGH' wechselt (rising edge), wird ein kurzer Entprellungszeitraum von 20 Millisekunden eingehalten und der Zustand des Tasters erneut gelesen. Wenn der Taster weiterhin 'HIGH' ist, wird 'key' auf 1 gesetzt, um anzuzeigen, dass der Taster 20 ms gedrückt wurde. Schließlich wird der vorherige Tasterzustand für die nächste Überprüfung gespeichert und der Wert von 'key' zurückgegeben.

```
unsigned char read_btn1()
{
    unsigned char key = 0;
    unsigned char btn;
    static unsigned char btn_old = 0; // Set initial value to 0 since the default
state of the button is not pressed (logically inverted)
    btn = digitalRead(BTN1);          // Using digitalRead to read the state of
the button
                                      // Start of button check Detect rising edge
    if (btn && (!btn_old))            // If the current state of the button is
HIGH and the previous state was LOW
    {
        // Debouncing
        delay(20);
        // Read again
        btn = digitalRead(BTN1);
        // If still HIGH, return 1
        if (btn)
        {
            key = 1;
        }
    }
    // Remember old value
    btn_old = btn;
    return key;
}


// Initializing the hardware
void setup()
{
  // Init USB UART
  Serial.begin(115200);
  // Init Hardware
  pinMode(LED_BUILTIN, OUTPUT);
  pinMode(LED1, OUTPUT);
  pinMode(RELAIS1, OUTPUT);
  pinMode(RELAIS2, OUTPUT);
  pinMode(BTN1, INPUT);
  pinMode(BTN2, INPUT);

  // Init Timer with 10ms
  timer.attach_ms(timerInterval, timerCallback);
}
```

Der Code in 'switch(state1)' und 'switch(state2)' implementiert zwei Zustandsautomaten zur Steuerung von zwei Ausgängen RELAIS1 und LED1, mit jeweils zwei Zuständen.

1. Zustandsautomat für 'state1':
Zustand 0: Im Zustand 0 prüft der Automat, ob der Taster BTN1 gedrückt wurde (Funktion 'read_btn1' (gibt 1 zurück). Wenn dies der Fall ist, wechselt der Automat in Zustand 1 und gibt eine Nachricht über die serielle Schnittstelle aus.
Zustand 1: Im Zustand 1 wird erneut überprüft, ob der Taster BTN1 gedrückt wurde. Wenn ja, wechselt der Automat zurück zu Zustand 0 und gibt eine entsprechende Nachricht aus.

2. Zustandsautomat für 'state2':
Zustand 0: Hier prüft der Automat, ob der Taster BTN2 gedrückt wurde (Funktion 'get_key()' gibt 1 zurück). Wenn dies zutrifft, wechselt der Automat zu Zustand 1 und gibt eine Nachricht über die serielle Schnittstelle aus.
Zustand 1: Im Zustand 1 wird geprüft, ob der Taster BTN2 erneut gedrückt wurde. Bei Bestätigung wechselt der Automat zurück zu Zustand 0 und gibt eine Nachricht aus.

Jeder Zustandsautomat überwacht den Zustand des jeweiligen Tasters und wechselt zwischen zwei Zuständen, wenn der Taster gedrückt wird.

```
void loop()
{

    switch (state1) {
        case 0:
            if (read_btn1()) {
                state1 = 1;
                Serial.println("Button 1 Pressed, state1 = 1");
            }
            break;
        case 1:
            if (read_btn1()) {
                state1 = 0;
                Serial.println("Button 1 Pressed, state1 = 0");
            }
            break;
    }

    switch (state2) {
        case 0:
            if (get_key()) {
                state2 = 1;
                Serial.println("Button 2 Pressed, state1 = 1");
            }
            break;
        case 1:
```

```
            if (get_key()) {
                state2 = 0;
                Serial.println("Button 2 Pressed, state1 = 0");
            }
            break;
    }


    // Switching relays  with Buttons
    // digitalWrite(RELAIS1,digitalRead(BTN1));
    if (state1) digitalWrite(RELAIS1,1); else digitalWrite(RELAIS1,0);

    if (state2) digitalWrite(LED1,1); else digitalWrite(LED1,0);


    // if BTN2 is pressed then output 1
    digitalWrite(RELAIS2,digitalRead(BTN2));

    // Check if one second has passed
    if (OneSecond) {
      // Reset the boolean variable OneSecond
      OneSecond = false;
      Serial.println("Timer Test... ");
      // Switching LED
      digitalWrite(LED_BUILTIN,!digitalRead(LED_BUILTIN));
  }
  // Additional code for the main loop
}
```

1.11 Arduino ESP32 Controller 12 Bit A/D-Wandler Test

Beim Testen der ADC vom ESP32-Controller ist aufgefallen, dass die gemessenen Spannungen nicht korrekt sind. Nach dem Test mit einem Kalibrator wurde eine Tabelle in Excel erstellt, um einen Überblick über die Abweichung zu erhalten. Anhand dieser Werte konnte ein Array für ein Arduino-Programm generiert werden, um eine Funktion für die genaue Berechnung der Ausgangswerte zu schreiben. Dies ermöglicht nun eine sehr präzise Verwendung des ADC.

Voltage calibrator	ADC1 Measurement	Caluclated Value		Error
0,00	0	0		0
0,10	0	124		124
0,20	55	248		193
0,30	174	372		198
0,50	406	621		215
0,75	704	931		227
1,00	1003	1241		238
1,25	1301	1552		251
1,50	1606	1862		256
2,00	2202	2482		280
2,50	2823	3103		280
3,00	3745	3724		-21
3,10	3984	3848		-136
3,15	4095	3910		-185
3,30	4095	4096		1

Abbildung 1.14: Calibrator Tabelle

In der rechten Spalte ist deutlich zu erkennen, dass es sich um recht große Abweichungen handelt, die korrigiert werden müssen.

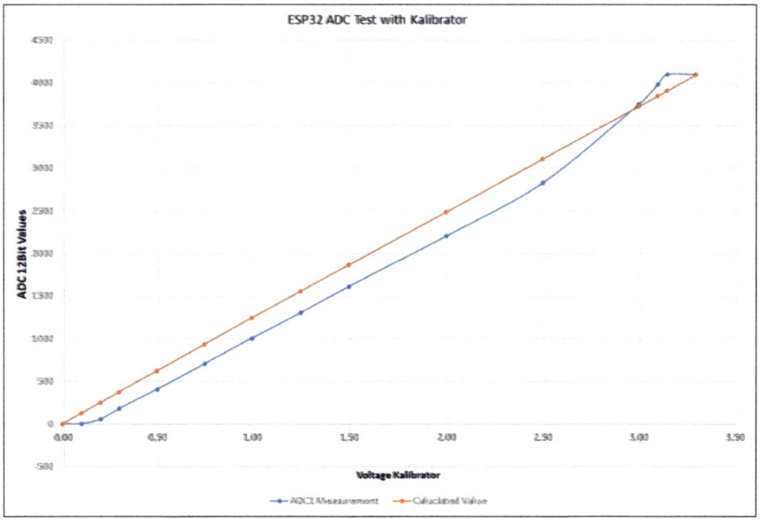

Abbildung 1.15 ADC Kennlinie

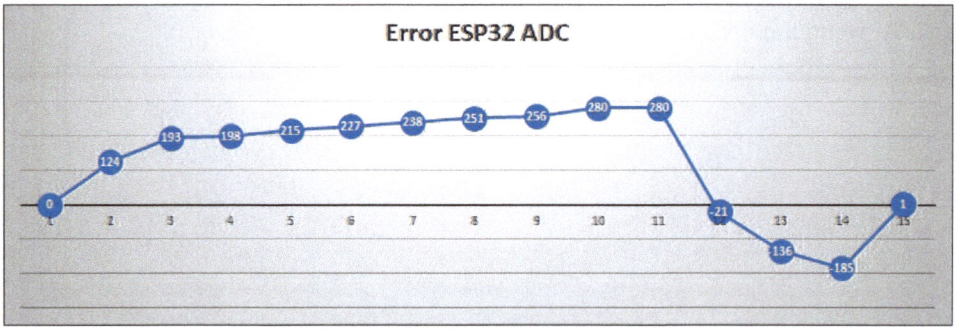

Abbildung 1.16 ADC Fehler

Die Werte vom Kalibrator werden in das Array 'float Ua[]' eingetragen, die gemessenen Werte, die im Nextion Display oder im Seriellen Monitor des Arduino angezeigt werden, im Array 'ADC[]'. Im Hauptprogramm werden zunächst der ADC ausgelesen. Mit der Funktion 'read_value_linear()' erfolgt eine lineare Interpolation. In der Zeile `while (j < n-1 && xn > x[j+1]) j++;` wird überpüft, in welchem Intervall die Spannung vom ADC liegt und danach mit den entsprechenden Werten linear Interpoliert. Der berechnete Spannungswert im wird Bereich von 0 bis 3.3 V ausgegeben.

Listing 3: Arduino_ADC_Interpolate.ino

```
//--------------------------------------------------------------------------
//
//            Arduino Timer and ADC Test and interpolation
//            ============================================
//
//      Testprogramm for Arduino ESP32 PID Fuzzy Control Board
//      10ms Timer Interrupt Function
//      Init UART2 for Nextion Display
//      Display ADC1 and ADC2 Values on Display NX3224F028_001
//
//      With a calibrator, exact voltages were applied and the values
//      were logged from the ADC. The conversion of ADC digits to
//      voltage is done with a stepwise interpolation
//
//
//  Date:     28/04/2024
//  Author:   Josef Bernhardt
//  Hardware: Arduino (ESPRESSIF) ESP32
//
//  File:     Arduino_ADC_Interpolate.ino
//--------------------------------------------------------------------------

#include <Arduino.h>
#include <Ticker.h>

int LED_BUILTIN = 2;

// ESP32 UART 2 Pins
#define RXD2 16
#define TXD2 17

// I2C Pins
#define I2CSCL 22
#define I2cSDA 21

// ESP32 ADC Pins
```

```
#define ADC1 32
#define ADC2 33
// Motor Sensor Pins
#define MOTSENS1 15
#define MOTSENS2 34
// Buttons
#define BTN1 14
#define BTN2 27

// Relay and Mosfet (BSP76) Pins
#define RELAIS1 18
#define RELAIS2 19
// LED1
#define LED1 5
// PWM1 and PWM2 Pins
#define PWM1 12
#define PWM2 13
// DAC Outputs 0..5V
#define DAC1 25
#define DAC2 26
// One Wire
#define DS18B20 4

// Define 10ms Period
const unsigned long timerInterval = 10;

// Ticker-Objekt for the Timer-Funktion
Ticker timer;

// Counter
int counter10ms=0;

// When 1 second is elapsed
bool OneSecond = false;

// Counter for seconds
int CounterSeconds = 0;

// 12 Bit ADC-Values from 0 to 4095
float ADC[] = {0, 0, 55, 174, 406, 704, 1003, 1301, 1606, 2202, 2823, 3745, 3984,
4095, 4095};

// (Ua) in volts values applied to ADC by calibrator
float Ua[] = {0.00, 0.10, 0.20, 0.30, 0.50, 0.75, 1.00, 1.25, 1.50, 2.00, 2.50,
3.00, 3.10, 3.15, 3.30};

int n_adc = 15;
```

Die Funktion 'readvalue_linear_voltage()' berechnet einen interpolierten Wert für einen gegebenen Eingabewert ('xn'), basierend auf zwei Arrays von 'x'- und 'y'-Werten. Die Funktion iteriert durch die 'x'-Werte und ermittelt dadurch zuerst das Intervall, in dem der Wert 'xn' liegt. Nachdem das passende Intervall gefunden wurde, wird der Wert für 'xn' innerhalb dieses Intervalls berechnet. Die Interpolation erfolgt durch Berechnung eines gewichteten Mittelwerts zwischen den benachbarten 'y'-Werten. Der berechnete Wert wird dann als Ergebnis zurückgegeben.

```
// Linear interpolation
// Input Parameters:
// n = Number of values -1
// x = x Array
// y = y Array
// xn = Value to be calculated
float readvalue_linear_voltage(int n,float *x,float *y, float xn)
{
    int j = 0;
    // Determine interval of xn
    while (j < n-1 && xn > x[j+1]) j++;
    // interpolate xn
    return ((y[j+1]-y[j]) / (x[j+1]-x[j])) * (xn-x[j]) + y[j];
}


// Timer-Funktion
// Called every 10 ms
void timerCallback()
{
  // Inc 10ms Counter
  counter10ms++;
  // If one Second
  if(counter10ms==100)
  {
     counter10ms = 0;
     // One Second
     OneSecond = true;
  }
}

// Sends Data to Nextion Display in a textbox
void Nextion_Send_Text_to_Textbox(char *textbox,String sfloat)
{
        Serial2.write(textbox);
        Serial2.write(".txt=\"");
        Serial2.print(sfloat);
        Serial2.write("\"");
```

```
        Serial2.write(0xFF);
        Serial2.write(0xFF);
        Serial2.write(0xFF);
}

// Initializing the hardware
void setup()
{
  // Init USB UART
  Serial.begin(115200);
  // Nextion Display
  // TFTSerial.begin(9600);
  Serial2.begin(9600, SERIAL_8N1, RXD2, TXD2);
  // Init Hardware
  pinMode(LED_BUILTIN, OUTPUT);
  pinMode(LED1, OUTPUT);
  pinMode(RELAIS1, OUTPUT);
  pinMode(RELAIS2, OUTPUT);
  pinMode(BTN1, INPUT);
  pinMode(BTN2, INPUT);

  pinMode(ADC1, INPUT);
  pinMode(ADC2, INPUT);

  Nextion_Send_Text_to_Textbox("t1","Voltage 1");
  Nextion_Send_Text_to_Textbox("t2"," Float V1 ");
  Nextion_Send_Text_to_Textbox("t3"," ");
  Nextion_Send_Text_to_Textbox("t4","Voltage 2");
  Nextion_Send_Text_to_Textbox("t5"," Float V2 ");
  Nextion_Send_Text_to_Textbox("t6"," ");

  // Init Timer with 10ms
  timer.attach_ms(timerInterval, timerCallback);
}
```

In der 'loop()'-Funktion werden die Werte von zwei analogen Eingängen, ADC1 und ADC2, gelesen und in den Variablen 'voltage1' und 'voltage2' gespeichert. Anschließend wird der Wert von voltage1 durch die Funktion 'readvalue_linear_voltage()' interpoliert, um einen präziseren Wert zu erhalten, welcher in 'u1' gespeichert wird. Dasselbe geschieht für 'voltage2', dessen interpolierter Wert in 'u2' gespeichert wird. Die Interpolation nutzt die gegebenen Datenarrays 'ADC[]' und 'Ua[]' sowie den aktuellen Spannungswert, um genauere Messwerte zu berechnen.

```
void loop()
{
  // Read ADC1 value
  int voltage1 = analogRead(ADC1);
  // Read ADC2 value
  int voltage2 = analogRead(ADC2);
  // Interpolate voltage 1
  float u1 = readvalue_linear_voltage(n_adc-1,ADC,Ua,(float)voltage1);
  // Interpolate voltage 2
  float u2 = readvalue_linear_voltage(n_adc-1,ADC,Ua,(float)voltage2);

  // Check if one second has passed
  if (OneSecond) {
    // Reset the boolean variable OneSecond
    OneSecond = false;
    CounterSeconds++;

    // Sends variable to USB UART and Seriell Monitor


    Serial.print("ADC1: ");
    Serial.print(voltage1);
    Serial.print(" U1: ");
    Serial.print(String(u1,3));

    Serial.print(" ADC2: ");
    Serial.print(voltage1);
    Serial.print(" U2: ");
    Serial.println(String(u2,3));

    // Sends variable to display
    Nextion_Send_Text_to_Textbox("txtT1",String(voltage1));
    Nextion_Send_Text_to_Textbox("txtT2",String(u1,3));
    Nextion_Send_Text_to_Textbox("txtT3"," ");
    // Sends variable to display
    Nextion_Send_Text_to_Textbox("txtT4",String(voltage2));
    Nextion_Send_Text_to_Textbox("txtT5",String(u2,3));
    Nextion_Send_Text_to_Textbox("txtT6"," ");
    // Switching LED
    digitalWrite(LED_BUILTIN,!digitalRead(LED_BUILTIN));
    digitalWrite(LED1,!digitalRead(LED1));

  }
  // Additional code for the main loop
}
```

1.12 Codeblocks Entwicklungsumgebung für Ansi C

Um Zeit zu sparen bietet es sich an, zum Testen von Programmen in Ansi C eine Entwicklungsumgebung wie Codeblocks zu benutzen.

CodeBlocks ist eine beliebte, kostenlose IDE für ANSI C, die besonders für ihre Benutzerfreundlichkeit und plattformübergreifende Unterstützung bekannt ist. Programme die auf dem PC erstellt werden, können auch auf dem Raspberry Pi verwendet werden. Es bietet eine intuitive Benutzeroberfläche, die das Erstellen, Bearbeiten und Debuggen von C-Projekten vereinfacht. Mit seiner leistungsstarken Code-Vervollständigung und Syntaxhervorhebung wird die Code-Qualität verbessert und die Produktivität gesteigert. Die integrierte Unterstützung für verschiedene Compiler wie GCC ermöglicht eine flexible Entwicklung. Zudem ist CodeBlocks erweiterbar, sodass zusätzliche Plugins und Tools integriert werden können, um den Funktionsumfang zu erweitern.

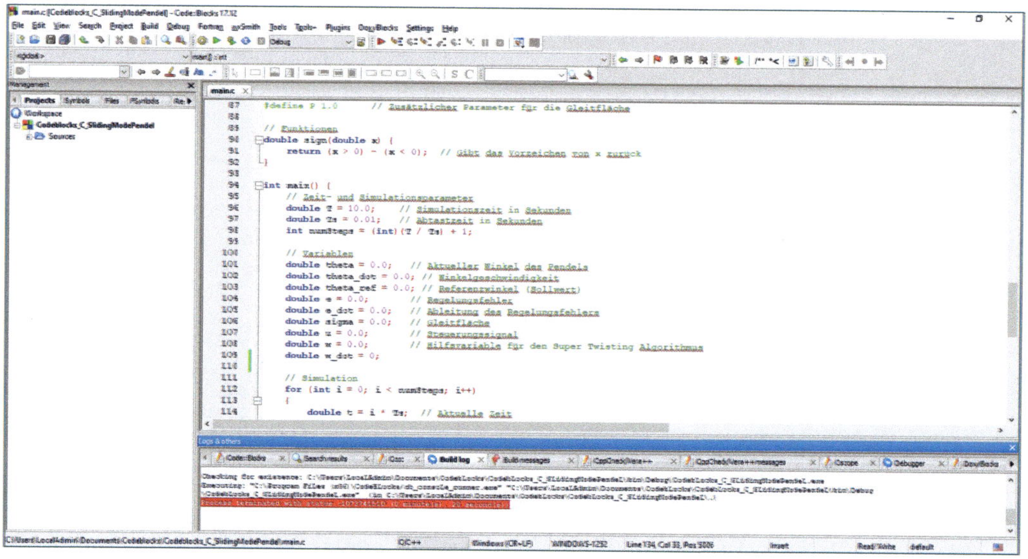

Abbildung 1.17: Codeblocks IDE

Viele der Beispiele in diesem Buch für den Arduino wurden zuerst auf dem PC getestet und danach für den Arduino angepasst.

Auf folgender Seite finden sich verschiedene Versionen für unterschiedliche Betriebssysteme (Windows, macOS, Linux). Wählen Sie die passende Version für Ihr System aus und folgen Sie den Anweisungen zum Download und zur Installation.

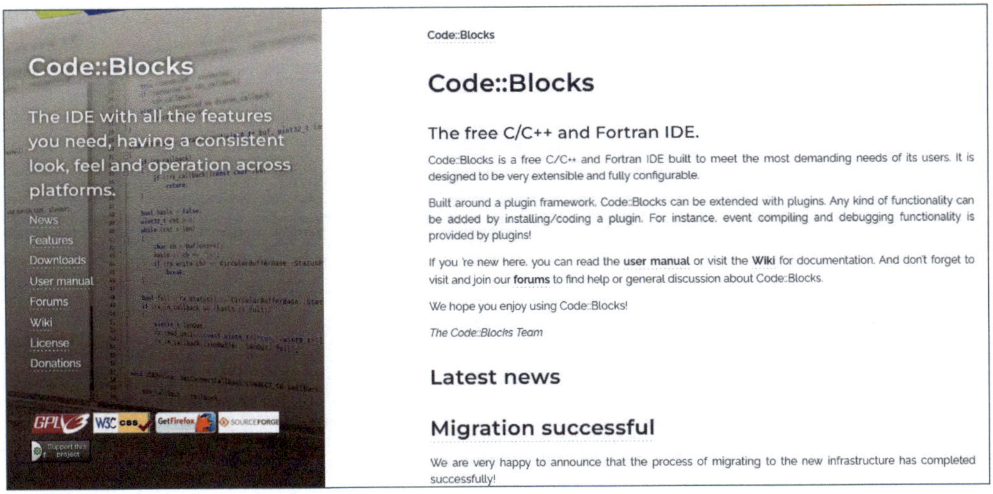

Abbildung 1.18: Codeblocks Download Seite

Eine Übersicht der Codeblocks Programmbeispiele befindet sich im Anhang.

Download Link: https://www.codeblocks.org/

1.13 Serial Data Reader

Zur grafischen Darstellung von Daten, besonders hier für die verschiedenen Zweipunkt, PID und Fuzzy-Regler, wurde das Programm Seriell Data Reader erstellt.

Das Programm wurde mit der Enwicklungsumgebung Sharp Develop erstellt. Es empfängt Daten vom Com-Port (USB). Es kann maximal sechs verschiedene Messwerte in einem Datensatz darstellen. Die Anzeige erfolgt sowohl als Text wie auch als Grafik im Chart.

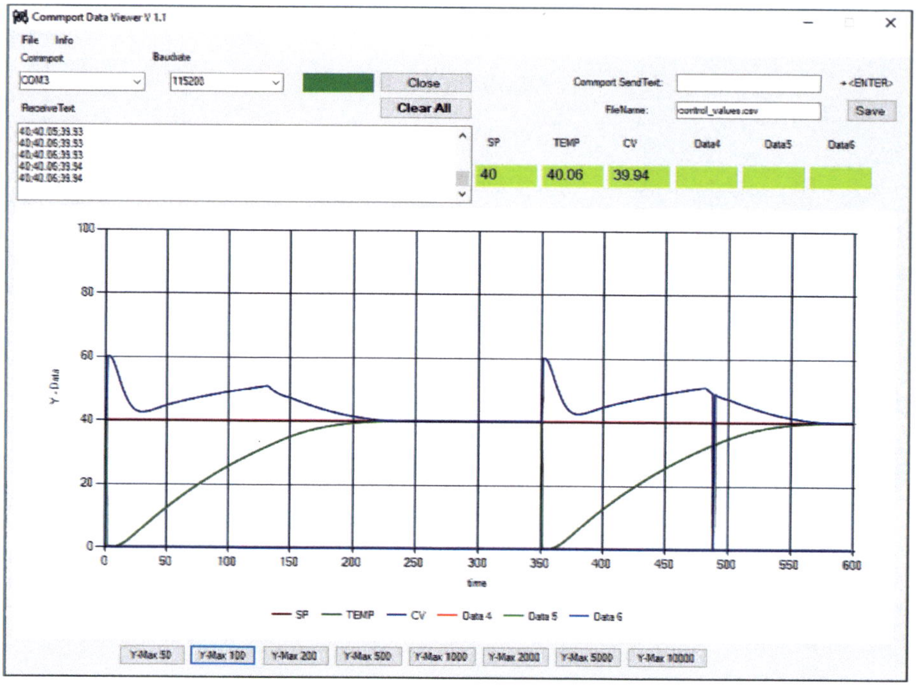

Abbildung 1.19: Commport Data Viewer

1.14 Serial Port Datareader

Dieses Programm befindet sich, wie das Programm SerialPortReader, im Download Archiv vom Buch. Es eignet sich sehr gut, um Daten über die Zwischenablage zu übernehmen und diese für Excel aufzubereiten.

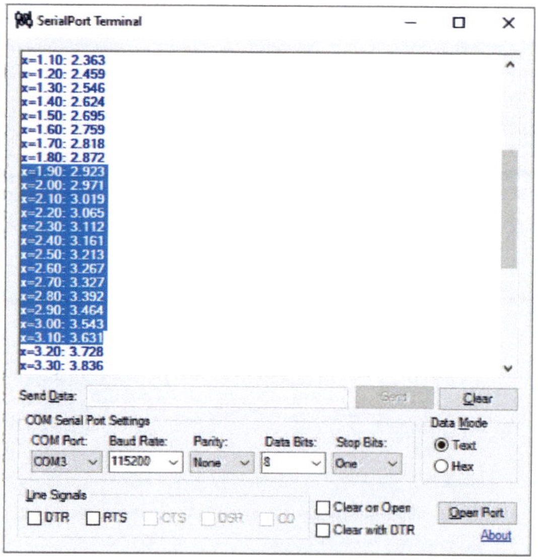

Abbildung 1.20: Serial Data Reader

1.15 Der Espressif ESP32 als WebSocket-Server

Das WebSocket-Protokoll ermöglicht eine bidirektionale, dauerhafte Kommunikation zwischen einem Client und einem Server über eine einzelne TCP-Verbindung. Im Gegensatz zu HTTP, das für jede Anfrage eine neue Verbindung öffnet und schließt, bleibt die WebSocket-Verbindung geöffnet, was einen effizienteren und schnelleren Datenaustausch ermöglicht. Die Kommunikation beginnt mit einem HTTP-Handshake, nach dem die Verbindung auf das WebSocket-Protokoll umgestellt wird. Die Daten werden dann in kleinen Frames übertragen, was eine geringe Latenz und einen hohen Datendurchsatz ermöglicht.

WebSockets sind besonders nützlich für Echtzeitanwendungen, die auf Mikrocontrollern wie dem ESP32 installiert sind. Damit ist es auch möglich, eine Weboberfläche für Fuzzy und PID Regler zu programmieren.

Die Weboberfläche des WebSocket Testprogrammes für den ESP32:

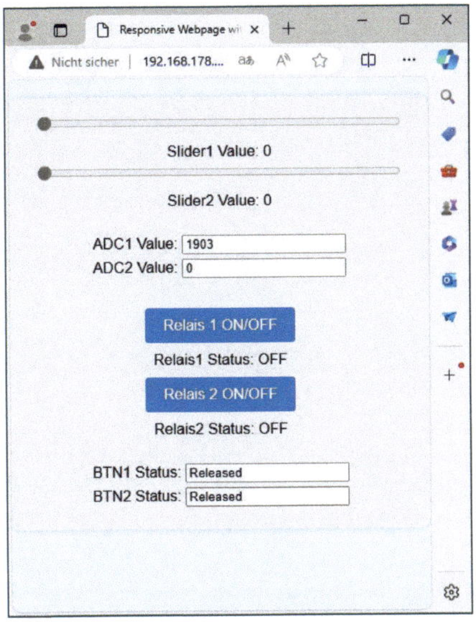

Abbildung 1.21: Beispiel HTML Seite mit ESP32

Listing 4: Arduino_ESP32_WebsocketSlider.ino

```
//------------------------------------------------------------
//
//           Arduino ESP32 Websocket Example NTC Relais 1
//           ============================================
//
//      WEB Software for Arduino ESP32 PID Fuzzy Control Board
//
//      Example with Websockets
//
//      https://de.wikipedia.org/wiki/WebSocket
```

```
//
//      Output Slider1 and Slider2 values to PWM1 and PWM2
//
//      Read ADC1 and ADC2
//
//      switch Relais 1 and Relais 2
//
//      Reading BTN1 and BTN2
//
//  Date:     18/7/2024 13.17
//  Author:   Josef Bernhardt
//  Hardware: Arduino (ESPRESSIF) ESP32  // ESP32 DEV Module
//  IDE:      Arduino IDE 2.3.2
//  File:     Arduino_ESP32_WebsocketSlider.ino
//----------------------------------------------------------------------
#include <WiFi.h>
#include <AsyncTCP.h>
#include <ESPAsyncWebServer.h>
#include <AsyncWebSocket.h>
#include <ArduinoJson.h>


// WLAN Parameter
const char* ssid = "FRITZ!Box 7590 RI";
const char* password = "5226x1x80x385776xx7";

// ESP32 ADC
#define ADC1 32
#define ADC2 33

// Relais
#define RELAIS1 18
#define RELAIS2 19

// DAC Outputs 0..5V
#define DAC1 25
#define DAC2 26

#define PWM1 12
#define PWM2 13

// Buttons
#define BTN1 14
#define BTN2 27

// LED1
```

```
#define LED1 5
// ESP32 Board blue LED
#define LED_BUILTIN 2

// use 10 or 12 bit precision for LEDC timer
#define PWM_RESOLUTION 10
// use 1000 Hz as a LEDC base frequency
#define PWM_FREQUENZ 1000

AsyncWebServer server(80);
AsyncWebSocket ws("/ws");

int slider1Value = 0;
int slider2Value = 0;
int adc1Value = 0;
int adc2Value = 0;
bool relais1Status = false;
bool relais2Status = false;
bool btn1Status = false;
bool btn2Status = false;
```

Der CSS-Code in <style> definiert eine responsive Gestaltung für eine Webseite mit einem modernen, sanften Farbschema. Der Hauptcontainer hat eine maximale Breite von 600 Pixeln und zentriert sich mit einem dezenten Schatteneffekt und abgerundeten Ecken. Die Slider-Elemente erhalten eine benutzerfreundliche Breite und einen sanften Blauton als Hintergrund, um die Bedienung zu erleichtern. Buttons werden in einem dunklen Blauton gestaltet und verändern ihre Farbe leicht im Hover-Zustand, um Interaktivität zu signalisieren.

```
const char index_html[] PROGMEM = R"rawliteral(
<!DOCTYPE html>
<html lang="en">
<head>
  <meta charset="UTF-8">
  <meta name="viewport" content="width=device-width, initial-scale=1.0">
  <title>Responsive Webpage with Components</title>
  <style>
    /* Stildefinitionen für die responsive Gestaltung */
    body {
      font-family: Arial, sans-serif;
      margin: 0;
      padding: 0;
      background-color: #f0f7fc; /* Sanfter Blauton für den Hintergrund */
    }
    .container {
      max-width: 600px;
```

```
        margin: 20px auto;
        padding: 20px;
        background-color: #f5f5f5; /* Sanfter Grauton für den Hintergrund des
Containers */
        border-radius: 10px;
        box-shadow: 0 0 10px rgba(0, 0, 0, 0.1);
    }

    input[type="range"] {
        width: calc(100% - 20px);
        margin: 0 10px;
        margin-bottom: 10px;
        border-radius: 5px;
        background-color: #eaf2f8; /* Sanfter Blauton für den Hintergrund der
Slider */
    }

    button {
        display: block;
        margin: 10px auto;
        padding: 10px 20px;
        font-size: 16px;
        background-color: #357ebd; /* Dunkler Blauton für die Buttons */
        color: white;
        border: none;
        border-radius: 4px;
        cursor: pointer;
    }

    button:hover {
        background-color: #2d6ca3; /* Dunkler Blauton für die Buttons im Hover-
Zustand */
    }

    p {
        margin: 5px auto;
        text-align: center;
    }
  </style>
</head>
<body>
```

Dieser HTML-Code stellt eine Benutzeroberfläche für die Steuerung eines ESP32 WebSocket-Servers dar. In einem Container wird der Titel "ESP32 WebSocket Server" angezeigt, gefolgt von zwei Schiebereglern (Slider), die Werte zwischen 0 und 1023 annehmen können. Unter jedem Slider wird der aktuelle Wert in Echtzeit angezeigt. Zudem gibt es zwei Textfelder, welche die Werte von zwei ADCs (Analog-Digital-Wandlern) anzeigen sowie zwei Buttons, mit denen Relais ein- und ausgeschaltet werden können. Der Status der Relais und zwei Tasten wird ebenfalls in Textfeldern angezeigt.

```
<div class="container"><h1><p>ESP32 WebSocket Server</p></h1></div>

<div class="container">
<input type="range" min="0" max="1023" value="0" id="slider1">
<p>Slider1 Value: <span id="slider1Value">0</span></p>

<input type="range" min="0" max="1023" value="0" id="slider2">
<p>Slider2 Value: <span id="slider2Value">0</span></p>
<br>
<p>ADC1 Value: <input type="text" id="adc1Value" readonly></p>
<p>ADC2 Value: <input type="text" id="adc2Value" readonly></p>
<br>
<button id="button1">Relais 1 ON/OFF</button>
<p>Relais1 Status: <span id="relais1Status">OFF</span></p>

<button id="button2">Relais 2 ON/OFF</button>
<p>Relais2 Status: <span id="relais2Status">OFF</span></p>
<br>
<p>BTN1 Status: <input type="text" id="btn1Status" readonly></p>
<p>BTN2 Status: <input type="text" id="btn2Status" readonly></p>
</div>
```

Das folgende Script initialisiert eine WebSocket-Verbindung zwischen einem Client (z.B. einem Webbrowser) und einem Server. Es öffnet eine Verbindung zum Server, empfängt Nachrichten und aktualisiert die Benutzeroberfläche basierend auf den empfangenen Daten. Die Schieberegler (Slider) und Buttons auf der Webseite werden so programmiert, dass sie ihre Werte an den Server senden, wenn der Benutzer sie verändert. Die empfangenen Daten steuern verschiedene Elemente der Oberfläche wie Slider-Werte, Relais-Status und Button-Zustände. Bei Verbindungsabbrüchen wird automatisch versucht, die WebSocket-Verbindung nach einer kurzen Pause wieder herzustellen.

```
<script>
  var gateway = 'ws://${window.location.hostname}/ws';
  var websocket;

  window.addEventListener('load', onLoad);

  function initWebSocket() {
    console.log('Trying to open a WebSocket connection...');
    websocket = new WebSocket(gateway);
    websocket.onopen = onOpen;
    websocket.onclose = onClose;
```

```
    websocket.onmessage = onMessage;
  }

  function onOpen(event) {
    console.log('Connection opened');
  }

  function onClose(event) {
    console.log('Connection closed');
    setTimeout(initWebSocket, 2000);
  }

  function onMessage(event) {
    var data = JSON.parse(event.data);
    console.log('Received data: ' + event.data);

    document.getElementById('slider1').value = data.slider1;
    document.getElementById('slider1Value').innerHTML = data.slider1;
    document.getElementById('slider2').value = data.slider2;
    document.getElementById('slider2Value').innerHTML = data.slider2;
    document.getElementById('adc1Value').value = data.adc1;
    document.getElementById('adc2Value').value = data.adc2;

    document.getElementById('relais1Status').innerHTML = data.relais1 ? "ON" :
"OFF";
    document.getElementById('relais2Status').innerHTML = data.relais2 ? "ON" :
"OFF";

    document.getElementById('btn1Status').value = data.btn1 ? "Pressed" :
"Released";
    document.getElementById('btn2Status').value = data.btn2 ? "Pressed" :
"Released";
  }

  function onLoad(event) {
    initWebSocket();
    initSliders();
    initButtons();
  }

  function initSliders() {
    var slider1 = document.getElementById('slider1');
    var slider1Output = document.getElementById('slider1Value');
    slider1.oninput = function() {
      slider1Output.innerHTML = this.value;
      sendSliderValues();
```

```
    }

    var slider2 = document.getElementById('slider2');
    var slider2Output = document.getElementById('slider2Value');
    slider2.oninput = function() {
      slider2Output.innerHTML = this.value;
      sendSliderValues();
    }
  }

  function sendSliderValues() {
    var slider1 = document.getElementById('slider1').value;
    var slider2 = document.getElementById('slider2').value;

    websocket.send(JSON.stringify({
      slider1: slider1,
      slider2: slider2
    }));
  }

  function initButtons() {
    document.getElementById('button1').onclick = function() {
      websocket.send(JSON.stringify({ pressed1: true }));
    }
    document.getElementById('button2').onclick = function() {
      websocket.send(JSON.stringify({ pressed2: true }));
    }
  }
 </script>
</body>
</html>
)rawliteral";
```

Die Funktion 'handleWebSocketMessage()' verarbeitet eingehende WebSocket-Nachrichten, die als JSON-Daten gesendet wurden. Sie prüft, ob es sich um Textdaten handelt und deserialisiert diese, um die enthaltenen Werte zu analysieren. Abhängig von den empfangenen Werten werden Hardwarekomponenten wie DACs, Relais und LEDs gesteuert. Anschließend wird eine aktualisierte Nachricht mit den aktuellen Werten der Schieberegler, ADCs, Relais und Tasten an alle WebSocket-Clients gesendet. Die Funktion ermöglicht damit die Echtzeitsteuerung und Rückmeldung von Hardware über WebSocket-Verbindungen.

```
void handleWebSocketMessage(void *arg, uint8_t *data, size_t len) {
  AwsFrameInfo *info = (AwsFrameInfo*)arg;
  if (info->opcode == WS_TEXT) {
    data[len] = 0;
    Serial.printf("Received data: %s\n", (char*)data);

    // Parse the received JSON data
    DynamicJsonDocument doc(1024);
    DeserializationError error = deserializeJson(doc, (char*)data);

    if (!error) {
      if (doc.containsKey("slider1")) {
        slider1Value = doc["slider1"];
        dacWrite(DAC1, slider1Value);
      }
      if (doc.containsKey("slider2")) {
        slider2Value = doc["slider2"];
        dacWrite(DAC2, slider2Value);
      }
      if (doc.containsKey("pressed1")) {
        relais1Status = !relais1Status;
        digitalWrite(RELAIS1, relais1Status ? HIGH : LOW);
        digitalWrite(LED1, relais1Status ? HIGH : LOW);
      }
      if (doc.containsKey("pressed2")) {
        relais2Status = !relais2Status;
        digitalWrite(RELAIS2, relais2Status ? HIGH : LOW);
        digitalWrite(LED_BUILTIN, relais2Status ? HIGH : LOW);
      }

      // Send the updated slider, ADC, relais, and button values back to the
WebSocket clients
      String message = "{\"slider1\":" + String(slider1Value) + ",\"slider2\":" +
String(slider2Value) +
                       ",\"adc1\":" + String(adc1Value) + ",\"adc2\":" +
String(adc2Value) +
                       «,\»relais1\»:» + String(relais1Status) + «,\»relais2\»:»
+ String(relais2Status) +
                       ",\"btn1\":" + String(btn1Status) + ",\"btn2\":" +
String(btn2Status) + "}";
      ws.textAll(message);
    }
  }
}
```

Die 'setup()'-Funktion initialisiert die grundlegende Hardware und Netzwerkverbindung des ESP32. Zuerst wird die serielle Verbindung gestartet und eine WLAN-Verbindung aufgebaut, wobei der Verbindungsstatus und Netzwerkdetails (wie IP-Adresse und Signalstärke) ausgegeben werden. Die Pins für Relais, DACs, LEDs und Tasten werden als Ein- oder Ausgänge definiert und auf ihre Anfangszustände gesetzt. Zusätzlich wird die PWM-Konfiguration für die DACs eingerichtet. Sobald die WLAN-Verbindung hergestellt ist, wird ein WebSocket-Server eingerichtet, der die WebSocket-Ereignisse verarbeitet und eine HTTP-Server-Instanz gestartet, die auf Anfragen mit einer HTML-Seite antwortet.

```
void setup() {
  Serial.begin(115200);
  WiFi.begin(ssid, password);
  pinMode(RELAIS1, OUTPUT);
  pinMode(RELAIS2, OUTPUT);
  pinMode(BTN1, INPUT);
  pinMode(BTN2, INPUT);
  // DAC-Pins as output
  pinMode(DAC1, OUTPUT);
  pinMode(DAC2, OUTPUT);
  pinMode(LED1, OUTPUT);
  pinMode(LED_BUILTIN, OUTPUT);
  digitalWrite(LED1, LOW);
  digitalWrite(LED_BUILTIN, LOW);
  digitalWrite(RELAIS1, LOW);
  digitalWrite(RELAIS2, LOW);
  digitalWrite(LED1, LOW);

  ledcWrite(PWM1, slider1Value);
  ledcWrite(PWM2, slider2Value);
  // Setup timer and attach timer to a led pin
  ledcAttach(PWM1, PWM_FREQUENZ, PWM_RESOLUTION);
  ledcAttach(PWM2, PWM_FREQUENZ, PWM_RESOLUTION);

  while (WiFi.status() != WL_CONNECTED) {
    delay(1000);
    Serial.println("Connecting to WiFi...");
  }
  // Ausgabe der IP-Adresse
  Serial.print("IP-Adresse: ");
  Serial.println(WiFi.localIP());

  // Ausgabe der Signalstärke (RSSI)
  Serial.print("Signalstärke (RSSI): ");
  Serial.println(WiFi.RSSI());
```

```
  // Ausgabe des BSSID (MAC-Adresse)
  Serial.print("BSSID: ");
  Serial.println(WiFi.BSSIDstr());

  // Ausgabe der SSID des aktuellen Netzwerks
  Serial.print("SSID: ");
  Serial.println(WiFi.SSID());
  Serial.println("Connected to WiFi");

  server.addHandler(&ws);

  ws.onEvent([](AsyncWebSocket *server, AsyncWebSocketClient *client, AwsEventType
type, void *arg, uint8_t *data, size_t len) {
    handleWebSocketMessage(arg, data, len);
  });

  server.on("/", HTTP_GET, [](AsyncWebServerRequest *request) {
    request->send_P(200, "text/html", index_html);
  });

  server.begin();
}
```

Die 'loop()'-Funktion liest in einer Schleife kontinuierlich die Werte von zwei analogen Eingängen sowie den Zustand zweier digitaler Taster aus. Basierend auf den Werten von Schiebereglern steuert sie zwei PWM-Kanäle an. Die gesammelten Daten, einschließlich der ADC-Werte, Relais-Zustände und Tasterzustände werden in einer JSON-formatierten Nachricht zusammengefasst. Diese Nachricht wird dann über eine WebSocket-Verbindung an alle verbundenen Clients gesendet. Durch einen kurzes Delay von 250 Millisekunden wird sichergestellt, dass die Daten regelmäßig aktualisiert werden.

```
void loop() {
  // Read ADC values
  adc1Value = analogRead(ADC1);
  adc2Value = analogRead(ADC2);

  // Read button states
  btn1Status = digitalRead(BTN1) == HIGH;
  btn2Status = digitalRead(BTN2) == HIGH;

  ledcWrite(PWM1, slider1Value);
  ledcWrite(PWM2, slider2Value);

  // Prepare the JSON message with ADC, relais, and button values
  String message = "{\"slider1\":" + String(slider1Value) + ",\"slider2\":"
+ String(slider2Value) +
```

```
                    ",\"adc1\":" + String(adc1Value) + ",\"adc2\":" +
String(adc2Value) +
                    «,\»relais1\»:» + String(relais1Status) + «,\»relais2\»:»
+ String(relais2Status) +
                    ",\"btn1\":" + String(btn1Status) + ",\"btn2\":" +
String(btn2Status) + "}";

  // Send ADC, relais, and button values to WebSocket clients
  ws.textAll(message);

  delay(250); // Update every 250 ms
}
```

Kapitel 2 • Sensoren

2.1 NTC Temperatursensoren

Ein NTC-Thermistor ist ein Widerstand, der seinen Wert temperaturabhängig verändert.

NTC steht für "Negative Temperature Coefficient" (negativer Temperaturkoeffizient). Das bedeutet, dass der elektrische Widerstand eines NTC-Thermistors mit steigender Temperatur kleiner wird.

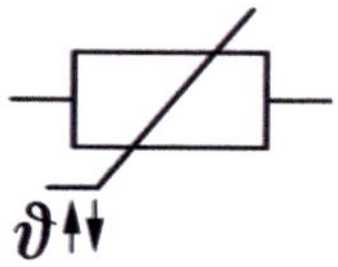

Abbildung 2.1: Symbol für einen NTC Sensor

NTC-Thermistoren bestehen aus Übergangsmetalloxiden, die zu einem Keramikkörper gesintert werden. Die verwendeten Materialien sind meist Metalloxide von Mangan, Kupfer, Nickel, Titan, Kobalt oder Eisen. Bei Erwärmung lösen sich Elektronen aus den Gitteratomen und verbessern die Leitfähigkeit. Die Thermistoren arbeiten im Temperaturbereich von -50 °C bis +200 °C. Im Gegensatz zu Metallen, bei denen der Widerstand mit der Temperatur steigt, gibt es bei NTC-Thermistoren bei höheren Temperaturen mehr freie Elektronen, die den Stromfluss erleichtern. Die elektrische Leitung erfolgt durch das "Hopping" von Elektronen und Löchern. NTC-Thermistoren haben einen höheren Temperaturempfindlichkeitskoeffizienten als Silizium-Temperatursensoren und Widerstandstemperaturfühler.

In der Praxis werden für die NTC Temperatursensoren der Widerstandswert für 25 °C angegeben. Hier die Kennlinie für einen NTC10K.

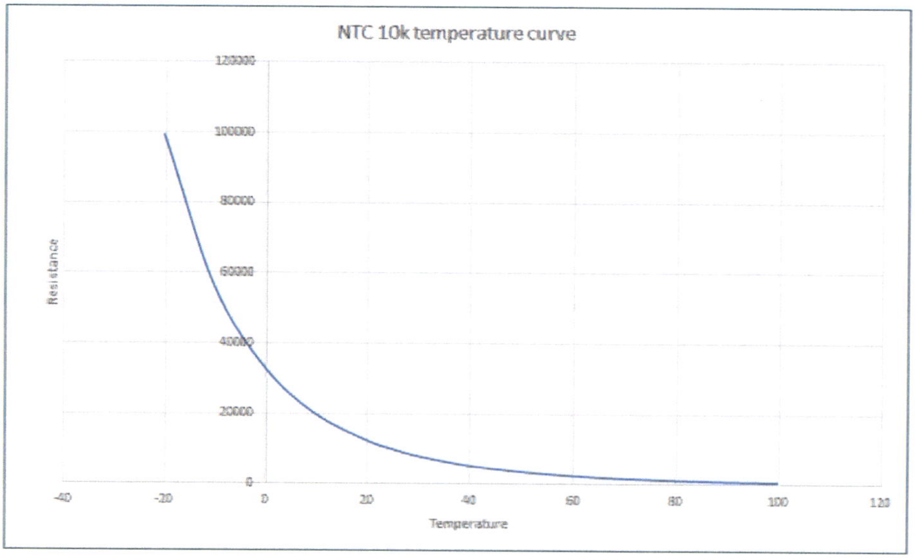

Abbildung 2.2: NTC 10K Kennlinie

Um den Widerstandswert des Sensors zu bestimmen benutzt man üblicherweise einen Spannungsteiler. Dieser sollte mit einer präzisen Referenz, wie hier dargestellt mit 3.3 Volt, verbunden sein, um den Einfluss von Spannungsschwankungen auf das Messergebnis zu verhindern.

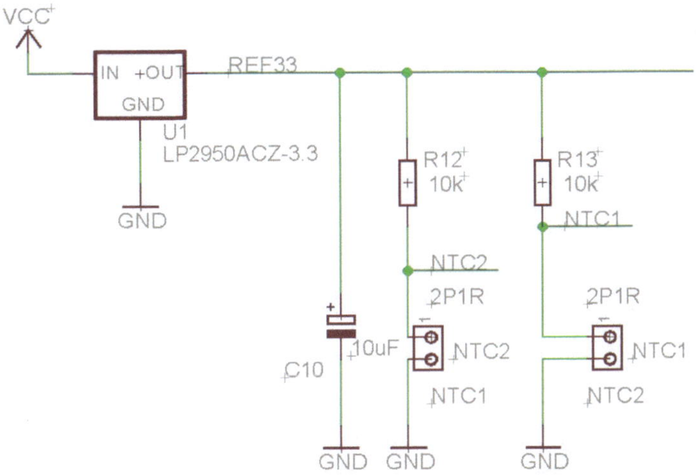

Abbildung 2.3: Schaltung für die NTC Sensoren

Die Leitungen NTC1 und NTC2 können über das Jumperfeld JP5 mit den ADC Eingängen des ESP32 verbunden werden.

Wie man sieht, ist die Kennlinie des Sensors nicht linear, deshalb werden im Programmbeispiel **Arduino_ADC_NTC10K_Calculation.ino** zwei Arrays für Widerstand und Spannung mit jeweils 18 Werten initialisiert, um die Werte im Abstand von 10 K zu berechnen und zu speichern. Damit hat man die Möglichkeit einer Schrittweisen linearen Interpolation.

Diese Berechnung erfolgt über folgende drei Funktionen:

Listing 1: Auszug aus Arduino_ADC_NTC10K_Calculation.ino

```
// Arrays for NTC10K calculation
float Voltages[18] = {0};
float Temperatures[18] = {0};
float VoltageESP32 = 3.3;

// Function for calculating the resistance of an NTC thermistor based on the
temperature
float calculateResistance(float T)
{
    // Constants
    const float R0 = 10000.0; // Nominal resistance of thermistor at 25°C
    const float B = 3950.0;   // B-value of the thermistor from the data sheet
```

```
    return R0 * exp(B * ((1.0 / (T + 273.15)) - (1.0 / (25 + 273.15))));
}

// Voltage from voltage divider 10k input NTC resistor
float calulateVoltage(float Rt)
{
    float R25 = 10000;
    float UE = VoltageESP32;
    float Ua=(UE*Rt)/(Rt+R25);
    return Ua;
}

void initArrayNTC()
{
    // Temperature range from -35°C to 135°C
    int min_temp = -35;
    int max_temp = 135;
    float voltage;
    int loop = sizeof(Voltages) / sizeof(Voltages[0]) - 1;
    // Loop over the temperature range
    for (float temp = min_temp; temp <= max_temp; temp+=10)
    {
        // Calculating the resistance for the current temperature
        float resistance = calculateResistance(temp);
        // Calculating the voltage for the current resistance
    float voltage = calulateVoltage(resistance);
        // Saving the values for temperature and voltage in arrays
        Temperatures[loop] = temp;
        Voltages[loop] = voltage;
        loop--;
    }
}
```

Die Berechnung und Initialisierung erfolgt einmal beim Programmstart in der '`setup()`' Funktion. Hier werden die beiden Arrays 'Voltages' und Temperatures mit den berechneten Werten initialisiert. In der Hauptschleife werden die beiden Analog Eingänge ADC1 und ADC2 ausgelesen und die Temperatur mit der Funktion '`LinearInterpolate(u2)`'`;` aus den Werten in den Arrays berechnet.

ADC auslesen und Temperatur berechnen:

```
// Read ADC1 value
  int voltage1 = analogRead(ADC1);
  // Read ADC2 value
  int voltage2 = analogRead(ADC2);
  // Interpolate voltage 1
```

```
float u1 = readvalue_linear_voltage(n_adc-1,ADC,Ua,(float)voltage1);
// Interpolate voltage 2
float u2 = readvalue_linear_voltage(n_adc-1,ADC,Ua,(float)voltage2);

float temperature_NTC10K_1 = LinearInterpolate(u2);
```

NTC

NTC 10k Temperatur Sensoren sind sehr preisgünstig und in verschiedenen Bauformen verfügbar.

2.2 RTD Temperatursensoren

Die Bezeichnung RTD für Temperatursensoren steht für "Resistance Temperature Detector", bekannt unter der Bezeichnung PT100 und PT1000.

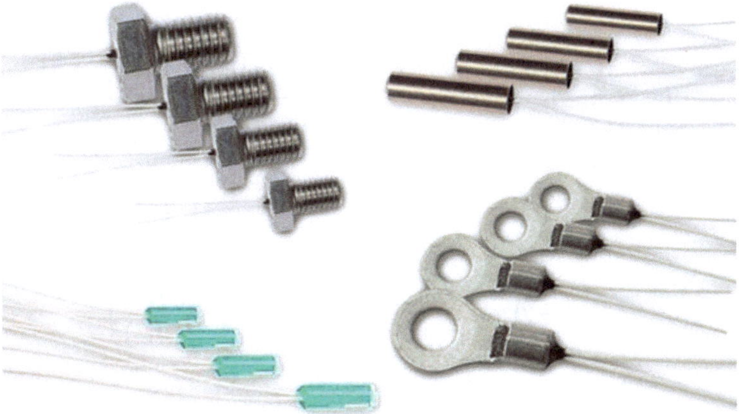

Abbildung 2.4: Bauformen von PT1000 Temperatursensoren Quelle: Variohm

Das Widerstandselement besteht meist aus Platin, da es stabil, linear und chemisch inert ist, kann aber auch aus Nickel oder Kupfer sein. RTDs funktionieren, indem sie die Änderung des elektrischen Widerstands messen, der mit der Temperatur variiert. Die Sensoren kommen hauptsächlich zum Einsatz für Anwendungen, die hohe Genauigkeit, Langzeitstabilität und Austauschbarkeit erfordern. Sie sind in der Industrie sowie im Maschinenbau und der Medizintechnik weit verbreitet.

RTDs bieten Vorteile wie hohe Genauigkeit, Konsistenz, Langzeitstabilität, Wiederholgenauigkeit, Eignung für extreme Umgebungen und einen weiten Temperaturbereich von -200 °C bis +850 °C.

Die Bezeichnung PT100 bzw. PT1000 gibt Auskunft über den Widerstandswert bei 0k. Also 100 Ω beim PT100 und 1000 Ω beim PT1000.

Für den Bereich von 0 °C bis 850 °C berechnet sich der Widerstand nach der Callendar-vanDusen-Gleichung; eine empirische Gleichung zur Beschreibung der Temperaturabhängigkeit des Widerstands eines Platin RTD.

$$RT = R0(1 + AT + BT^2)$$

Für negative Temperaturen von 0 °C bis -200 °C gilt:

$$RT = R0(1 + AT + BT^2 + CT^3(T - 100))$$

A = 3,9083e-3
B = -5,775e-7
C = -4,183e-12

Die Temperatur für positive Werte aus dem Widerstand wird mit folgender Gleichung berechnet:

$$T = \frac{-R0A + \sqrt{(R0A)^{2} - 4R0B(R0 - RT)}}{2R0B}$$

Nach Division mit R_0 ergibt sich:

$$T = \frac{-A + \sqrt{(A)^{2} - 4B(1 - \frac{RT}{R0})}}{2B}$$

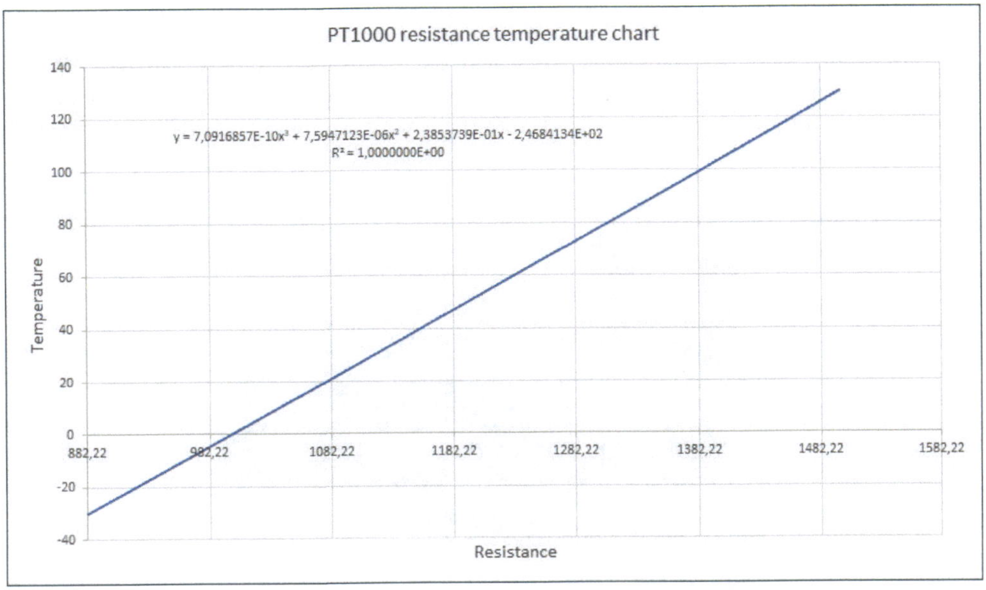

Abbildung 2.5: PT1000 Temperatur Kennlinie

Aus dem Chart kann man erkennen, dass die Änderung des Widerstandes über die Temperatur nicht sehr hoch ist. Ein Messverstärker kann mit einem Operationsverstärker als Subtrahierer aufgebaut werden. Hier eine Schaltung mit dem PT1000 in einer Brückenschaltung und dem OP als Subtrahierer, der die Differenzspannung verstärkt. Der Ausgang des OP kann mit einem Jumper über JP5 mit ADC1 verbunden werden.

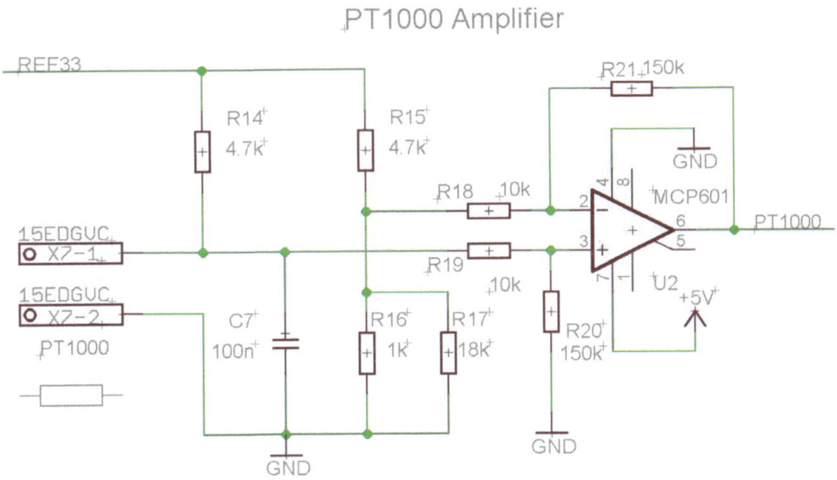

Abbildung 2.6: PT1000 Messverstärker

2.3 Lineare Interpolation

In der Praxis hat sich herausgestellt, das sich die besten Ergebnisse bei der Messung ergeben, wenn man einen PT1000 Simulator verwendet. Dazu gibt man stufenweise in 10 K Schritten den Temperaturwert vor und notiert sich die Spannungswerte die am Display angezeigt werden.

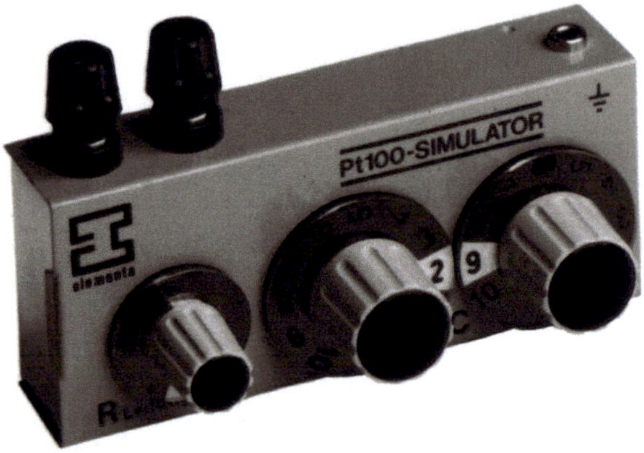

Abbildung 2.7: PT1000 Kalibrator von Elementa Bild Quelle: elementa gmbh

Die angezeigten Spannungen und die zugehörigen Temperaturen werden in zwei Arrays eingetragen.

Listing 2: Arduino_ADC_PT1000_Interpolation.ino

```
// PT1000 Voltage
float adc_pt1000[] =          { 0,     56,    385,   717,   1042, 1358, 1678, 1981,
2282, 2559, 2877, 3186, 3538,  3984,  4080,  4095};
// PT1000 temperature
float temperatures_pt1000[] = {-20.0, -10.0, 0.0, 10.0,  20.0, 30.0, 40.0, 50.0,
60.0, 70.0, 80.0, 90.0, 100.0, 110.0, 112.0, 113.0};
int n_pt1000 = 16;
```

Jetzt hängt die Genauigkeit der Temperaturmessung nur noch vom Kalibrator ab.

Mit der Funktion zum Interpolieren von Messwerten wird jetzt die genaue Temperatur berechnet.

```
// Linear interpolation
// Input Parameters:
// n = Number of values -1
// x = x Array
// y = y Array
// xn = Value to be calculated
float readvalue_linear_voltage(int n,float *x,float *y, float xn)
```

```
{
    int j = 0;
    // Determine interval of xn
    while (j < n-1 && xn > x[j+1]) j++;
    // interpolate xn
    return ((y[j+1]-y[j]) / (x[j+1]-x[j])) * (xn-x[j]) + y[j];
}
```

Hier der Programmteil in 'loop()' mit der Temperaturberechnung aus der Spannung vom ADC1.

```
    // Read ADC1 value
    int voltage1 = analogRead(ADC1);
    // Interpolate PT1000 temperature
    float pt1000_temperature =   readvalue_linear_voltage(n_pt1000-1,adc_pt1000,
 temperatures_pt1000,(float)voltage1);
```

2.4 Thermoelemente

Thermoelemente sind Temperatursensoren, die auf dem thermoelektrischen Effekt (Seebeck-Effekt) basieren. Die Spannung an den Verbindungsstellen zweier verschiedener Metalle erzeugen eine elektrische Spannung. Diese sehr kleine Spannung kann gemessen und zur Bestimmung der Temperatur verwendet werden.

Aufbau und Funktionsweise

Ein Thermoelement besteht aus zwei verschiedenen metallischen Drähten, die an einem Ende miteinander verbunden sind, um eine Messstelle (oder "Hot Junction") zu bilden. Das andere Ende der Drähte, die Referenzstelle (oder "Cold Junction"), bleibt offen. Ein Temperaturunterschied zwischen der Messstelle und der Referenzstelle erzeugt eine thermoelektrische Spannung, die proportional zur Temperaturdifferenz ist. Diese Spannung wird als Thermospannung bezeichnet.

Typen von Thermoelementen

Es gibt mehrere verschiedene Typen von Thermoelementen, die aus unterschiedlichen Kombinationen von Metallen bestehen. Zu den häufigsten gehören:

- Typ K (Chromel-Alumel): Geeignet für ein breites Temperaturintervall von -200 °C bis 1260 °C. Weit verbreitet und kostengünstig.
- Typ J (Eisen-Konstantan): Für Temperaturen von -210 °C bis 760 °C. Nicht für oxidierende Umgebungen geeignet.
- Typ T (Kupfer-Konstantan): Gut für Tieftemperaturanwendungen von -200 °C bis 350 °C. Sehr genau im niedrigen Temperaturbereich.
- Typ E (Chromel-Konstantan): Für Temperaturen von -200 °C bis 900 °C. Höhere Empfindlichkeit als Typ K.

- Typ N (Nicrosil-Nisil): Für Temperaturen von -200 °C bis 1300 °C. Bessere Stabilität und Oxidationsbeständigkeit als Typ K.
- Typ S (Platin-Rhodium): Für hohe Temperaturen von -50 °C bis 1480 °C. Sehr stabil und genau, aber teuer.

Vorteile von Thermoelementen

Thermoelemente können extrem hohe und niedrige Temperaturen messen.

Sie sind mechanisch robust und können in rauen Umgebungen eingesetzt werden.

Aufgrund ihrer einfachen Konstruktion haben Thermoelemente eine schnelle Ansprechzeit auf Temperaturänderungen.

Nachteile von Thermoelementen

Genauigkeit: Thermoelemente sind weniger genau als einige andere Temperatursensoren, wie z.B. RTDs.

Nichtlinearität: Die Beziehung zwischen Temperatur und Thermospannung ist nicht linear, was oft eine Kalibrierung und komplexe Umrechnungstabellen erfordert.

Empfindlichkeit gegenüber Umgebungseinflüssen: Thermoelemente können durch chemische Reaktionen, mechanische Beanspruchung oder elektromagnetische Störungen beeinflusst werden.

2.5 Anwendungen von Thermoelementen

Industrie: In der Prozessüberwachung und -steuerung, wie in der Metallverarbeitung, Kunststoffproduktion und Chemieindustrie.

Wissenschaft: In Laboren zur Messung hoher und niedriger Temperaturen.

Automobilindustrie: Zur Überwachung der Abgastemperatur und anderer kritischer Motorkomponenten.

Haushaltsgeräte: In Öfen, Grills und Heizungssystemen.

Thermoelemente sind vielseitige und weit verbreitete Temperatursensoren, die aufgrund ihrer Robustheit und ihres breiten Temperaturmessbereichs in vielen Anwendungen eingesetzt werden.

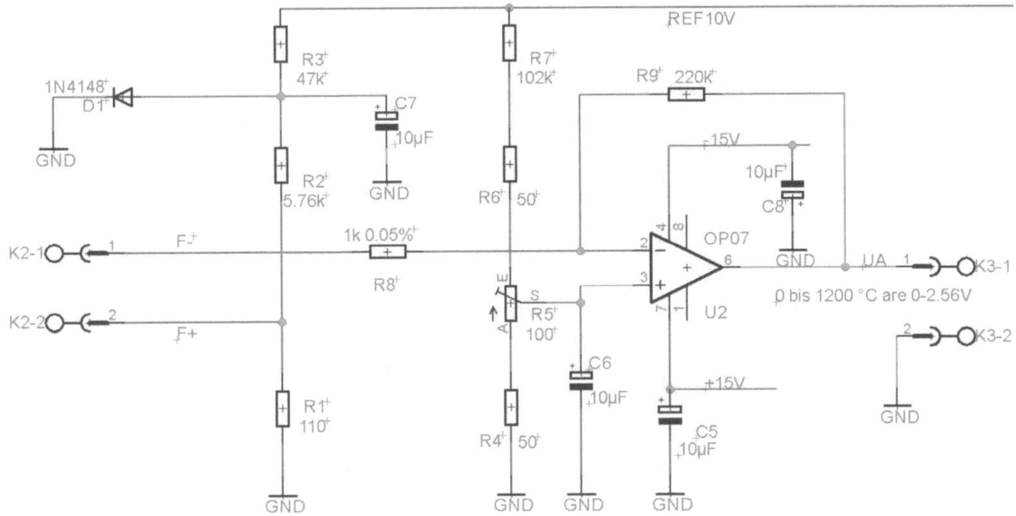

Abbildung 2.8: Thermoelement Verstärker mit OP07

Für den Abgleich der Messverstärker stehen wie beim PT1000 Simulatoren zur Verfügung.

Abbildung 2.9: Thermoelement Kalibrator von Elementa. Bild Quelle: elementa gmbh

Das größte Problem bei der Verwendung von Thermoelementen besteht darin, dass die Thermospannung nicht nur von der Temperatur der Messstelle abhängt, sondern auch von der Temperatur der Kaltstelle. Um eine genaue Temperaturmessung zu erhalten, muss die Temperatur der Kaltstelle bekannt sein und in die Berechnung einbezogen werden. Dies ist der Prozess der Kaltstellenkompensation.

Arten der Kaltstellenkompensation:

1. Manuelle Kaltstellenkompensation:
Traditionell wurde die Kaltstelle bei einer bekannten und stabilen Temperatur gehalten, oft bei 0 °C durch die Verwendung von Eiswasser. Die Thermospannung wurde dann mithilfe von Tabellen oder Formeln korrigiert.

Nachteil: Unpraktisch und nicht für mobile oder industrielle Anwendungen geeignet.

2. Elektronische Kaltstellenkompensation:
Moderne Systeme messen die Temperatur der Kaltstelle mithilfe eines zusätzlichen Sensors (wie einem RTD, Thermistor oder Silizium-IC-Sensor). Diese Temperatur wird dann verwendet, um die gemessene Thermospannung elektronisch zu korrigieren.

Ein häufiger Ansatz ist die Verwendung eines Thermistors oder eines IC-Temperatursensors wie des TC1047A. Der Ausgang des Sensors wird dann in die Berechnungen zur Bestimmung der tatsächlichen Temperatur einbezogen.

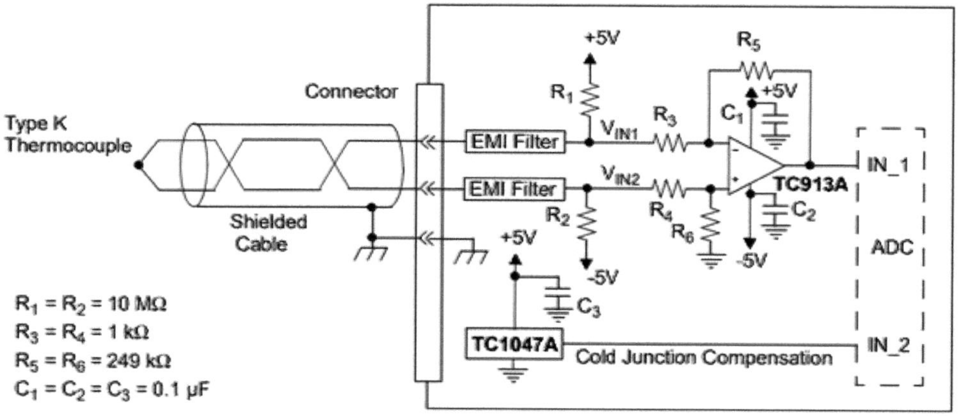

$$V_{OUT} = (V_{IN2} - V_{IN1})\left(\frac{R_5}{R_3}\right) + V_{REF} = (\Delta V_{IN})\left(\frac{249k}{1k}\right)$$

$$Temp.\ Coef. = 249 \times 40\mu V/°C \cong 10mV/°C$$

Abbildung 2.10: Kaltstellenkompensation mit TC1047A

Beispielhafte Schaltung zur Kaltstellenkompensation
Ein Beispiel für eine Schaltung, die für eine entfernte Thermoelement-Messanwendung verwendet werden kann, beinhaltet:

Operationsverstärker (z.B. TC913A): Für die Verstärkung der Thermospannung.

Widerstände: Hochpräzisionswiderstände (z.B. 0,1% Toleranz) zur Verbesserung der Gleichtaktunterdrückung (CMRR).

Temperatursensor (z.B. TC1047A): Für die Messung der Kaltstellentemperatur.

Beschreibung einer elektronischen Kaltstellenkompensation

1. Messung der Kaltstellentemperatur:

Ein IC-Temperatursensor, der sich in der Nähe der Kaltstelle befindet, misst die lokale Temperatur.

Im Beispiel liefert der TC1047A eine Ausgangsspannung von 10 mV/°C mit einem Offset von 500 mV. Wenn die Kaltstelle 25 °C beträgt, liegt die Ausgangsspannung bei 750 mV.

2. Berechnung der tatsächlichen Temperatur:

Die gemessene Spannung des Thermoelements wird in eine Temperatur umgerechnet, als ob die Kaltstelle bei 0 °C wäre.

Die Temperatur der Kaltstelle (gemessen vom IC-Sensor) wird zu dieser berechneten Temperatur addiert, um die tatsächliche Temperatur zu bestimmen.

Vorteile der elektronischen Kaltstellenkompensation

Genauigkeit: Verbesserte Genauigkeit der Temperaturmessung.

Praktikabilität: Geeignet für den Einsatz in rauen oder wechselnden Umgebungen.

Automatisierung: Ermöglicht automatisierte und kontinuierliche Temperaturmessungen.

Zusammenfassung

Die Kaltstellenkompensation ist ein essenzieller Bestandteil der genauen Temperaturmessung mit Thermoelementen. Moderne elektronische Methoden ermöglichen eine präzise und praktische Lösung für die Kaltstellenkompensation, indem sie die Temperatur der Kaltstelle messen und diese Information verwenden, um die Messungen zu korrigieren und die tatsächliche Temperatur der Messstelle zu berechnen.

2.6 Sensoren mit integrierter Elektronik

Dallas DS18B20 One Wire Temperatur Sensor

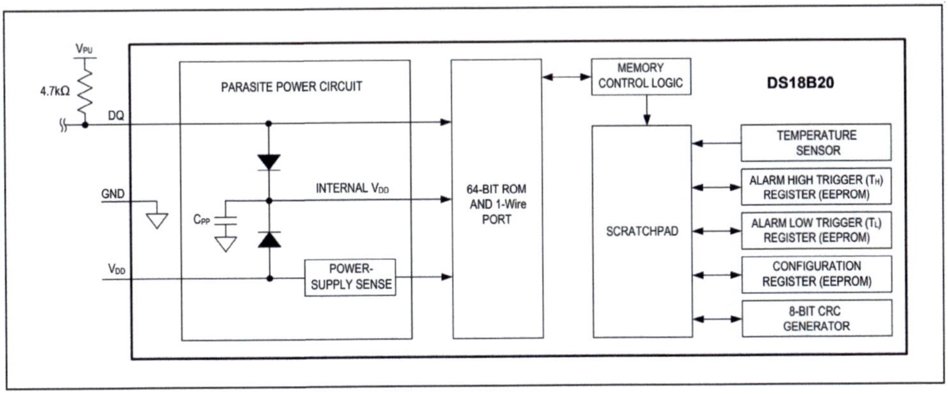

Abbildung 2.11: Temperatursensor Dallas 18B20

Der Temperatursensor Dallas DS18B20 ist in der Arduino Szene sehr weit verbreitet.

Es sind verschiedene Bauformen auf dem Markt wie z.B. TO92 und Ausführungen in einem wasserdichtem Edelstahlrohr - auch SMD Bauformen sind verfügbar.

Die Kommunikation mit dem DS18B20-Sensor erfolgt über einen 1-Wire®-Bus. Dieser ermöglicht es, mehrere Sensoren gleichzeitig über eine einzige Datenleitung anzuschließen und abzufragen. Jeder Sensor besitzt eine einzigartige 64-Bit-Adresse, die eine gezielte Abfrage über den 1-Wire®-Bus ermöglicht.

Für den Anschluss an den ESP32 benötigt man nur eine Datenleitung und die 3,3 V Versorgungsspannung. Empfehlenswert ist ein Pullup Widerstand von 4,7 kΩ an der Datenleitung.

Vorteile und Eigenschaften
Die 1-Wire®-Schnittstelle benötigt nur einen Port-Pin für die Kommunikation.

Temperaturmessbereich von -55 °C bis +125 °C (-67 °F bis +257 °F).

Genauigkeit von ±0,5 °C im Bereich von -10 °C bis +85 °C.

Programmierbare Auflösung von 9 Bit bis 12 Bit.

Parasitischer Stromversorgungsmodus benötigt nur 2 Pins für den Betrieb (DQ und GND).

Vereinfachte und verteilte Temperaturerfassungsanwendungen mit Multidrop-Fähigkeit.

Jedes Gerät hat einen einzigartigen 64-Bit-Seriencode im integrierten ROM gespeichert.

Flexible, benutzerdefinierbare nichtflüchtige (NV) Alarmeinstellungen mit Alarmsuchbefehl zur Identifizierung von Geräten mit Temperaturen außerhalb der programmierten Grenzen.

Listing 3: Arduino_ADC_PT1000_OneWire_DS18B20.ino
Es sollten folgende Bibliotheken installiert werden:

```
#include <OneWire.h>
#include <DallasTemperature.h>
```

Pin festlegen:

```
// One Wire
#define DS18B20 4
```

Instanz erstellen:

```
DallasTemperature sensors(&oneWire);
```

Sensor Initialisieren:

```
// Init DS18B20 Sensor
OneWire oneWire(DS18B20);
```

Zum Auslesen eignet sich folgende Funktion:

```
float readDS18B20(int index)
{
  // Read Dallas Sensor DS18B20
  sensors.requestTemperatures();
  float temperatur = sensors.getTempCByIndex(index);
  if(temperatur == -127.00) {
    return -1;
  } else
  {
    return temperatur;
  }
}
```

Hier der Funktionsaufruf in 'loop()'

```
float ds18b20_temperature = readDS18B20(0);
```

Zusätzlich stehen weitere Sensoren wie der DHT11, DHT22 und der TMP117 (für I2C) zur Verfügung.

2.7 pH Sensoren

pH-Sensoren werden in der Chemie verwndet um den pH-Wert einer Lösung präzise messen zu können. Sie basieren auf elektrochemischen Prinzipien, bei denen eine pH-empfindliche Elektrode, oft mit einer speziellen Glas- oder Polymermembran beschichtet, zum Einsatz kommt. Diese Membran reagiert auf Wasserstoffionen (H^{+}) in der Lösung, wodurch eine Potentialdifferenz zwischen der Elektrode und der umgebenden Lösung entsteht. Das gemessene Potential wird dann elektronisch erfasst und in den entsprechenden pH-Wert umgerechnet, der auf einer Skala von 0 (sehr sauer) bis 14 (sehr basisch) angezeigt wird.

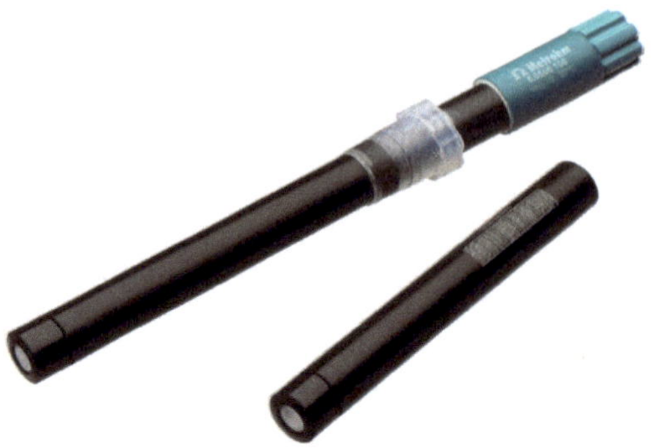

Abbildung 2.12: pH Elektroden

Die Kalibrierung der pH-Sensoren ist essenziell, um genaue Messungen sicherzustellen. Dies geschieht durch Eintauchen in Pufferlösungen mit bekannten pH-Werten. pH-Sensoren finden breite Anwendung in verschiedenen Bereichen, einschließlich Umweltüberwachung, Lebensmittelindustrie, Pharmazie, Chemie und Wasserbehandlung. Sie spielen eine wichtige Rolle bei der Überwachung und Steuerung chemischer Prozesse sowie der Qualitätssicherung in industriellen Anlagen.

Moderne pH-Sensoren können auch Temperaturschwankungen kompensieren, um die Messgenauigkeit zu verbessern. Regelmäßige Wartung und Pflege sind erforderlich, um ihre Leistung und Langlebigkeit zu erhalten. Durch kontinuierliche Fortschritte in der Materialwissenschaft und der Elektronik werden pH-Sensoren immer präziser, robuster und vielseitiger, was ihre Anwendbarkeit und Effizienz in zahlreichen industriellen und wissenschaftlichen Anwendungen weiter steigert.

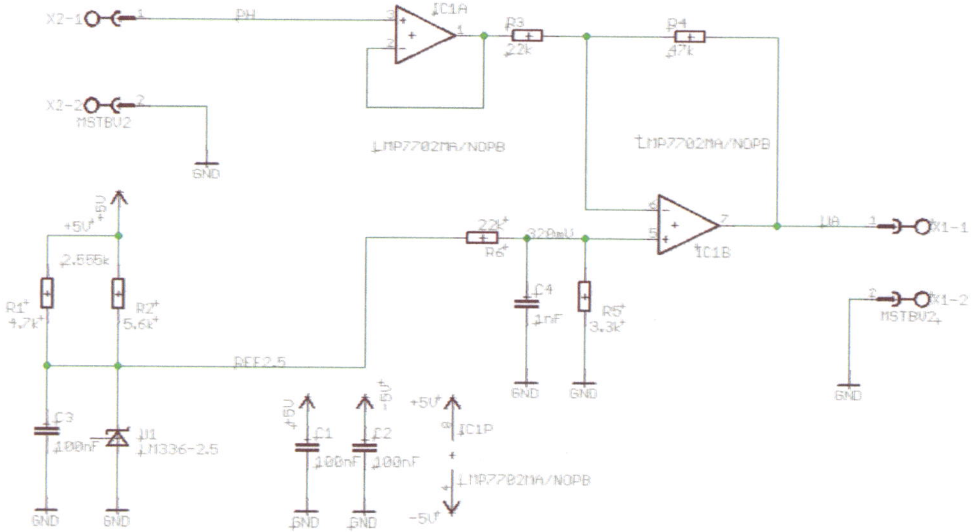

Abbildung 2.13: pH Messverstärker mit LMP7702

Der pH-Verstärker benötigt einen hochohmigen Eingang, um das schwache Ausgangssignal der pH-Elektrode nicht zu verfälschen oder zu schwächen. Hochohmige Eingänge verhindern den Verlust von Signalstärke und sichern die Genauigkeit der pH-Messung.

2.8 Drehgeber

Ein Drehgeber (auch als Encoder bezeichnet) ist ein Sensor, der zur Erfassung der Position oder Geschwindigkeit der Drehbewegung eines Objekts, wie z.B. eines Gleichstrommotors (DC Motor), verwendet wird. Drehgeber sind in vielen industriellen Anwendungen und automatisierten Systemen unverzichtbar, da sie präzise Rückmeldungen über die Bewegungen eines Motors liefern. Es gibt zwei Haupttypen von Drehgebern: Inkrementalgeber und Absolutwertgeber.

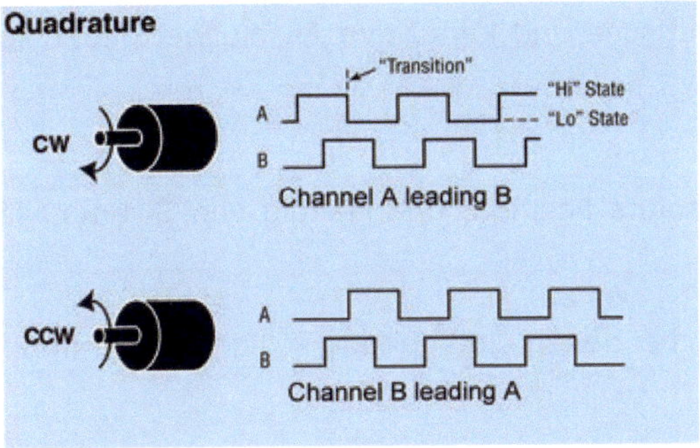

Abbildung 2.14: Encoder Ausgang des Drehgebers. Quelle: Firma dynapar

Inkrementalgeber

Ein Inkrementalgeber erfasst die Drehbewegung durch die Ausgabe von Impulsen, die eine relative Bewegung darstellen. Er besteht typischerweise aus einer rotierenden Scheibe mit gleichmäßig verteilten Schlitzen oder Mustern und einem optischen oder magnetischen Sensor.

Funktionsweise

Eine Lichtquelle (z.B. eine LED) leuchtet durch die Schlitze der rotierenden Scheibe. Ein Sensor (z.B. eine Photodiode) erkennt die Lichtsignale und erzeugt entsprechende elektrische Impulse. Diese Impulse werden gezählt, um die Drehgeschwindigkeit und relative Position des Motors zu bestimmen.

Vorteile

Einfacher Aufbau und kostengünstig.

Hohe Auflösung möglich.

Geeignet für Anwendungen, bei denen nur relative Bewegungen erfasst werden müssen.

Nachteile

Verliert die absolute Position bei einem Stromausfall oder wenn die Bewegung gestoppt wird.

Es sind zusätzliche Maßnahmen zur Bestimmung der Anfangs und Endposition erforderlich, wie z.B. Endschalter.

Absolutwertgeber
Ein Absolutwertgeber liefert für jede Position der Welle einen eindeutigen Positionswert. Dies wird durch eine komplexere Kodierung auf der Scheibe erreicht.

Funktionsweise
Die Scheibe hat mehrere Spuren mit verschiedenen Mustern, die unterschiedliche binäre Codes darstellen. Sensoren lesen die Muster und liefern einen binären Code, der die absolute Position der Scheibe angibt.

Es gibt optische, magnetische und kapazitive Absolutwertgeber, je nach Art der Mustererkennung.

Vorteile
Liefert jederzeit die absolute Position, unabhängig von Stromausfällen oder Bewegungsstopps.

Ideal für Anwendungen, bei denen eine genaue Positionsbestimmung notwendig ist.

Nachteile
Komplexer und teurer als Inkrementalgeber.

Erfordert eine höhere Verarbeitungskapazität zur Dekodierung der Position.

Anwendung bei DC Motoren
Drehgeber werden häufig in Kombination mit DC Motoren eingesetzt, um präzise Bewegungssteuerungen zu ermöglichen. Ein typisches Anwendungsbeispiel ist die Regelung der Motordrehzahl oder die Positionierung in Servosystemen.

Geschwindigkeitsregelung
Der Drehgeber liefert kontinuierlich Impulse, die von einem Controller ausgewertet werden.

Der Controller passt die Motorleistung an, um eine konstante Drehzahl zu gewährleisten.

Positionsregelung
Der Drehgeber gibt die exakte Position der Motorwelle an.

Ein Steuerungssystem kann so genaue Bewegungsabläufe und Positionierungen steuern.

Ein Drehgeber ist ein wesentlicher Bestandteil von DC Motorsteuerungssystemen, der genaue Rückmeldungen über Position und Geschwindigkeit liefert. Während Inkrementalgeber durch ihre Einfachheit und Kosteneffizienz bestechen, bieten Absolutwertgeber den Vorteil der präzisen Positionsbestimmung, was sie für anspruchsvollere Anwendungen unerlässlich macht.

2.9 Kraftmessung

Kraftsensoren werden in der Regelungstechnik aus verschiedenen wichtigen Gründen eingesetzt. Hier sind einige der häufigsten Anwendungen und Nutzen von Kraftsensoren in diesem Bereich:

In vielen industriellen Prozessen ist die genaue Kontrolle der aufgebrachten Kräfte entscheidend. Kraftsensoren messen diese Kräfte und ermöglichen eine präzise Regelung, um sicherzustellen, dass die gewünschten Kraftparameter eingehalten werden.

In der Fertigungsindustrie helfen Kraftsensoren, die Qualität der Produkte zu überwachen, indem sie sicherstellen, dass die richtigen Kräfte bei der Montage, beim Pressen oder beim Schneiden angewendet werden.

In der Robotik werden Kraftsensoren verwendet, um die Interaktion zwischen dem Roboter und seiner Umgebung zu messen. Dies ist besonders wichtig für Aufgaben, die eine präzise Handhabung und Anpassung der Kräfte erfordern, wie das Greifen von empfindlichen Objekten oder das Zusammenbauen von Bauteilen.

In automatisierten Systemen tragen Kraftsensoren dazu bei, genaue und wiederholbare Bewegungen sicherzustellen. Sie ermöglichen es Maschinen, auf Veränderungen in der Last oder dem Widerstand zu reagieren und ihre Bewegungen entsprechend anzupassen.

Kraftsensoren können dazu beitragen, Maschinen sicherer zu machen, indem sie Kräfte überwachen und bei Überlasten oder Anomalien Warnungen auslösen oder die Maschine stoppen, um Schäden zu vermeiden.

Bei der Materialprüfung werden Kraftsensoren verwendet, um die Festigkeit und Belastbarkeit von Materialien zu messen. Dies hilft bei der Entwicklung und Qualitätskontrolle von neuen Materialien und Produkten.

In der Automobilindustrie werden Kraftsensoren zur Überwachung und Regelung von Kräften in verschiedenen Systemen eingesetzt, wie z.B. in Brems- und Lenksystemen, um die Sicherheit und Leistung der Fahrzeuge zu verbessern.

In der Forschung und Entwicklung ermöglichen Kraftsensoren das Studium von Kräften und deren Auswirkungen auf verschiedene Systeme und Materialien, was zu neuen Erkenntnissen und Innovationen führt.

Durch die genaue Messung und Regelung von Kräften tragen Kraftsensoren wesentlich zur Effizienz, Qualität und Sicherheit in zahlreichen Anwendungen der Regelungstechnik bei.

Dehnmesstreifen sind sensorische Geräte, die zur Messung von Deformationen oder Spannungen in einem Material verwendet werden. Sie bestehen typischerweise aus einem dünnen Draht oder einer Folie, die auf einem Trägermaterial befestigt ist. Wenn das Material, an dem der Dehnmesstreifen angebracht ist, sich verformt, dehnt sich auch der Draht oder die Folie. Diese Dehnung führt zu einer Veränderung des elektrischen

Widerstands des Drahtes oder der Folie. Die Änderung des Widerstands kann gemessen und in eine Dehnung oder Spannung umgerechnet werden. Dehnmesstreifen werden in einer Vielzahl von Anwendungen eingesetzt, von der Materialprüfung bis zur Überwachung von Bauwerken. Sie sind äußerst empfindlich und können sehr kleine Deformationen mit hoher Genauigkeit erfassen. Es gibt verschiedene Arten von Dehnmesstreifen, darunter metallische und halbleiterbasierte Varianten. Die metallischen Dehnmesstreifen sind weit verbreitet aufgrund ihrer Robustheit und Genauigkeit. Halbleiter-Dehnmesstreifen bieten eine höhere Empfindlichkeit, sind jedoch auch empfindlicher gegenüber Umwelteinflüssen.

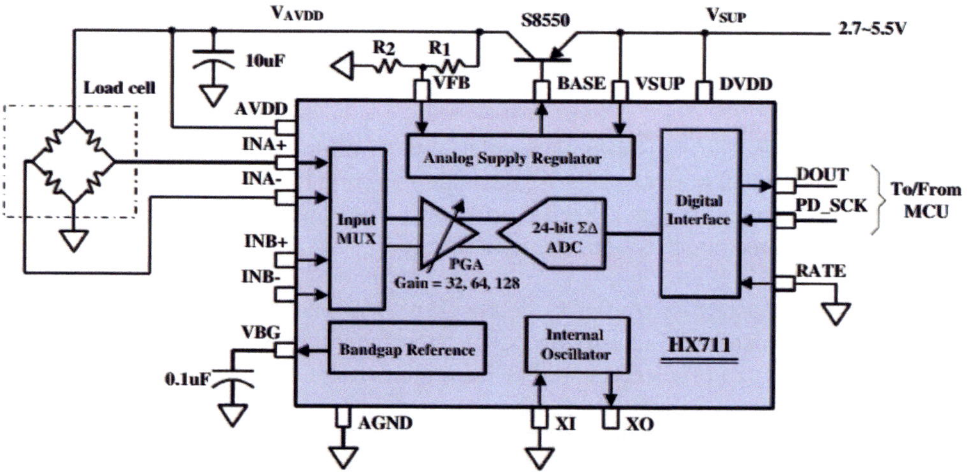

Abbildung 2.15: Messverstärker HX711

Abbildung 2.16: Kraftmesser LC201

Software Beispiel zum Einlesen von Daten mit dem HX711 Messverstärker und A/D Wandler.

```
// Read the HX711 load cell on channel A with gain of 128
// Return the result as a 32-bit integer
#include "Arduino.h"

const int CLK_PIN = 2;  // Pin for CLK
const int DTA_PIN = 3;  // Pin for DTA
```

```
void setup() {
  pinMode(CLK_PIN, OUTPUT);
  pinMode(DTA_PIN, INPUT);
  digitalWrite(CLK_PIN, LOW);
  Serial.begin(9600);
}

int32_t ReadCount1() {
  int32_t count = 0;
  char i;

  // Wait until DTA_PIN goes LOW
  while (digitalRead(DTA_PIN) == HIGH);

  for (i = 0; i < 24; i++) {
    digitalWrite(CLK_PIN, HIGH);
    count = count << 1;
    digitalWrite(CLK_PIN, LOW);
    if (digitalRead(DTA_PIN) == HIGH) {
      count++;
    }
  }

  digitalWrite(CLK_PIN, HIGH);
  count = count ^ 0x800000;  // Invert the MSB
  digitalWrite(CLK_PIN, LOW);

  return -count;  // Negate the result and return
}

void loop() {
  int32_t value = ReadCount1();
  Serial.println(value);
  delay(500);  // Delay to make the readings readable
}
```

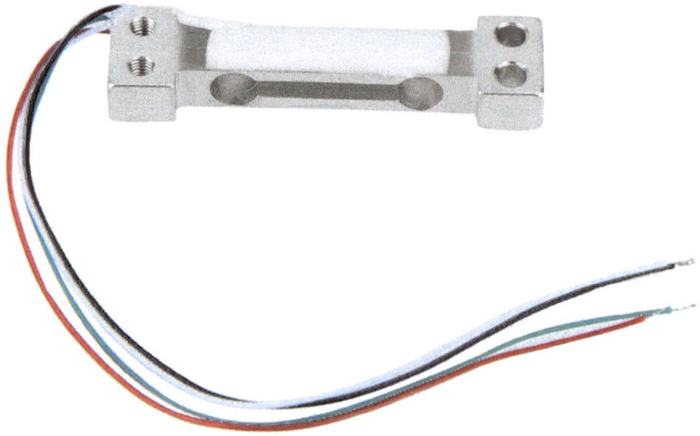

Abbildung 2.17: Kraftsensor für eine Waage

2.10 Lineare Regression

Die lineare Regression ist ein statistisches Verfahren, das genutzt wird, um die Beziehung zwischen einer abhängigen Variablen (auch Zielvariable genannt) und einer oder mehreren unabhängigen Variablen (Prädiktoren) zu modellieren. Das Ziel ist es, eine lineare Gleichung aufzustellen, welche die bestmögliche Schätzung der abhängigen Variablen basierend auf den unabhängigen Variablen liefert. Diese Gleichung hat die Form $y = a * x + b$, wobei y die abhängige Variable, x die unabhängige Variable, b der Schnittpunkt (Intercept) und a die Steigung (Koeffizient, Gradient) ist. Die Steigung gibt an, wie steil die Gerade ist, während der Schnittpunkt angibt, wo die Gerade die y-Achse schneidet.

Die Parameter a und b werden so bestimmt, dass die Summe der quadrierten Abweichungen (Residuen) zwischen den tatsächlichen Werten und den vorhergesagten Werten minimiert wird. Dies wird häufig durch die Methode der kleinsten Quadrate erreicht. Lineare Regression wird in vielen Bereichen eingesetzt, darunter Wirtschaft, Biologie und Ingenieurwesen, um Trends zu analysieren und Vorhersagen zu treffen. Ein wichtiges Maß für die Güte des Modells ist der R-Quadrat-Wert, der angibt, wie gut die unabhängigen Variablen die Varianz der abhängigen Variablen erklären.

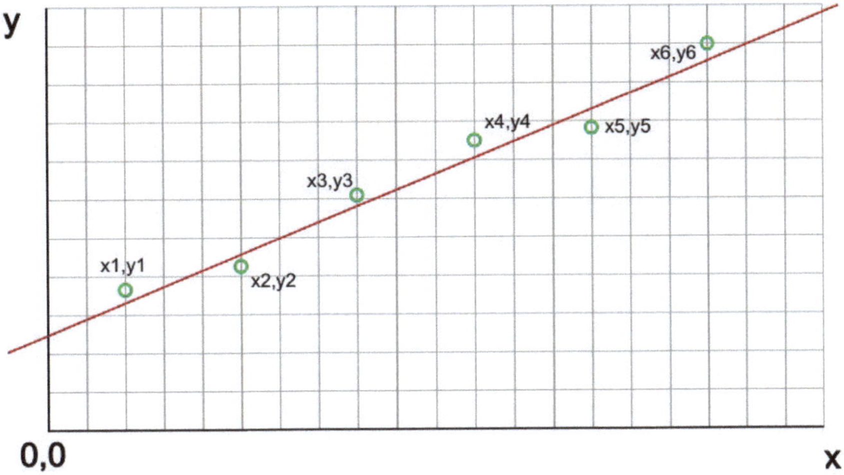

Abbildung 2.18: Beispiel Lineare Regressien

$$a = \frac{N\sum(x_i y_i) - \sum x_i \sum y_i}{N\sum(x_i^2) - (\sum x_i)^2}$$

Gleichung lineare Regression für den Gradienten

$$b = \frac{\sum y_i - a\sum x_i}{N}$$

Gleichung lineare Regression für den Abstand

Dieses Beispiel für die lineare Regression umfasst Testwerte und eine Anwendung mit einem pH-Sensor.

Listing 4: ArduinoLinearRegression.ino

```
//---------------------------------------------------------------------
//
//            Arduino Linear Regression
//            =========================
//
//      Testprogramm for Arduino ESP32 PID Fuzzy Control Board
//
//      calculate Parameters fo Y = ax + b from x and y array values
//
//  Date:     16/07/2024
//  Author:   Josef Bernhardt
//  Hardware: Arduino (ESPRESSIF) ESP32 and Arduino UNO
//
//  File:     Arduino_LinearRegression.ino
```

```
//-----------------------------------------------------------------------
#include <Arduino.h>

// Example Values x axis
float x[] = {1, 2, 3, 4, 5};
// Example Values y axis
float y[] = {5, 7, 9, 11, 13};
int QtyTest = sizeof(x) / sizeof(float);

// pH Example
// Voltage from ADC
float ax[] = {0.158556,0.586422,1.014377,1.442273,1.870113};
//Voltage from pH Amplifier
float ay[] = {0.4,0.2,0.0,-0.2,-0.4};
int QtypH = sizeof(ax) / sizeof(float);

// Variables for the y-intercept (a) and the slope (b)
float a, b;
```

'LinearRegression()' berechnet die lineare Regression für eine Menge von Datenpunkten. Zunächst summiert die Funktion die x-Werte, die y-Werte, die Produkte von x und y sowie die Quadratwerte der x-Werte. Anschließend verwendet sie diese Summen, um die Steigung und den Schnittpunkt der besten Anpassungsgeraden zu bestimmen. Zusammengefasst findet die Funktion also die Gerade, die am besten zu den Datenpunkten passt.

```
// Function for the linear regression
void LinearRegression(float* x, float* y, int AnzX, float* a, float* b)
{
    float sumX = 0, sumY = 0, sumXY = 0, sumX2 = 0;

    // Calculation of the sums
    for (int i = 0; i < AnzX; ++i) {
        sumX += x[i];
        sumY += y[i];
        sumXY += x[i] * y[i];
        sumX2 += x[i] * x[i];
    }

    // Calculation of the gradient (a) and the y-axis intercept (b)
    *a = (AnzX * sumXY - sumX * sumY) / (AnzX * sumX2 - sumX * sumX);
    *b = (sumY - (*a) * sumX) / AnzX;
}

void setup()
{
    // Initialisation of the serial communication
```

```
    Serial.begin(115200);
}
```

In diesem Codebeispiel wird die Funktion 'LinearRegression()' zweimal aufgerufen, um die lineare Regression für zwei verschiedene Datensätze zu berechnen.

1. Erstes Beispiel: Die Funktion 'LinearRegression()' wird mit den Daten 'x' und 'y' aufgerufen. Die berechnete Steigung und der Schnittpunkt der Regressionsgerade werden angezeigt. Anschließend wird der Wert der Regressionsgeraden berechnet und angezeigt.

2. Zweites Beispiel: Die Funktion 'LinearRegression()' wird erneut, aber diesmal mit den Daten 'ax' und 'ay' aufgerufen. Auch hier werden Steigung und Schnittpunkt angezeigt. Danach wird ebenfalls der Wert der Regressionsgeraden berechnet und ausgegeben.

Zwischen den beiden Berechnungen wartet das Programm eine Sekunde, bevor der Prozess wiederholt wird.

```
void loop()
{
    // Example 1
    LinearRegression(x, y, QtyTest, &a, &b);
     // Display Result
    Serial.print("Gradient (a): ");
    Serial.println(a, 2);
    Serial.print("Intercept (b): ");
    Serial.println(b, 2);

    float result_example = a * 3.52 + b;
    Serial.print("Result fuer x = 3.52 :");
    Serial.println(result_example,3);


    // Example 2
    LinearRegression(ax, ay, QtypH, &a, &b);
     // Display Result
    Serial.print("Gradient (a): ");
    Serial.println(a, 2);
    Serial.print("Intercept (b): ");
    Serial.println(b, 2);

    float result_ph = a * 1.634 + b;
    Serial.print("Result fuer x = 1.634 :");
    Serial.println(result_ph,3);

    delay(1000);
}
```

2.11 Spline Interpolation

Der Begriff "Spline" stammt ursprünglich aus der Konstruktion und dem Schiffsbau. Ein "Spline" ist ein flexibler Streifen aus Holz oder Metall, der verwendet wird, um glatte Kurven durch eine Reihe von Punkten zu ziehen. Dies war besonders nützlich im Schiffsbau, um die geschwungenen Formen von Schiffsrümpfen zu gestalten.

In der Mathematik und Computergrafik wurde der Begriff übernommen, um eine Methode zu beschreiben, um Kurven durch eine Reihe von Datenpunkten zu interpolieren. Ein mathematischer Spline ist eine Funktion, die aus mehreren polynomialen Segmenten besteht, die so verbunden sind, dass sie an den Verbindungsstellen stetig sind.

Dies wird durch die Forderung erreicht, dass die ersten und oft auch höheren Ableitungen der Funktion an den Verbindungsstellen übereinstimmen. Auf diese Weise entstehen stetige Kurven, welche die gegebenen Datenpunkte genau oder annähernd durchlaufen.

Das folgende Arduino Beispiel soll zeigen, wie die Spline Interpolation genutzt werden kann, um aus berechneten Stützwerten für Spannungen und den zugehörigen Temperaturen Zwischenwerte gewonnen werden.

Ua=(3.3*Rt)/(Rt+R25) (Rt = NTC Sensor1 / R25 = 10k)

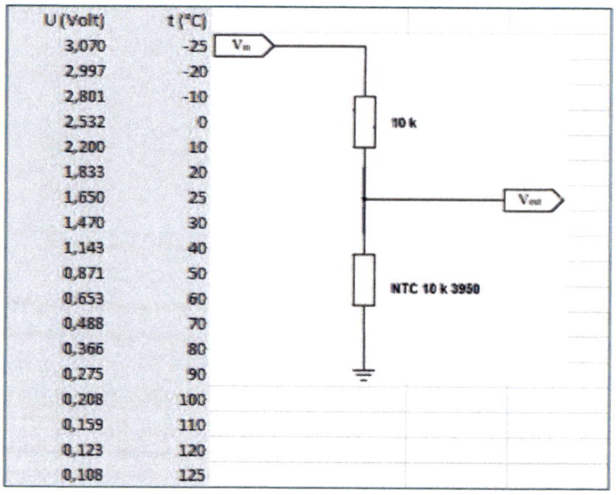

U (Volt)	t (°C)
3,070	-25
2,997	-20
2,801	-10
2,532	0
2,200	10
1,833	20
1,650	25
1,470	30
1,143	40
0,871	50
0,653	60
0,488	70
0,366	80
0,275	90
0,208	100
0,159	110
0,123	120
0,108	125

Abbildung 2.19: NTC Spannungsteiler

Hier der Chart mit den Werten für Spannung und Temperatur:

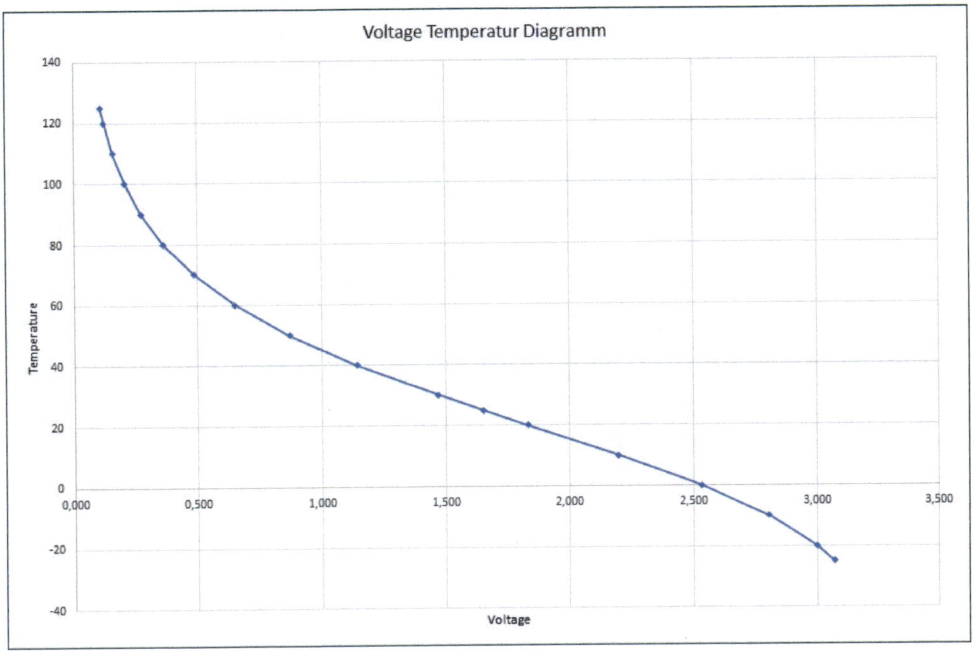

Abbildung 2.20: Spline Diagramm Spannung Temperatur

Das Programm berechnet aus den Werten in den Arrays 'xs[]' und 'ys[]' mit der Funktion 'spline_natural_init()', die einmal beim Start des Programmes in der 'setup()'-Funktion aufgerufen wird, die Parameter für die Berechnung der Zwischenwerte und legt diese in den Arrays 'hx[]' , 'hy[]' und 'M[]' ab.

Listing 5: Arduino_ADC_NTC_CubicSplineInterpolation.ino

```
// 3.3 Volt Values for ESP32 or RP2040
float xs[] = {0.108, 0.123, 0.159, 0.208, 0.275, 0.366, 0.488, 0.653, 0.871,
1.143, 1.470, 1.650, 1.833, 2.200, 2.532, 2.801, 2.997, 3.070};
// 5 V Values for Arduino Nano
// float xs[] = {0.164, 0.186, 0.241, 0.316, 0.417, 0.554, 0.740, 0.989, 1.320,
1.731, 2.227, 2.5, 2.778, 3.333, 3.836, 4.244, 4.542, 4.652};
float ys[] = {125.000, 120.000, 110.000, 100.000, 90.000, 80.000, 70.000,
60.000, 50.000, 40.000, 30.000, 25.000, 20.000, 10.000, 0.000, -10.000, -20.000,
-25.000};

/*
xs und ys sind die Arrays der Stützpunkte.
hx und hy speichern die Differenzen zwischen den Stützpunkten.
M speichert die berechneten Momente der Splines.
*/
int spline_natural_init(int n, float *x, float *y, float *hx, float *hy, float
*M) {
```

```
    int i;
    // Speicher für temporäre Arrays allozieren
    float *mue, *z, *lambda, *d;
    mue = (float *)malloc((n + 1) * sizeof(float));
    z = (float *)malloc((n + 1) * sizeof(float));
    lambda = (float *)malloc((n + 1) * sizeof(float));
    d = (float *)malloc((n + 1) * sizeof(float));
    // Überprüfen, ob die Speicherallokation erfolgreich war
    if (mue == nil || z == nil || lambda == nil || d == nil)
        return 0;  // Fehler bei der Speicherallokation

    // Schritt 1: Differenzen hx und hy berechnen
    for (i = 1; i <= n; i++) {
        hx[i] = x[i] - x[i - 1];
        hy[i] = y[i] - y[i - 1];
    }

    // Initialisieren der Arrays z, lambda und d für das
Tridiagonal-Gleichungssystem
    z[0] = 2;
    lambda[0] = 0;
    d[0] = 0;
    // Schritt 2: Berechnung der Koeffizienten mue, z, lambda und d
    for (i = 1; i < n; i++) {
        mue[i] = hx[i] / (hx[i] + hx[i + 1]);  // Berechnung von µ (mu)
        z[i] = 2;
        lambda[i] = hx[i + 1] / (hx[i] + hx[i + 1]);  // Berechnung von λ
(lambda)
        // Berechnung von d
        d[i] = 6 / (hx[i] + hx[i + 1]) * (hy[i + 1] / hx[i + 1] - hy[i] / hx[i]);
    }

    // Randbedingungen für einen natürlichen Spline (zweite Ableitung an den
Enden ist Null)
    mue[n] = 0;
    z[n] = 2;
    d[n] = 0;

    // Schritt 3: Vorwärtselimination zur Lösung des Tridiagonal-Gleichungssystems
    for (i = 1; i <= n; i++) {
        z[i] = z[i] - mue[i] / z[i - 1] * lambda[i - 1];
        d[i] = d[i] - mue[i] / z[i - 1] * d[i - 1];
    }

    // Schritt 4: Rückwärtssubstitution zur Berechnung der zweiten Ableitungen M
    M[n] = d[n] / z[n];
```

```
    for (i = n - 1; i >= 0; i--) {
        M[i] = (d[i] - lambda[i] * M[i + 1]) / z[i];
    }

    // Freigabe des temporär allokierten Speichers
    free(mue);
    free(z);
    free(lambda);
    free(d);

    return 1;  // Erfolgreiche Berechnung
}
```

Die Funktion 'spline_value()' berechnet den interpolierten Wert eines natürlichen kubischen Splines an der Position 'x0' basierend auf den gegebenen Punkten (x, y) und den berechneten zweiten Ableitungen M.

```
float spline_value(int n, float *x, float *y, float *hx, float *hy, float *M,
float x0) {
    int j = 0;
    float A1, A2, A3, y0;

    // Finden des Intervalls, in dem x0 liegt
    while (j < n - 1 && x0 > x[j + 1]) j++;

    // Berechnung der Koeffizienten A1, A2 und A3
    A1 = hy[j + 1] / hx[j + 1] - hx[j + 1] / 6 * (2 * M[j] + M[j + 1]);
    A2 = M[j] / 2;
    A3 = (M[j + 1] - M[j]) / 6 / hx[j + 1];

    // Verwendung des Horner-Schemas zur Berechnung des interpolierten Werts y0
    y0 = A3;  // Startwert für das Horner-Schema
    y0 = A2 + (x0 - x[j]) * y0;  // Berechnung der nächsten Stufe
    y0 = A1 + (x0 - x[j]) * y0;  // Berechnung der nächsten Stufe
    y0 = y[j] + (x0 - x[j]) * y0;  // Hinzufügen des letzten Terms

    return y0;  // Rückgabe des interpolierten Werts
}
```

Im Hauptprogramm 'loop()' kann mit der Funktion 'spline_value()' aus den gemessenen Spannungen die Temperatur berechnet werden.

```
Temperature = spline_value(n - 1, xs, ys, hx, hy, M, Voltage);
Serial.print("Voltage: ");
Serial.print(Voltage);
Serial.print(" Temperature: ");
Serial.println(Temperature);
```

Fazit
Kubische Splines sind ein leistungsstarkes und vielseitiges Werkzeug zur Erstellung stetiger Kurven durch eine gegebene Menge von Punkten. Durch ihre mathematischen Eigenschaften bieten sie eine gute Genauigkeit und glatte Übergänge, was sie in vielen technischen und wissenschaftlichen Anwendungen unverzichtbar macht. Der gegebene Code implementiert einen kubischen Spline zur Interpolation einer Funktion, der die Werte aus einem Array von Stützpunkten xs und ys verwendet.

2.12 Polynomische Regression

Die polynomische Regression ist ein äußerst vielseitiges Werkzeug in der Datenanalyse.

Eine der Hauptanwendungen ist die Kurvenanpassung. Hier wird sie verwendet, um mathematische Funktionen an experimentelle Daten anzupassen. Dies hilft, Muster und Trends in den Daten zu identifizieren, was besonders in technischen Anwendungen hilfreich ist.

Polynomische Regression wird auch zur Glättung von Daten verwendet. Oft sind experimentelle Daten unregelmäßig oder mit Rauschen behaftet. Hier kann die polynomische Regression genutzt werden, um eine glattere Funktion zu erstellen, die die zugrunde liegenden Trends besser darstellt und somit eine präzisere Analyse ermöglicht.

Polynomial Regression ist eine flexible und leistungsstarke Methode, die in verschiedenen Disziplinen eingesetzt wird, um Daten zu modellieren, Muster zu identifizieren und Vorhersagen zu treffen. Ihre Vielseitigkeit macht sie zu einem wichtigen Werkzeug für die Messtechnik.

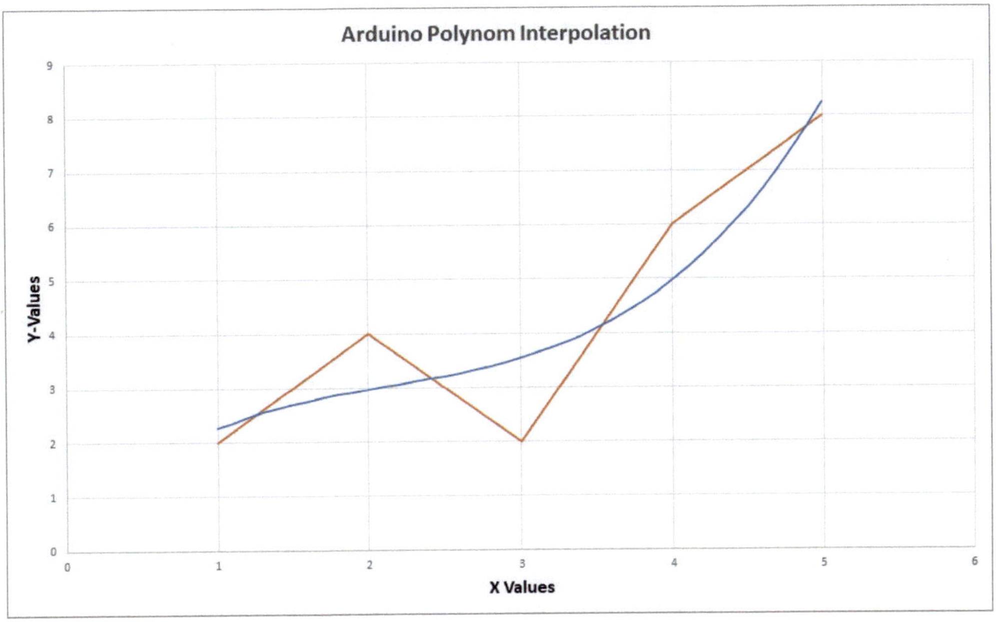

Abbildung 2.21 Chart Polynom Interpolation

Die Funktion 'PolynomReg' berechnet die Koeffizienten für ein Polynomregressionsmodell mit einem Grad von Polynomgrad basierend auf einer gegebenen Menge von Datenpunkten (x, y). Sie nimmt die Arrays 'x' und 'y' als Eingabe, welche die x- und y-Werte der Datenpunkte enthalten. Die Funktion erstellt eine Matrix G und einen Vektor c, um ein lineares Gleichungssystem G * a = c zu lösen, wobei a die Koeffizienten des Polynoms sind. Dies geschieht durch Matrixinversion und Rückwärtssubstitution. Am Ende gibt die Funktion ein Array a zurück, das die berechneten Koeffizienten des Polynoms enthält. Diese Koeffizienten definieren die beste Anpassungsfunktion an die Datenpunkte, welche durch ein Polynom beschrieben wird. Mit diesen Koeffizienten kann man die Regressionsgerade oder -kurve für beliebige x-Werte berechnen. Alle dynamisch allokierten Speicherbereiche werden freigegeben, um Speicherlecks zu vermeiden.

Listing 6: Arduino_Polynom_Interpolation.ino

```
//--------------------------------------------------------------------
//
//           Arduino Polynomial Interpolation
//           ================================
//
//       Testprogramm for Arduino ESP32 PID Fuzzy Control Board
//
//       calculate Parameters for Polynom Interpolation
//
//   Date:      05/08/2024
//   Author:    Josef Bernhardt
```

```
//  Hardware: Arduino (ESPRESSIF) ESP32 and Arduino UNO
//
//  File:     Arduino_Polynom_Interpolation.ino
//----------------------------------------------------------------------
#include <Arduino.h>


float* PolynomReg(float* x, float* y, int Polynomgrad, int QtyX) {
    float* Sxk = (float*)malloc((2 * Polynomgrad + 1) * sizeof(float));
    float* Sxkyk = (float*)malloc((Polynomgrad + 1) * sizeof(float));
    // float G = (float)malloc((Polynomgrad + 1) * sizeof(float*));
    float** G = (float**)malloc((Polynomgrad + 1) * sizeof(float*));

    for (int i = 0; i <= Polynomgrad; ++i) {
        G[i] = (float*)malloc((Polynomgrad + 1) * sizeof(float));
    }
    float* g1 = (float*)malloc((Polynomgrad + 1) * sizeof(float));
    float* c = (float*)malloc((Polynomgrad + 1) * sizeof(float));
    float* a = (float*)malloc((Polynomgrad + 1) * sizeof(float));

    // Initialization of Sxk and Sxkyk
    for (int i = 0; i <= 2 * Polynomgrad; ++i) {
        Sxk[i] = 0;
        for (int k = 0; k < QtyX; ++k) {
            Sxk[i] += pow(x[k], i);
        }
    }
    for (int i = 0; i <= Polynomgrad; ++i) {
        Sxkyk[i] = 0;
        for (int k = 0; k < QtyX; ++k) {
            Sxkyk[i] += pow(x[k], i) * y[k];
        }
    }

    // Creation of the coefficient matrix G and the constant vector c
    for (int i = 0; i <= Polynomgrad; ++i) {
        for (int j = 0; j <= i; ++j) {
            G[i][j] = Sxk[i + j];
            G[j][i] = Sxk[i + j];
        }
        c[i] = Sxkyk[i];
    }

    // Solving the equation system G * a = c with matrix inversion
    // and matrix multiplication a = G1 * c
    float det = 1.0;
```

```
    for (int i = 0; i <= Polynomgrad; ++i) {
        for (int j = i + 1; j <= Polynomgrad; ++j) {
            float ratio = G[j][i] / G[i][i];
            for (int k = i; k <= Polynomgrad; ++k) {
                G[j][k] -= ratio * G[i][k];
            }
            c[j] -= ratio * c[i];
        }
        det *= G[i][i];
    }

    // Back substitution for the polynomial coefficients
    for (int i = Polynomgrad; i >= 0; --i) {
        a[i] = c[i];
        for (int j = i + 1; j <= Polynomgrad; ++j) {
            a[i] -= G[i][j] * a[j];
        }
        a[i] /= G[i][i];
    }

    free(Sxk);
    free(Sxkyk);
    for (int i = 0; i <= Polynomgrad; ++i) {
        free(G[i]);
    }
    free(G);
    free(gl);
    free(c);

    return a;
}
```

Die Funktion 'PolynomEval()' bewertet ein Polynom an einem bestimmten Punkt x unter Verwendung gegebener Koeffizienten. Sie erhält als Parameter ein Array von Koeffizienten, den Grad des Polynoms und den Wert x, an dem das Polynom ausgewertet werden soll. Der Rückgabewert ist der Wert des Polynoms an der Stelle x. Diese Funktion ermöglicht es, den Funktionswert des Polynoms für beliebige x-Werte zu berechnen. So kann man prüfen, wie sich das Polynom an verschiedenen Punkten verhält.

```
float PolynomEval(float* a, int Polynomgrad, float x) {
    float px = 0.0;
    for (int i = Polynomgrad; i >= 0; --i) {
        px = px * x + a[i];
    }
    return px;
}
```

```
void setup()
{
    // Initialisation of the serial communication
    Serial.begin(115200);
}
```

In der 'loop()' Funktion werden polynomialen Regressionskoeffizienten für gegebene Testwerte berechnet und anschließend ausgewertet. Zunächst werden zwei Beispiel-Datenarrays 'x[]' und 'y[]' definiert, die entweder Testwerte oder ADC-Werte darstellen können. Die Funktion 'PolynomReg()' wird verwendet, um die Koeffizienten für ein Polynom dritten Grades zu berechnen. Die berechneten Koeffizienten werden dann auf der seriellen Konsole ausgegeben. Anschließend wird das Polynom für eine Reihe von x-Werten innerhalb des Bereichs der Testdaten mit 'PolynomEval()' ausgewertet, und die Ergebnisse werden ebenfalls auf der seriellen Konsole angezeigt. Schließlich werden die für die Berechnung verwendeten Ressourcen freigegeben und die Schleife endet.

```
void loop()
{

// Example Testvalues
float x[] = {1.0, 2.0, 3.0, 4.0, 5.0};
float y[] = {2.0, 4.0, 2.0, 6.0, 8.0};

// Example ADC Values
// float x[] = {0,   0,   123,  249, 496,  817,  1141, 1456, 1778, 2416, 3067,
3922, 4095, 4095, 4095};
// (Ua) in volts values applied to ADC by calibrator
// float y[] = {0.00, 0.10, 0.20, 0.30, 0.50, 0.75, 1.00, 1.25, 1.50, 2.00, 2.50,
3.00, 3.07, 3.15, 3.30};

    int Polynomgrad = 3;
    int QtyX = sizeof(x) / sizeof(x[0]);

    float* coefficients = PolynomReg(x, y, Polynomgrad, QtyX);
    Serial.print("Polynomial coefficients: ");
    for (int i = 0; i <= Polynomgrad; ++i) {
        Serial.print(coefficients[i], 2);
        Serial.print(" ");
    }
    Serial.println();
  // Polynomial coefficients: 7.99 -12.49 8.32 -2.00 0.17

    float start = x[0];
    float end = x[QtyX - 1];
    Serial.print("Polynomial values from ");
```

```
    Serial.print(start, 1);
    Serial.print(" to ");
    Serial.println(end, 1);

    // for (float value = start; value <= end; value += 10.0)  // ADC Values
  for (float value = start; value <= end; value += 0.1)        // Test Values
  {
      float result = PolynomEval(coefficients, Polynomgrad, value);
      Serial.print("x=");
      Serial.print(value, 2);
      Serial.print(": ");
      Serial.println(result, 3);
    }
    free(coefficients);
  while (true){}
}
```

Hier die Serielle Ausgabe mit dem Windows C# Programm SerialPortTerminal.exe um die Daten für Excel zu übernehmen.

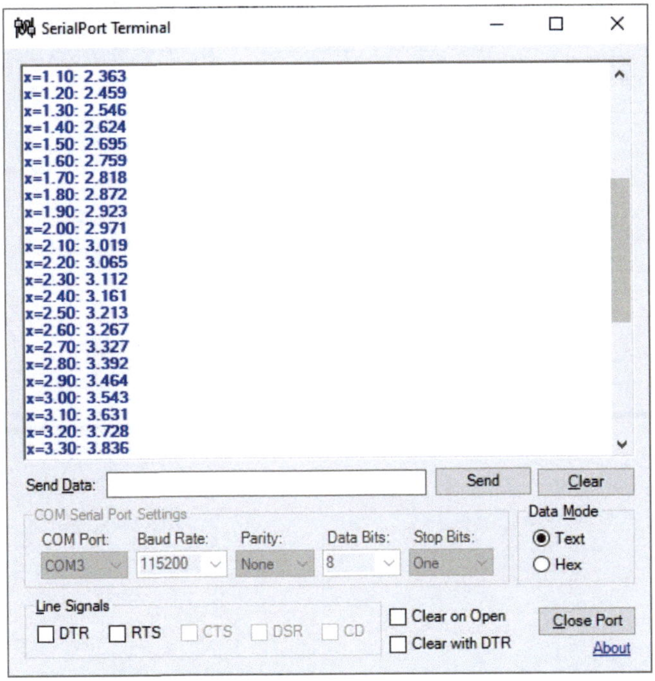

Abbildung 2.22: C# Programm Serial Port Terminal

Kapitel 3 • Stellglieder MOSFET und Solid State Relais

3.1 MOSFET BSP76

Auf der ESP32 Platine befinden sich zwei smart n-Kanal MOSFETs von Infineon. Die beiden BSP76 können einen Strom von 1,4 A schalten, damit auch etwas größere Lasten bis 70 Watt, wie Heizungen und Motoren angesteuert werden können. Bei dem Baustein handelt es sich um einen Infineon HITFET™ Smart Low-Side Switch. Das sind vielseitige Leistungstransistoren, die sich ideal für Automobil- und Industrieanwendungen eignen. Ihre integrierte Intelligenz und ihre Schutzfunktionen bieten eine höhere Leistung und Zuverlässigkeit als herkömmliche diskrete Lösungen. Die HITFET Smart Low-Side Switches bieten ein höheres Schutzniveau bei Übertemperatur, Kurzschluss, Überstrom, Überspannung und ESD. Infineon HITFET vereint all diese Schutzfunktionen in einem einzigen Baustein.

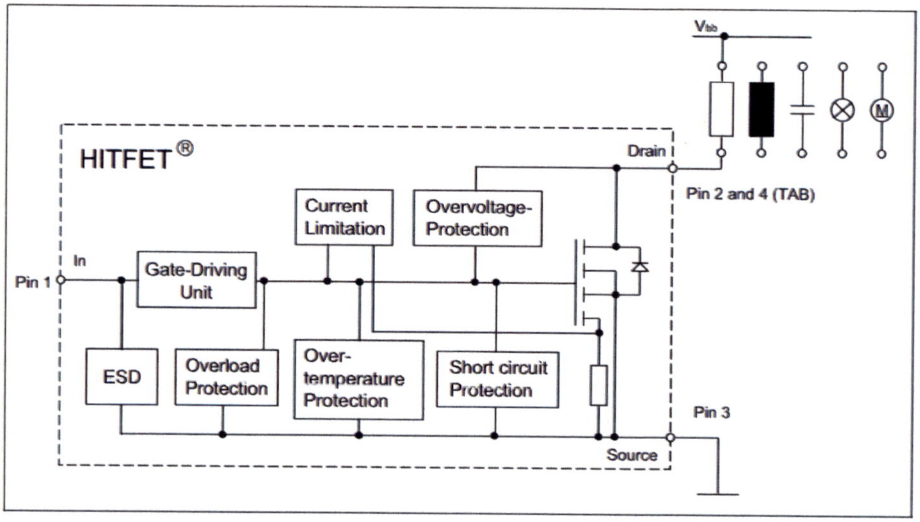

Abbildung 3.1: Innenschaltung des BSP76

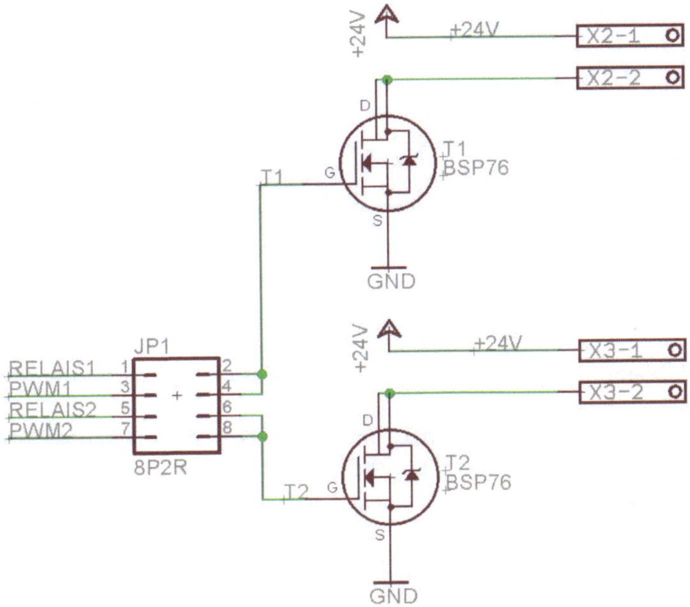

Abbildung 3.2: Schaltungsteil der beiden BSP76 vom ESP32 Board

Hier die wichtigsten technischen Daten zum BSP76

Nennlaststrom pro Kanal: 1,4 A
Betriebstemperatur min./max.: -40 °C/150 °C
Stromaufnahme max.: 3,8 W
Schutzstrategie: Auto-Neustart
RDS (ein): 190 mΩ (@ T_j = 25 °C)
RDS (ein) max.: 480 mΩ (@ T_j = 150 °C)
Betriebsspannung: max. 42 V

3.2 MOSFET Schaltung mit Optokoppler für 10 A

Diese Schaltung ist für höhere Leistungen bis ca. 250 Watt ausgelegt. Die Versorgungsspannung sollte nicht unter 24 V sein damit der MOSFET IRFB4410 ausreichend angesteuert wird.

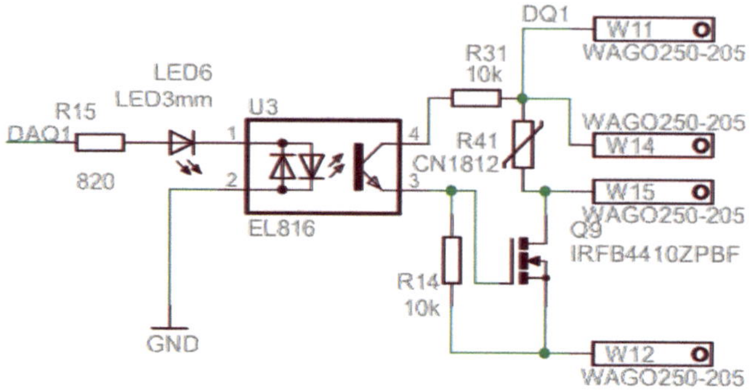

Abbildung 3.3: MOSFET-Schaltung mit Optokoppler und IRFB4410

H-Brückenschaltungen sind elektrische Schaltungen, die in der Elektrotechnik weit verbreitet sind. Sie bestehen aus vier Transistoren, die zusammen mit einer Spule in Form eines "H" angeordnet sind. Diese Schaltungen werden häufig in der Leistungselektronik verwendet, insbesondere für Motorsteuerungen und für Peltier Elemente. Durch die Ansteuerung der Schalter können H-Brückenschaltungen bidirektionale Strompfade erzeugen, was sie ideal für Anwendungen macht, bei denen eine umkehrbare Leistungsübertragung erforderlich ist. Eine typische Anwendung ist die Steuerung von Gleichstrommotoren, bei der die Drehrichtung durch die Stromrichtung gesteuert wird. H-Brückenschaltungen ermöglichen auch eine effiziente Regelung der Leistung und bieten eine hohe Zuverlässigkeit in verschiedenen Anwendungen. Sie sind jedoch auch anspruchsvoll in der Ansteuerung und erfordern passende Schaltungen, um unerwünschte Schaltzustände zu vermeiden und die Schalter effektiv zu steuern. Trotz dieser Herausforderungen sind H-Brückenschaltungen aufgrund ihrer Vielseitigkeit und Effizienz ein wichtiger Bestandteil vieler elektronischer Systeme.

3.3 H-Brücke L298

Der L298 ist eine integrierte monolithische Schaltung in einem 15-poligen Multiwatt- und PowerSO-20-Gehäuse. Er ist ein Hochspannungs-Hochstrom-Doppel-Vollbrückentreiber, der standardmäßige TTL-Logikpegel akzeptiert und induktive Lasten wie Relais, Magnetspulen, Gleichstrom- und Schrittmotoren antreiben kann. Zwei Freigabeeingänge ermöglichen es, den Baustein unabhängig von den Eingangssignalen zu aktivieren oder zu deaktivieren. Die Emitter der unteren Transistoren jeder Brücke sind miteinander verbunden und der entsprechende externe Anschluss kann für den Anschluss eines externen Messwiderstandes verwendet werden. Ein zusätzlicher Versorgungseingang ist vorhanden, so dass die Logik mit einer niedrigeren Spannung arbeitet.

Abbildung 3.4: HBrücke mit L298

3.4 H-Brücke mit BTS7960 von Infineon bis maximal 43 A

Der BTS 7960 ist eine voll integrierte Hochstrom-Halbbrücke für Motorantriebsanwendungen. Er ist Teil der NovalithIC™-Familie und enthält einen p-Kanal-Highside-MOSFET und einen n-Kanal-Lowside-MOSFET mit einem integrierten Treiber-IC in einem Gehäuse. Durch den p-Kanal Highside-Schalter entfällt die Notwendigkeit einer Ladungspumpe, wodurch die EMV verbessert wird. Die Anbindung an einen Mikrocontroller wird durch den integrierten Treiber-IC erleichtert, der Logikpegeleingänge, Diagnose mit Strommessung, Anstiegsgeschwindigkeitsanpassung, Totzeitgenerierung und Schutz gegen Übertemperatur, Überspannung, Unterspannung, Überstrom und Kurzschluss bietet. Der BTS 7960 bietet eine kostenoptimierte Lösung für geschützte Hochstrom-PWM-Motorantriebe mit sehr geringem Platzbedarf auf der Platine.

Abbildung 3.5 H-Brücke mit BTS7960 für hohe Ströme

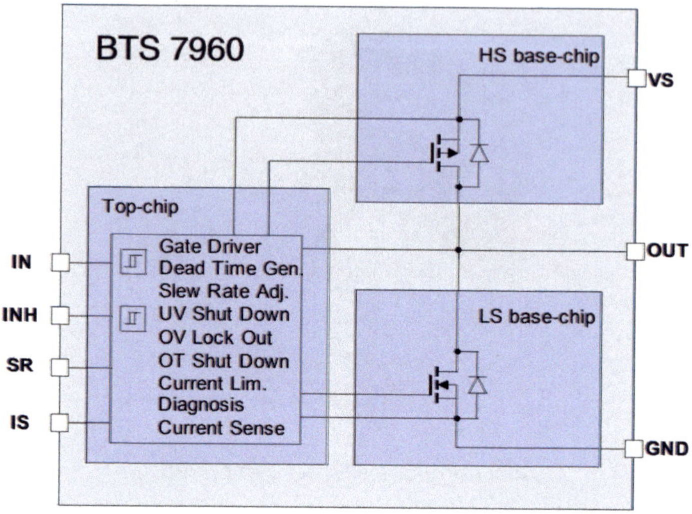

Abbildung 3.6: Innenschaltung BTS7960

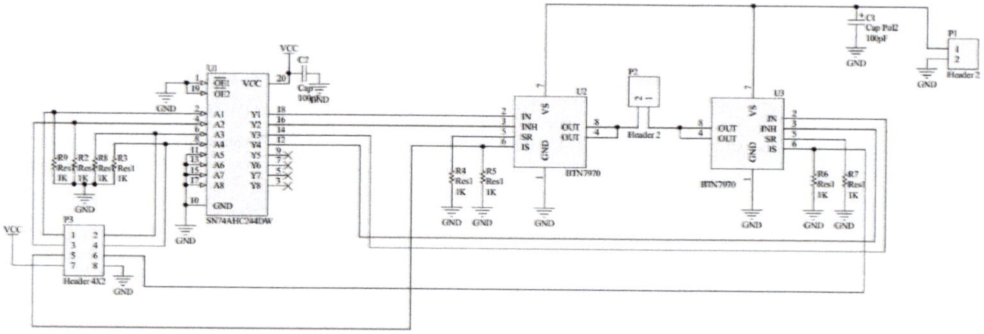

Abbildung 3.7: Schaltungsbeispiel BTS7960

3.5 Thyristor Steller für Wechselspannung

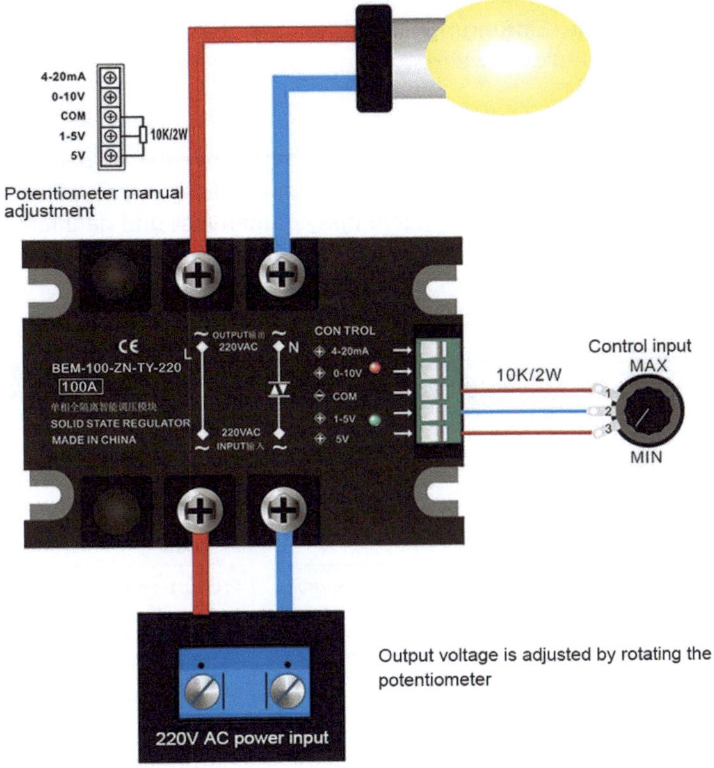

Abbildung 3.8: Leistungssteller für 230V

Kapitel 4 • Steuerung, Regelung und Regelstrecken

Dieses Kapitel bringt eine Einführung in Regler und Regelstrecken. Zunächst hier die wichtigsten Formelzeichen die im weiteren Verlauf benötigt werden.

4.1 Formelzeichen

Die Formelzeichen entsprechen weitgehend den Standardkonventionen der Regelungstechnik, die in der DIN EN 60617-12:1999-08 spezifiziert sind. Diese Norm legt eine einheitliche Kennzeichnung von Steuerungs- und Regelungssystemen fest und definiert die Bedeutung der Symbole.

Hier sind die entsprechenden Formelzeichen nach DIN EN 60617-12:

Formelzeichen	Bezeichnung	Englische Bezeichnung
e oder e(t)	Regeldifferenz	error
u oder u(t)	Stellgröße	control variable
y oder y(t)	Regelgröße	controlled variable
r oder r(t)	Sollwert	setpoint
Kp, Ki, Kd	Proportional-, Integral- und Derivative Verstärkung (bei PID-Reglern)	Proportional, integral and derivative amplification (for PID controllers)
Td, Ti	Zeitkonstanten für die Anteile Derivative, Integral eines PID-Reglers	Time constants for the derivative, integral components of a PID controller

Es ist wichtig anzumerken, dass diese Konventionen international anerkannt sind, in einigen Fällen können jedoch spezifische Branchen oder Organisationen leicht abweichende Konventionen verwenden.

4.2 Unterschied Steuern und Regeln nach IEC 60050-351

Die Steuerung ist der Vorgang in einem System, bei dem eine oder mehrere Größen als Eingangsgrößen die Ausgangsgrößen aufgrund der dem System eigentümlichen Gesetzmäßigkeiten beeinflussen. Kennzeichen für das Steuern ist der offene Wirkungsweg, bei dem die durch die Eingangsgrößen beeinflussten Ausgangsgrößen nicht fortlaufend über dieselben Eingangsgrößen selbst wirken.

Die Steuerkette kann durch das folgende Blockdiagramm dargestellt werden.

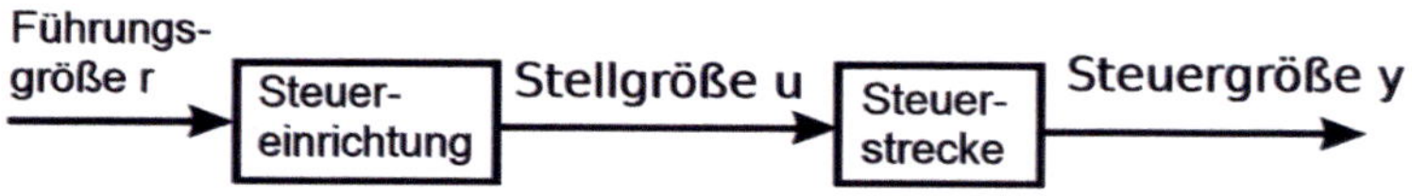

Abbildung 4.1: Steuerung

Die Regelung ist ein Vorgang, bei dem fortlaufend eine variable Größe, die Regelgröße (zu regelnde Größe), erfasst, mit einer anderen variablen Größe, der Führungsgröße, verglichen und im Sinne einer Angleichung an die Führungsgröße beeinflusst wird. Kennzeichen für das Regeln ist der geschlossene Wirkungsablauf, bei dem die Regelgröße im Wirkungsweg des Regelkreises fortlaufend sich selbst beeinflusst.

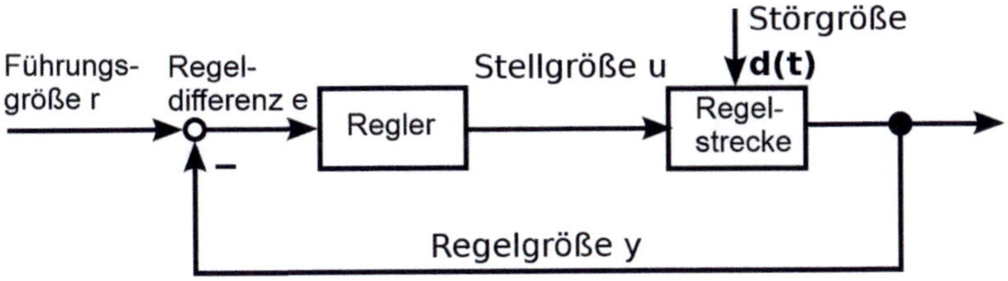

Abbildung 4.2: Regelung

Auf die Regelungen wird im nächsten Kapitel noch genauer eingegangen. Zuerst werden zwei Beispiele zur Steuerungstechnik für den Arduino behandelt.

4.3 Beispiele zur Steuerungstechnik

Zuerst ein Beispiel für eine PT2-Regelstrecke: Eine Funktion simuliert eine PT2-Regelstrecke wie z.B. eine Heizung. Es wird für eine bestimme Zeit eine Stellgröße u mit dem Wert 100 auf die Strecke gegeben, danach ein Wert 0. Der Ausgangswert y könnte eine Temperatur t sein. Nach 300 Sekunden sieht man das y noch etwas steigt und danach dann langsam abfällt. Diese PT2 Funktion eignet sich hervorragend um die verschiedenen Regler zu testen. Eine PT1 Funktion ist ebenfalls im Programm vorhanden.

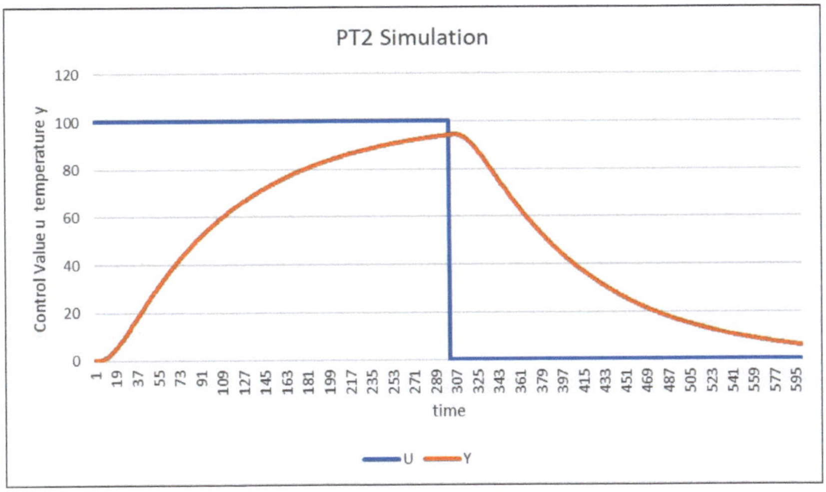

Abbildung 4.3: PT2 Streckensimulation

Die Ausgabe kann auch mit dem seriellen Plotter der Arduino IDE erfolgen, hier ein Screenshoot der mit dem Programm Arduino_PT2_SystemSimulation.ino erzeugt wurde. Damit kann man die die Werte für u anpassen und die Ergebnisse der Strecke direkt beobachten.

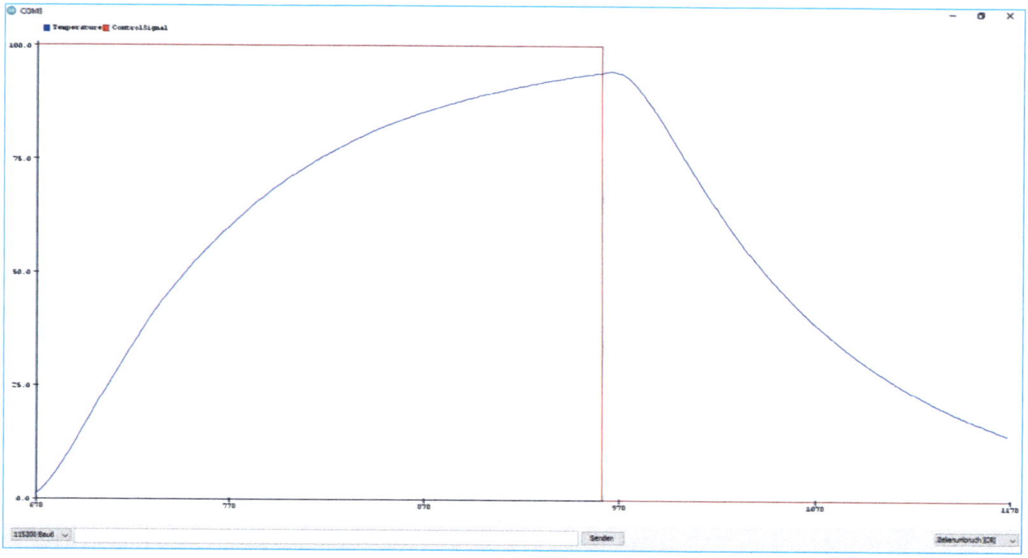

Abbildung 4.4: Arduino PT2 Simulation

Listing 4.1 Arduino_PT2_SystemSimulation.ino

```
//---------------------------------------------------------------------
//
//              Arduino PT2 System Simulation Test
//              ===================================
//
//        Testprogramm for Arduino ESP32 PID Fuzzy Control Board
//        PT1 and PT2 System Simulation Test Output to USB UART
//
//   Date:      29/04/2024
//   Author:    Josef Bernhardt
//   Hardware: Arduino (ESPRESSIF) ESP32
//
//   File:      Arduino_PT2_SystemSimulation.ino
//---------------------------------------------------------------------

// Include-Bibliotheken
#include <Arduino.h>

// Pin-Definitionen
#define LED_BUILTIN 2 // Pin, an dem die LED angeschlossen ist (hier GPIO 2 vom
ESP32 )
// LED1
#define LED1 5

// Simulating a PT1 control system
```

```
float PT1_Simulation(float controlInput, int reset)
{
    // Parameter
    float deltaT = 1.0;
    float ProportionalGain = 2.0;
    float IntegralGain = 5.0;
    float TimeConstant = 400.0;  // Zeitkonstante für die PT1-Strecke
    // Zustandsvariable
    static float output = 0;
    // Reset der statischen Variable
    if (reset == 1)
    {
        output = 0;
    }
    // Model-Gleichung, Euler-Integration
    float d_output = (ProportionalGain * controlInput - output) / TimeConstant;
    output += d_output * deltaT;
    return output;
}
```

Die Funktion simuliert ein PT2-System, das ein einfaches Modell zur Beschreibung dynamischer Systeme zweiter Ordnung darstellt. In diesem Fall wird das System durch drei Zustandsgrößen ('output1', 'output2' und 'output3 ') beschrieben, die iterativ mit dem Euler-Verfahren berechnet werden.

1. Das PT2-System wird durch drei Glieder (oder Zeitkonstanten) beschrieben, die das Verhalten des Systems modellieren. Jedes Glied repräsentiert eine bestimmte Verzögerung oder Trägheit des Systems.

2. Zu Beginn kann das System durch Setzen der 'reset'-Variable zurückgesetzt werden, wodurch die Zustandsvariablen auf 0 zurückgesetzt werden.

3. Die Berechnungen 'd_output1', 'd_output2' und 'd_output3' modellieren die Ableitungen der Zustandsvariablen, wobei das Verhältnis von Eingangsgröße und Zustandsgröße durch eine Zeitkonstante bestimmt wird.

4. Die Proportional-, Integral- und Differentialverstärkungen (Gain) modifizieren die Reaktion des Systems auf den Steuerungseingang und die verschiedenen Ausgaben.

5. Das Euler-Verfahren wird verwendet, um die Zustandsvariablen durch numerische Integration über die Zeit zu aktualisieren, wobei 'deltaT' das Zeitintervall der Simulation darstellt.

6. Jede Zustandsvariable wird basierend auf der vorherigen aktualisiert, wobei output1 durch den Steuerungseingang beeinflusst wird, 'output2' von 'output1' abhängt und 'output3' schließlich die endgültige Ausgabe des Systems darstellt.

7. Die Funktion gibt die letzte Zustandsvariable, 'output3', als Ergebnis zurück, was die simulierte Systemantwort auf den Steuerungseingang widerspiegelt.

```
// Simulating a PT2 control system
float PT2_Simulation(float controlInput, int reset)
{
    // Parameter
    float deltaT = 1.0;
    float ProportionalGain = 1.0;
    float IntegralGain = 1.0;
    float DerivativeGain = 1.0;
    float TimeConstant1 = 100.0;
    float TimeConstant2 = 8.0;
    float TimeConstant3 = 10.0;

    // State variables
    static float output1 = 0;
    static float output2 = 0;
    static float output3 = 0;

    // Reset static Variabel
    if (reset == 1)
    {
        output1 = 0;
        output2 = 0;
        output3 = 0;
    }
    // Model equations, Euler integration
    float d_output1 = (ProportionalGain * controlInput - output1) / TimeConstant1;
    float d_output2 = (IntegralGain * output1 - output2) / TimeConstant2;
    float d_output3 = (DerivativeGain * output2 - output3) / TimeConstant3;

    output1 += d_output1 * deltaT;
    output2 += d_output2 * deltaT;
    output3 += d_output3 * deltaT;

    return output3;
}

// Init Hardware
void setup() {
  pinMode(LED_BUILTIN, OUTPUT); // Konfiguration des Pins als Ausgang
```

```
  // Init UART USB
  Serial.begin(115200);
}

// Main Loop
void loop()
{
  // Place your main code here to execute repeatedly:
  float temperature = 0;
  float control_signal = 100.0;

  // Reset PT2 System
  temperature = PT2_Simulation(0,1);
  // toggle LED
  digitalWrite(LED_BUILTIN, !digitalRead(LED_BUILTIN));
  // wait 200 ms
  delay(200);
  for (int time = 0; time < 600; time++)
  {
      // Simulating the temperature control system
      temperature = PT2_Simulation(control_signal,0);

      if (time > 300)  control_signal = 0.0;

      Serial.print(" Temperature:");
      Serial.print(temperature, 1);          // Temperature with one decimal place
      Serial.print(" ControlSignal:");
      Serial.print(control_signal, 1);       // Control signal with one decimal
place
      Serial.println();                      // New line for the next output
      delay(20);
  }
}
```

4.4 Ansteuern einer realen Heizung

Beim Beispiel "Arduino_PhysicalHeaterPulse.ino" geht es um das Ansteuern einer Heizung und die Temperaturmessung.

Für das Testen der Regler wird ein Alublock mit einem Heizwiderstand verwendet.

Berechnung der Erwärmung eines Aluminiumblocks

1. Berechnung der Wärmekapazität des Aluminiumblocks

Die Dichte von Aluminium beträgt ungefähr 2,7 g/cm^3.

Volumen des Blocks:

$$V = 80\ mm \times 30\ mm \times 15\ mm = 36000\ mm^3 = 36\ cm^3$$

Masse des Blocks:

$$m = V \times rho = 36\ cm^3 \times 2{,}7\ g/cm^3 = 97{,}2\ g = 0{,}0972\ kg$$

Die spezifische Wärmekapazität von Aluminium beträgt etwa 900 J/(kg·K).

Wärmekapazität:

$$C = m \times c = 0{,}0972\ kg \times 900\ J/(kg \cdot K) = 87{,}48\ J/K$$

2. Berechnung der zugeführten Leistung des Heizwiderstands

Die Leistung P, die von einem elektrischen Widerstand zugeführt wird, kann mit der Gleichung berechnet werden:

$$P = U^2 : R$$

Für U = 24 V und R = 30 Ω:

$$P = 24^2 : 30 = 576 : 30 = 19{,}2\ W$$

3. Bestimmung der benötigten Energie zum Erwärmen des Aluminiumblocks

Die benötigte Energie Q, um den Block von T1 = 22 °C auf T2 = 60 °C zu erwärmen, ist:

$$Q = C \times Delta\ T$$
$$Delta\ T = T_2 - T_1 = 60\ K - 22\ K = 38\ K$$
$$Q = 87{,}48\ J/K \times 38\ K = 3324{,}24\ J$$

4. Berechnung der erforderlichen Zeit

Die Zeit t, die benötigt wird, um diese Energie zuzuführen, beträgt:

$$t = Q : Pt = 3324{,}24\ J / 19{,}2\ W = 173{,}14\ s \approx 2{,}89\ Minuten$$

Zusammenfassung
Es dauert etwa 2,89 Minuten oder 173,14 Sekunden, um den Aluminiumblock von 22 °C auf 60 °C zu erwärmen, wenn ein Heizwiderstand mit einem Widerstand von 30 Ω bei einer Spannung von 24 V verwendet wird.

Das Ansteuern erfolgt mit dem BSP76 MOSFET, der vom RELAIS1 Ausgang des ESP32 angesteuert wird. Dazu wird mit dem ADC1 ein Poti auf der ESP32 Platine eingelesen und daraus ein Wert von 0 bis 100 für die Taktung der Heizung berechnet. Das entspricht hier einer Zeitdauer von 0 bis 1000 ms in 10 ms Stufen. In der Hauptschleife wird jede Sekunde eine Funktion aufgerufen die einen Ausgang schaltet. Die Zeitdauer wird als Parameter mit übergeben. In der 'Timer Callback' Funktion wird der Wert heruntergezählt und bei 0 der Ausgang abgeschaltet. Ein Wert von z.B. 75 bedeutet das der Ausgang 750 ms ein und 250 ms aus ist. Dies ist ein erster Test, im Prinzip eine Steuerung, um die Temperatur einzustellen und um das Verhalten der Strecke zu beobachten.

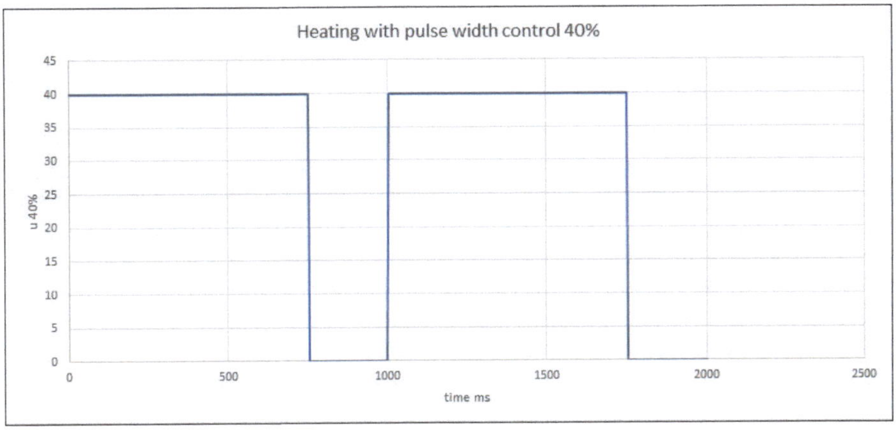

Abbildung 4.5: Pulse Heizungssteuerung

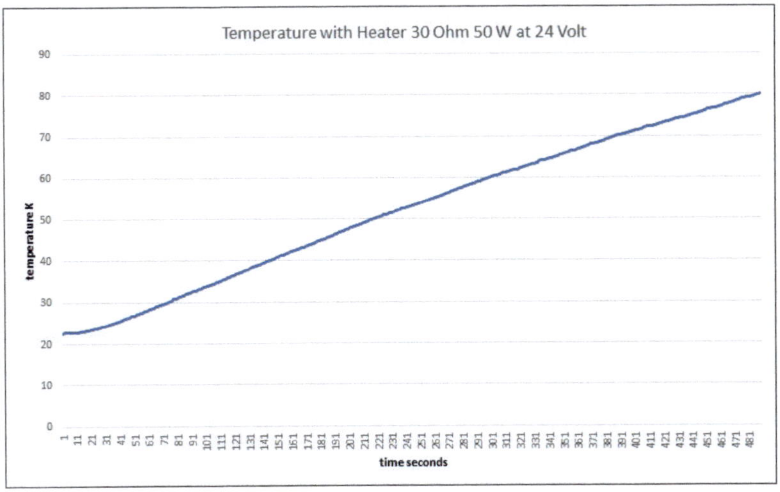

Abbildung 4.6: Sprungantwort der Heizung

Hier noch ein Versuch mit einer Heizleistung von 40 %, nach ca. 100 Sekunden wird die Heizung abgeschaltet. Man sieht sehr schön wie lange der ALU Block die Wärme hält. Nach 300 Sekunden beträgt die Temperatur immer noch 28 °C.

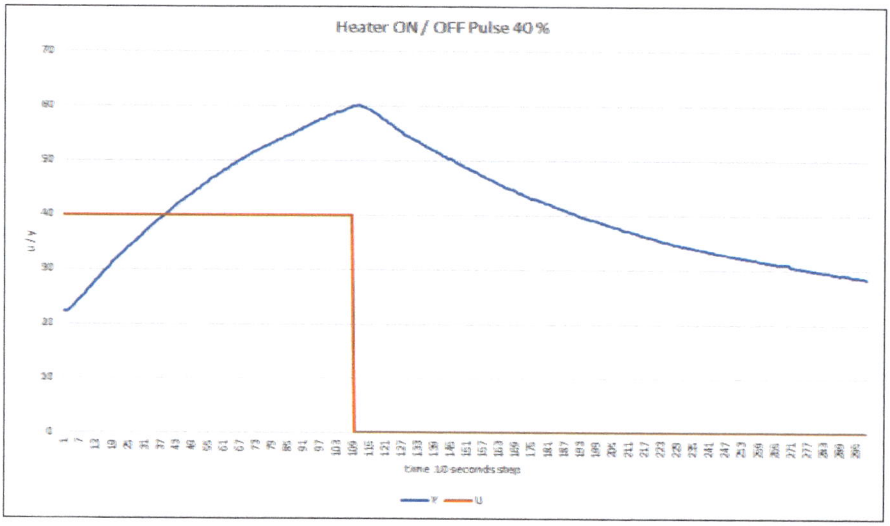

Abbildung 4.7: Heizungstest mit dem Alublock

Listing 4.2: Arduino_PhysicalHeaterPulse.ino

```
//-------------------------------------------------------------------
//
//             Arduino Physical Heater Pulse Test
//             ==================================
//
//       Control Software for Arduino ESP32 PID Fuzzy Control Board
//       10ms Timer Interrupt Function
//       Init UART2 for Nextion Display
//       Display ADC1 and ADC2 Values on Display NX3224F028_001
//
//       Reading NTC1 Sensor / Display Temperature
//       POT 2 for Pulse Value 0 to 100
//       Outputting the pulses to RELAIS1 for the heater
//
//
//   Date:     30/04/2024
//   Author:   Josef Bernhardt
//   Hardware: Arduino (ESPRESSIF) ESP32
//
//   File:     Arduino_PhysicalHeaterPulse.ino
//-------------------------------------------------------------------

#include <Arduino.h>
#include <Ticker.h>

int LED_BUILTIN = 2;
```

```
// ESP32 UART 2 Pins
#define RXD2 16
#define TXD2 17

// I2C Pins
#define I2CSCL 22
#define I2CSDA 21

// ESP32 ADC Pins
#define ADC1 32
#define ADC2 33
// Motor Sensor Pins
#define MOTSENS1 15
#define MOTSENS2 34
// Buttons
#define BTN1 14
#define BTN2 27

// Relay and Mosfet (BSP76) Pins
#define RELAIS1 18
#define RELAIS2 19
// LED1
#define LED1 5
// PWM1 and PWM2 Pins
#define PWM1 12
#define PWM2 13
// DAC Outputs 0..5V
#define DAC1 25
#define DAC2 26
// One Wire
#define DS18B20 4

#define FILTER_SIZE 20

// Define 10ms Period
const unsigned long timerInterval = 10;

// Ticker-Objekt for the Timer-Funktion
Ticker timer;

// Counter
int counter10ms=0;

int counterRelais1 = 0;
```

```
// When 1 second is elapsed
bool OneSecond = false;

// Counter for seconds
int CounterSeconds = 0;

// Arrays for NTC10K calculation
float Voltages[18] = {0};
float Temperatures[18] = {0};
float VoltageESP32 = 3.3;

// 12 Bit ADC-Values from 0 to 4095
float ADC[] = {0, 0, 55, 174, 406, 704, 1003, 1301, 1606, 2202, 2823, 3745, 3984,
4095, 4095};

// (Ua) in volts values applied to ADC by calibrator
float Ua[] = {0.00, 0.10, 0.20, 0.30, 0.50, 0.75, 1.00, 1.25, 1.50, 2.00, 2.50,
3.00, 3.10, 3.15, 3.30};

int n_adc = 15;



void Heat1_ON(int value)
{
  //Serial.println("ON");
  if (value > 0)
  {
    counterRelais1 = value;
    digitalWrite(RELAIS1,1);
    digitalWrite(LED1,1);
  }
}

void Heat1_OFF()
{
  //Serial.println("OFF");
  digitalWrite(RELAIS1,0);
  digitalWrite(LED1,0);
}


int mapInteger(int value, int fromLow, int fromHigh, int toLow, int toHigh) {
    return (value - fromLow) * (toHigh - toLow) / (fromHigh - fromLow) + toLow;
}
```

```
float mapFloat(float x, float in_min, float in_max, float out_min, float out_max)
{
  return (x - in_min) * (out_max - out_min) / (in_max - in_min) + out_min;
}

// Linear interpolation
// Input Parameters:
// n = Number of values -1
// x = x Array
// y = y Array
// xn = Value to be calculated
float readvalue_linear_voltage(int n,float *x,float *y, float xn)
{
    int j = 0;
    // Determine interval of xn
    while (j < n-1 && xn > x[j+1]) j++;
    // interpolate xn
    return ((y[j+1]-y[j]) / (x[j+1]-x[j])) * (xn-x[j]) + y[j];
}

// Function to calculate the resistance of an NTC thermistor based on temperature
float calculateResistance(float T)
{
    // Konstanten
    const float R0 = 10000.0; // Nennwiderstand des Thermistors bei 25°C
    const float B = 3950.0;   // B-Wert des Thermistors siehe Datenblatt
    return R0 * exp(B * ((1.0 / (T + 273.15)) - (1.0 / (25 + 273.15))));
}

// Voltage from voltage divider 10k input NTC resistor
float calulateVoltage(float Rt)
{
    float R25 = 10000;
    float UE = VoltageESP32;
    float Ua=(UE*Rt)/(Rt+R25);
    return Ua;
}
```

Die Funktion 'filterNTC_1()' berechnet den gleitenden Durchschnitt der letzten Werte eines NTC-Sensors, um die Messungen zu glätten. Sie speichert die neuesten Messwerte in einem Array und aktualisiert dieses Array fortlaufend, indem sie die Werte an der aktuellen Indexposition speichert. Der Durchschnitt der gespeicherten Werte wird berechnet und zurückgegeben, um eine stabilere und weniger rauschbehaftete Sensoranzeige zu erhalten.

```
// Filter of NTC1 Sensor
float filterNTC_1(float newValue) {
    // Array zum Speichern der letzten FILTER_SIZE Werte
    static float values[FILTER_SIZE] = {0};
    static int index = 0;
    float sum = 0;
    // Aktualisieren des Werts an der aktuellen Indexposition
    values[index] = newValue;
    // Inkrementieren des Index für den nächsten Wert
    index = (index + 1) % FILTER_SIZE;
    // Berechnung des Durchschnitts der Werte im Array
    for (int i = 0; i < FILTER_SIZE; ++i) {
        sum += values[i];
    }
    return sum / FILTER_SIZE;
}

// Interpolation of temperature from voltage from array
// for voltage and temperature
float LinearInterpolate(float voltage) {
    int size = sizeof(Voltages) / sizeof(Voltages[0]);
    // Finden der Indizes für die Interpolation
    int i;
    for (i = 0; i < size - 1; i++) {
        if (voltage >= Voltages[i] && voltage <= Voltages[i + 1]) {
            break;
        }
    }
    // Lineare Interpolation
    float interpolated_temperature = Temperatures[i] + ((Temperatures[i + 1] -
Temperatures[i]) / (Voltages[i + 1] - Voltages[i])) * (voltage - Voltages[i]);
    return interpolated_temperature;
}
```

Berechnung der Temperatur und Spannungswerte für die Temperaturmessung mit dem NTC Widerstand.

```
void initArrayNTC()
{
    // Temperature range from -35°C to 135°C
    int min_temp = -35;
    int max_temp = 135;
    float voltage;
    int loop = sizeof(Voltages) / sizeof(Voltages[0]) - 1;
```

```
    // Loop over the temperature range
    for (float temp = min_temp; temp <= max_temp; temp+=10)
    {
        // Calculating the resistance for the current temperature
        float resistance = calculateResistance(temp);
        // Calculating the voltage for the current resistance
    float voltage = calulateVoltage(resistance);
        // Saving the values for temperature and voltage in arrays
        Temperatures[loop] = temp;
        Voltages[loop] = voltage;
        loop--;
    }
}
```

Die Funktion 'timerCallback()' wird alle 10 Millisekunden aufgerufen. Sie erhöht einen Zähler für die 10-Millisekunden-Intervalle (Sekundenzähler) und verringert einen weiteren Zähler für ein Relais. Wenn der 10-Millisekunden-Zähler 100 erreicht, was einer Sekunde entspricht, wird dieser Zähler zurückgesetzt und ein Flag wird auf true gesetzt, um anzuzeigen, dass eine Sekunde vergangen ist. Wenn der Relais-Zähler auf null sinkt, wird die Funktion 'Heat1_OFF' aufgerufen, um den Ausgang abzuschalten.

```
// Timer-Funktion
// Called every 10 ms
void timerCallback()
{
  // Inc 10ms Counter
  counter10ms++;
  counterRelais1--;
  // If one Second
  if(counter10ms==100)
  {
     counter10ms = 0;
     // One Second
     OneSecond = true;
  }
  if(counterRelais1==0)
  {
     Heat1_OFF();
  }
}

// Sends Data to Nextion Display in a textbox
void Nextion_Send_Text_to_Textbox(char *textbox,String sfloat)
{
        Serial2.write(textbox);
        Serial2.write(".txt=\"");
```

```
        Serial2.print(sfloat);
        Serial2.write("\"");
        Serial2.write(0xFF);
        Serial2.write(0xFF);
        Serial2.write(0xFF);
}

// Initializing the hardware
void setup()
{
  // Init USB UART
  Serial.begin(115200);
  // Nextion Display
  // TFTSerial.begin(9600);
  Serial2.begin(9600, SERIAL_8N1, RXD2, TXD2);
  // Init Hardware
  pinMode(LED_BUILTIN, OUTPUT);
  pinMode(LED1, OUTPUT);
  pinMode(RELAIS1, OUTPUT);
  pinMode(RELAIS2, OUTPUT);
  pinMode(BTN1, INPUT);
  pinMode(BTN2, INPUT);

  pinMode(ADC1, INPUT);
  pinMode(ADC2, INPUT);

  Nextion_Send_Text_to_Textbox("t1","VoltageNTC");
  Nextion_Send_Text_to_Textbox("t2","Temp NTC1");
  Nextion_Send_Text_to_Textbox("t3","");
  Nextion_Send_Text_to_Textbox("t4","Voltage POT2");
  Nextion_Send_Text_to_Textbox("t5","Pulse Value");
  Nextion_Send_Text_to_Textbox("t6","time");

  initArrayNTC();

  // Init Timer with 10ms
  timer.attach_ms(timerInterval, timerCallback);

}
```

In dieser Funktion 'loop()' wird regelmäßig das Programm ausgeführt. Zunächst wird der Wert von zwei analogen Eingängen (ADC1 und ADC2) gelesen und 'voltage2' wird in einen Bereich von 0 bis 100 skaliert. Der Wert von 'voltage1' wird interpoliert, und die Temperatur wird basierend auf diesem Wert berechnet. Wenn eine Sekunde vergangen ist, wird das Flag 'OneSecond' zurückgesetzt, ein Ausgang für eine bestimmte Zeit eingeschaltet, und alle 10 Sekunden werden die Temperatur, der skalierte Wert und andere Variablen auf dem seriellen Monitor sowie auf dem Display angezeigt. Zusätzlich wird jede Sekunde ein LED-Blinken aktiviert und der Sekunden-Zähler erhöht.

```
void loop()
{
  // Place your main code here to execute repeatedly:
  float temperature = 0;

  // Read ADC1 value
  int voltage1 = analogRead(ADC1);
  // Read ADC2 value
  int voltage2 = analogRead(ADC2);

  int scaledValue = map(voltage2, 0, 4095, 0, 100);

  // Interpolate voltage 1
  float u1 = readvalue_linear_voltage(n_adc-1,ADC,Ua,(float)voltage1);
  // Interpolate voltage 2
  // float u2 = readvalue_linear_voltage(n_adc-1,ADC,Ua,(float)voltage2);

  temperature = LinearInterpolate(filterNTC_1(u1));

  // Check if one second has passed
  if (OneSecond)
  {
      // Reset the boolean variable OneSecond
      OneSecond = false;
      // Heat1 10-1000 ms on step 10ms
      Heat1_ON(scaledValue);

      // Check whether 10 seconds have elapsed
      if (CounterSeconds % 10 == 0)
      {
          // Sends variable to USB UART and Seriell Monitor
          Serial.print("t:");
          Serial.print(temperature, 2); // Temperature with 2 decimal places
          Serial.print(" u:");
          Serial.print(scaledValue);    // Control signal
          Serial.println(); // New line for the next output
      }
      // Sends variable to display
      Nextion_Send_Text_to_Textbox("txtT1",String(voltage1));
      Nextion_Send_Text_to_Textbox("txtT2",String(temperature,2));
      Nextion_Send_Text_to_Textbox("txtT3"," ");
      // Sends variable to display
      Nextion_Send_Text_to_Textbox("txtT4",String(voltage2));
```

```
        Nextion_Send_Text_to_Textbox("txtT5",String(scaledValue));
        Nextion_Send_Text_to_Textbox("txtT6",String(CounterSeconds));
        // Switching LED
        digitalWrite(LED_BUILTIN,!digitalRead(LED_BUILTIN));
        CounterSeconds++;
    }
}
```

4.5 Ansteuerung eines DC Motors mit PWM (Pulsweitenmodulation)

Jetzt folgt ein Beispiel um mit PWM einen DC Motor anzusteuern. Dazu werden im ESP32 Programm 2 PWM-Kanäle initialisiert.

```
// Pins
#define PWM1 12
#define PWM2 13

// use 10 bit precision for LEDC timer
#define PWM_RESOLUTION 10

// use 1000 Hz as a LEDC base frequency
#define PWM_FREQUENZ 1000
```

Die Initialsierung der beiden PWM Kanäle:

```
// Setup timer and attach timer to a led pin
ledcAttach(PWM1, PWM_FREQUENZ, PWM_RESOLUTION);
ledcAttach(PWM2, PWM_FREQUENZ, PWM_RESOLUTION);
```

Die Ausgabe der PWM-Frequenz erfolgt über '`ledcWrite(PWM2, controlvalue);`'

Im PWM-Drehzahl Diagramm fällt auf, dass sich der Motor erst ab einem PWM-Wert von 300 (ca. 30 % Leistung) anfängt zu drehen.

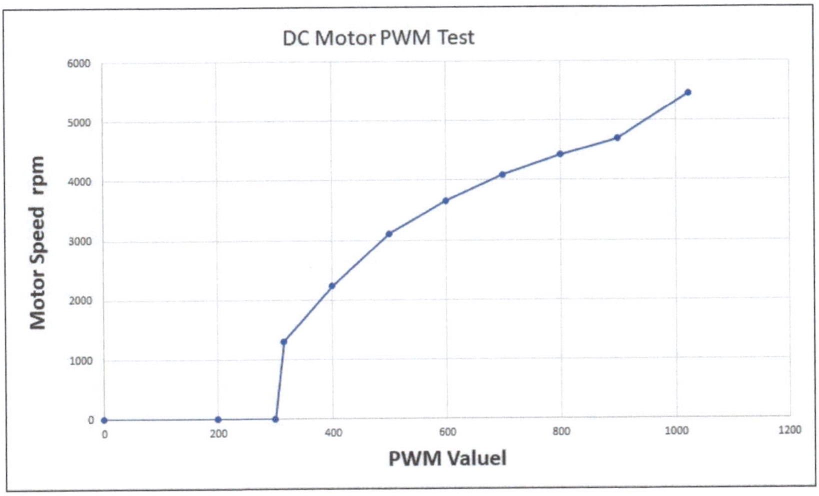

Abbildung 4.8: DC-Motor Kennlinie

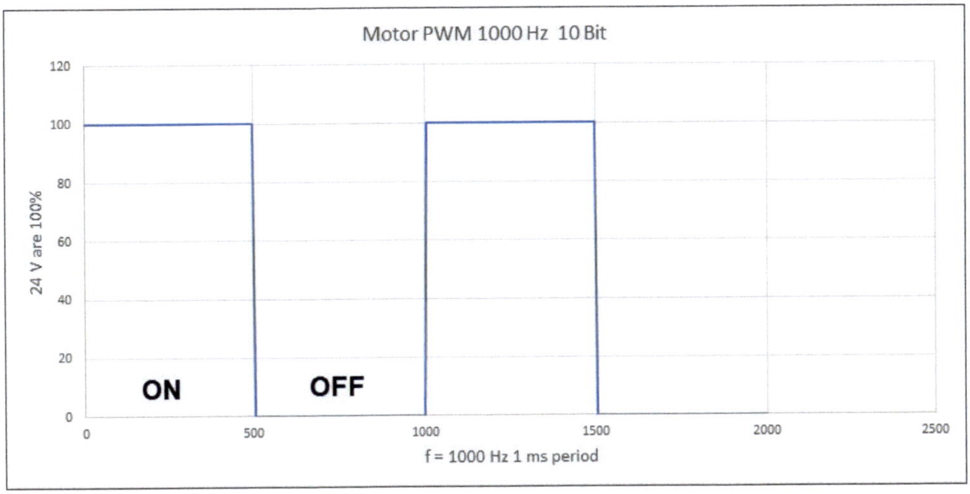

Abbildung 4.9: PWM Ausgang mit 1000 Hz

Listung 4.3: Arduino_Motor_PWM_ADC.ino

```
//----------------------------------------------------------------------
//
//           Arduino Timer and PWM Test and interpolation
//           ============================================
//
//      Timer Testprogramm for Arduino ESP32 PID Fuzzy Control Board
//      10ms Timer Interrupt Function
//      Init UART2 for Nextion Display
//      Display ADC1 and ADC2 Values and PWM Values on Display NX3224F028_001
//
```

```
//      Converting the voltage values in the range of 0 to 4095
//      into a value from 0 to 1023 for PWM output.
//      Outputting the values to PWM1 and PWM2 channels for the
//      motor or to the heater
//
//
//  Date:     14/07/2024
//  Author:   Josef Bernhardt
//  Hardware: Arduino (ESPRESSIF) ESP32
//
//  File:     Arduino_Motor_PWM_ADC.ino
//-----------------------------------------------------------------------

#include <Arduino.h>
#include <Ticker.h>

int LED_BUILTIN = 2;

// ESP32 UART 2 Pins
#define RXD2 16
#define TXD2 17

// I2C Pins
#define I2CSCL 22
#define I2CSDA 21

// ESP32 ADC Pins
#define ADC1 32
#define ADC2 33
// Motor Sensor Pins
#define MOTSENS1 15
#define MOTSENS2 34
// Buttons
#define BTN1 14
#define BTN2 27

// Relay and Mosfet (BSP76) Pins
#define RELAIS1 18
#define RELAIS2 19
// LED1
#define LED1 5
// PWM1 and PWM2 Pins
#define PWM1 12
#define PWM2 13
// DAC Outputs 0..5V
#define DAC1 25
```

```
#define DAC2 26
// One Wire
#define DS18B20 4
```

Einstellen der PWM-Auflösung und Frequenz.

```
// use 10 or 12 bit precision for LEDC timer
#define PWM_RESOLUTION 10
// use 1000 Hz as a LEDC base frequency
#define PWM_FREQUENZ 1000

// Define 10ms Period
const unsigned long timerInterval = 10;

// Ticker-Objekt for the Timer-Funktion
Ticker timer;

// Counter
int counter10ms=0;

// When 1 second is elapsed
bool OneSecond = false;

// Counter for seconds
int CounterSeconds = 0;

// Timer-Funktion
// Called every 10 ms
void timerCallback()
{
  // Inc 10ms Counter
  counter10ms++;
  // If one Second
  if(counter10ms==100)
  {
     counter10ms = 0;
     // One Second
     OneSecond = true;
  }
}

// Sends Data to Nextion Display in a textbox
void Nextion_Send_Text_to_Textbox(char *textbox,String sfloat)
{
        Serial2.write(textbox);
        Serial2.write(".txt=\"");
```

```
        Serial2.print(sfloat);
        Serial2.write("\"");
        Serial2.write(0xFF);
        Serial2.write(0xFF);
        Serial2.write(0xFF);
}

// Initializing the hardware
void setup()
{
  // Init USB UART
  Serial.begin(115200);
  // Nextion Display
  // TFTSerial.begin(9600);
  Serial2.begin(9600, SERIAL_8N1, RXD2, TXD2);
  // Init Hardware
  pinMode(LED_BUILTIN, OUTPUT);
  pinMode(LED1, OUTPUT);
  pinMode(RELAIS1, OUTPUT);
  pinMode(RELAIS2, OUTPUT);
  pinMode(BTN1, INPUT);
  pinMode(BTN2, INPUT);

  pinMode(ADC1, INPUT);
  pinMode(ADC2, INPUT);

  Nextion_Send_Text_to_Textbox("t1","Voltage 1");
  Nextion_Send_Text_to_Textbox("t2"," PWM Value 1 ");
  Nextion_Send_Text_to_Textbox("t3"," ");
  Nextion_Send_Text_to_Textbox("t4","Voltage 2");
  Nextion_Send_Text_to_Textbox("t5"," PWM Value 2 ");
  Nextion_Send_Text_to_Textbox("t6"," Seconds");

  // Sets up a channel (0-15), a PWM duty cycle frequency, and a PWM resolution
(1 - 16 bits)
  ledcAttach(PWM1, PWM_FREQUENZ, PWM_RESOLUTION);
  ledcAttach(PWM2, PWM_FREQUENZ, PWM_RESOLUTION);

  // Init Timer with 10ms
  timer.attach_ms(timerInterval, timerCallback);
}

void loop()
{
  // Read ADC1 value
  int voltage1 = analogRead(ADC1);
```

```
  // Read ADC2 value
  int voltage2 = analogRead(ADC2);
  // Interpolate voltage 1
  int scaledValue1 = map(voltage1, 0, 4095, 0, 1023);
  int scaledValue2 = map(voltage2, 0, 4095, 0, 1023);

  ledcWrite(PWM1, scaledValue1);
  ledcWrite(PWM2, scaledValue2);

  // Check if one second has passed
  if (OneSecond) {
    // Reset the boolean variable OneSecond
    OneSecond = false;
    CounterSeconds++;

    // Sends variable to USB UART and Seriell Monitor

    Serial.print("ADC1:");
    Serial.print(voltage1);
    Serial.print(" PWM1:");
    Serial.print(String(scaledValue1));

    Serial.print(" ADC2:");
    Serial.print(voltage2);
    Serial.print(" PWM2:");
    Serial.println(String(scaledValue2));

    // Sends variable to display
    Nextion_Send_Text_to_Textbox("txtT1",String(voltage1));
    Nextion_Send_Text_to_Textbox("txtT2",String(scaledValue1));
    Nextion_Send_Text_to_Textbox("txtT3"," ");
    Nextion_Send_Text_to_Textbox("txtT4",String(voltage2));
    Nextion_Send_Text_to_Textbox("txtT5",String(scaledValue2));
    Nextion_Send_Text_to_Textbox("txtT6",String(CounterSeconds));
    // Switching LED
    digitalWrite(LED_BUILTIN,!digitalRead(LED_BUILTIN));
    digitalWrite(LED1,!digitalRead(LED1));

  }
  // Additional code for the main loop
}
```

Für die Ansteuerung von LEDs oder anderen Verbrauchern kann das Programm 'Arduino_ADC_PWM_Mosfet.ino' auf eigene Bedürfnisse angepasst werden. Es würde sich sehr gut als Basis für für LED Steuerungen eignen. Die Anzahl der PWM-Kanäle kann jederzeit erweitert werden.

Listing 4.4 Arduino_ADC_PWM_Mosfet.ino

```
//---------------------------------------------------------------------
//
//             Arduino Timer and PWM Test and interpolation
//             ============================================
//
//       Testprogramm for Arduino ESP32 PID Fuzzy Control Board
//       10ms Timer Interrupt Function
//       Init UART2 for Nextion Display
//       Display ADC1 and ADC2 Values and PWM Values on Display NX3224F028_001
//
//       Converting the voltage values in the range of 0 to 4095
//       into a value from 0 to 1023 for PWM output.
//       Outputting the values to PWM1 and PWM2 channels for the
//       motor or to the heater
//
//
//   Date:     04/07/2024
//   Author:   Josef Bernhardt
//   Hardware: Arduino (ESPRESSIF) ESP32
//
//   File:     Arduino_ADC_PWM_Mosfet.ino
//---------------------------------------------------------------------

#include <Arduino.h>
#include <Ticker.h>

int LED_BUILTIN = 2;

// ESP32 UART 2 Pins
#define RXD2 16
#define TXD2 17

// I2C Pins
#define I2CSCL 22
#define I2CSDA 21

// ESP32 ADC Pins
#define ADC1 32
#define ADC2 33
// Motor Sensor Pins
#define MOTSENS1 15
#define MOTSENS2 34
// Buttons
#define BTN1 14
```

```
#define BTN2 27

// Relay and Mosfet (BSP76) Pins
#define RELAIS1 18
#define RELAIS2 19
// LED1
#define LED1 5
// PWM1 and PWM2 Pins
#define PWM1 12
#define PWM2 13
// DAC Outputs 0..5V
#define DAC1 25
#define DAC2 26
// One Wire
#define DS18B20 4

// use 10 or 12 bit precision for LEDC timer
#define PWM_RESOLUTION 10
// use 1000 Hz as a LEDC base frequency
#define PWM_FREQUENZ 1000

// Define 10ms Period
const unsigned long timerInterval = 10;

// Ticker-Objekt for the Timer-Funktion
Ticker timer;

// Counter
int counter10ms=0;

// When 1 second is elapsed
bool OneSecond = false;

// Counter for seconds
int CounterSeconds = 0;

/*
Set the voltage at ADC1 with the potentiometer to e.g. 1 volt.
Enter the value voltage1 e.g. 1141 in the display for the corresponding
value "float ADC[7]". Repeat this with the other voltages
from 100 mV to 3.3 volts.
12 Bit ADC-Values from 0 to 4095
*/
float ADC[] = {0,   0,   123,   249, 496,  817,  1141, 1456, 1778, 2416, 3067,
3922, 4095, 4095, 4095};
// (Ua) in volts values applied to ADC by calibrator
```

```
float Ua[] = {0.00, 0.10, 0.20, 0.30, 0.50, 0.75, 1.00, 1.25, 1.50, 2.00, 2.50,
3.00, 3.07, 3.15, 3.30};
int n_adc = 15;

// Linear interpolation
// Input Parameters:
// n = Number of values -1
// x = x Array
// y = y Array
// xn = Value to be calculated
float readvalue_linear(int n,float *x,float *y, float xn)
{
    int j = 0;
    // Determine interval of xn
    while (j < n-1 && xn > x[j+1]) j++;
    // interpolate xn
    return ((y[j+1]-y[j]) / (x[j+1]-x[j])) * (xn-x[j]) + y[j];
}


// Timer-Funktion
// Called every 10 ms
void timerCallback()
{
  // Inc 10ms Counter
  counter10ms++;
  // If one Second
  if(counter10ms==100)
  {
    counter10ms = 0;
    // One Second
    OneSecond = true;
  }
}

// Sends Data to Nextion Display in a textbox
void Nextion_Send_Text_to_Textbox(char *textbox,String sfloat)
{
        Serial2.write(textbox);
        Serial2.write(".txt=\"");
        Serial2.print(sfloat);
        Serial2.write("\"");
        Serial2.write(0xFF);
        Serial2.write(0xFF);
        Serial2.write(0xFF);
}
```

```
// Initializing the hardware
void setup()
{
  // Init USB UART
  Serial.begin(115200);
  // Nextion Display
  // TFTSerial.begin(9600);
  Serial2.begin(9600, SERIAL_8N1, RXD2, TXD2);
  // Init Hardware
  pinMode(LED_BUILTIN, OUTPUT);
  pinMode(LED1, OUTPUT);
  pinMode(RELAIS1, OUTPUT);
  pinMode(RELAIS2, OUTPUT);
  pinMode(BTN1, INPUT);
  pinMode(BTN2, INPUT);

  pinMode(ADC1, INPUT);
  pinMode(ADC2, INPUT);

  Nextion_Send_Text_to_Textbox("t1","Voltage 1");
  Nextion_Send_Text_to_Textbox("t2","PWM Value 1 ");
  Nextion_Send_Text_to_Textbox("t3","PWM_FREQ");
  Nextion_Send_Text_to_Textbox("t4","Voltage 2");
  Nextion_Send_Text_to_Textbox("t5","PWM Value 2 ");
  Nextion_Send_Text_to_Textbox("t6","");

  // Setup timer and attach timer to a led pin
  ledcAttach(PWM1, PWM_FREQUENZ, PWM_RESOLUTION);
  ledcAttach(PWM2, PWM_FREQUENZ, PWM_RESOLUTION);

  // Init Timer with 10ms
  timer.attach_ms(timerInterval, timerCallback);
}

void loop()
{
  // Read ADC1 value
  int voltage1 = analogRead(ADC1);
  // Read ADC2 value
  int voltage2 = analogRead(ADC2);
  // Interpolate voltage 1
  int scaledValue1 = map(voltage1, 0, 4095, 0, 1023);
  int scaledValue2 = map(voltage2, 0, 4095, 0, 1023);

  ledcWrite(PWM1, scaledValue1);
```

```
  ledcWrite(PWM2, scaledValue2);

  // Check if one second has passed
  if (OneSecond) {
    // Reset the boolean variable OneSecond
    OneSecond = false;
    CounterSeconds++;

    // Sends variable to USB UART and Seriell Monitor

    Serial.print("ADC1: ");
    Serial.print(voltage1);
    Serial.print(" PWM1: ");
    Serial.print(String(scaledValue1));

    Serial.print(" ADC2: ");
    Serial.print(voltage1);
    Serial.print(" PWM2: ");
    Serial.println(String(scaledValue2));

    // Sends variable to display
    Nextion_Send_Text_to_Textbox("txtT1",String(voltage1));
    Nextion_Send_Text_to_Textbox("txtT2",String(scaledValue1));
    Nextion_Send_Text_to_Textbox("txtT3",String(PWM_FREQUENZ));
    Nextion_Send_Text_to_Textbox("txtT4",String(voltage2));
    Nextion_Send_Text_to_Textbox("txtT5",String(scaledValue2));
    Nextion_Send_Text_to_Textbox("txtT6","");
    // Switching LED
    digitalWrite(LED_BUILTIN,!digitalRead(LED_BUILTIN));
    digitalWrite(LED1,!digitalRead(LED1));

  }
  // Additional code for the main loop
}
```

Kapitel 5 • Zweipunkt und PID-Regler

In diesem Kapitel geht es um Zweipunkt und PID-Regler, die in Geräten sehr weit verbreitet sind.

5.1 Zweipunktregler

Zweipunktregler, auch als On/Off-Regler oder Zwei-Stufen-Regler bekannt, kommen insbesondere dort zum Einsatz, wo keine präzise Regelung erforderlich ist. Ein häufiges Beispiel ist die Steuerung von Heizungen, bei denen der Regler die Heizung einschaltet, wenn die Temperatur unter einen bestimmten Wert fällt und sie ausschaltet, wenn die Temperatur einen oberen Schwellwert erreicht.

Bei Kühlsystemen, ähnlich wie bei Heizungen, schaltet der Regler das Kühlsystem ein, wenn die Temperatur einen bestimmten oberen Wert überschreitet und schaltet es aus, wenn die Temperatur unter einen unteren Schwellwert fällt.

Viele Haushaltsgeräte, wie Kühlschränke, Waschmaschinen oder Geschirrspüler, nutzen Zweipunktregler für verschiedene Regelungsaufgaben, z.B. die Temperaturregelung oder die Wasserstands Kontrolle.

Die Einfachheit und Zuverlässigkeit von Zweipunktreglern macht sie zu einer beliebten Wahl für Anwendungen, bei denen die Regelung nicht hochpräzise sein muss und eine einfache On/Off-Steuerung ausreicht.

Ein Beispiel für den Zweipunktregler ist ebenfalls für die PT2-Simulation vorhanden. Hier die Grafik dazu. Das Beispiel zeigt einen Temperaturregler der bei Überschreiten einer eingestellten Temperatur die Heizung abschaltet. Sinkt die Temperatur unter den eingestellten Sollwert schaltet die Heizung wieder ein.

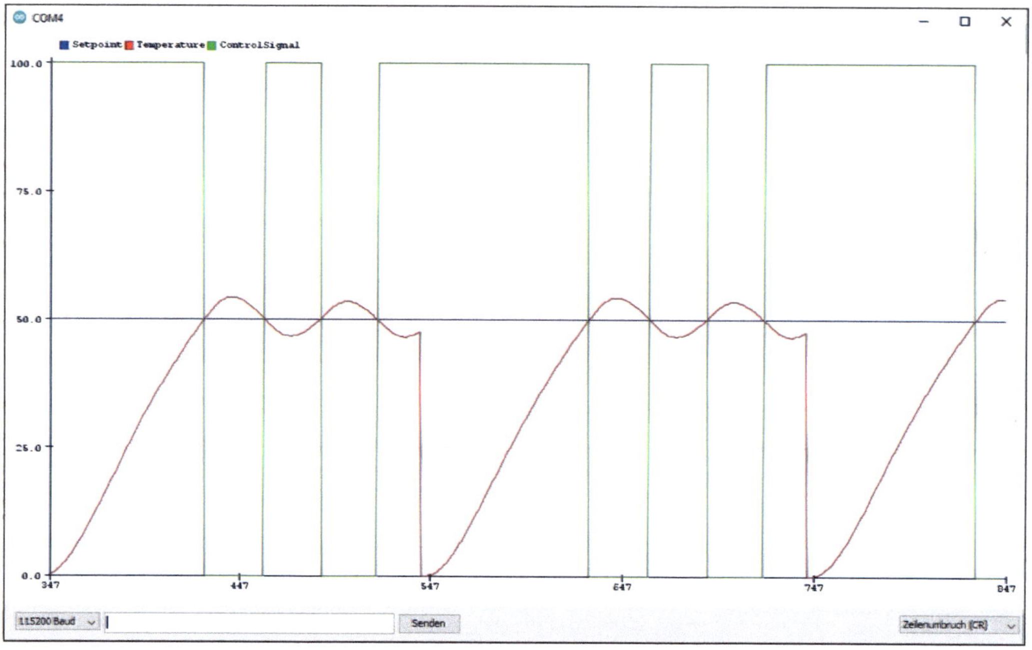

Abbildung 5.1: Test eines Zweipunktreglers

Diese Grafik zeigt den Verlauf von Sollwert, Istwert und Stellwert des Programms 'Arduino_PT2_TwoPoint_Controller.ino'.

Listing 5.1: Arduino_PT2_TwoPoint_Controller.ino

```
//----------------------------------------------------------------------
//
//              Arduino PT2 System Two Point Controller
//              =======================================
//
//        Testprogramm for Arduino ESP32 PID Fuzzy Control Board
//        10ms Timer Interrupt Function
//        Init UART2 for Nextion Display
//        Display ADC1 and ADC2 Values and PWM Values on Display NX3224F028_001
//        Simulation of two point controller
//
//    Date:     29/04/2024
//    Author:   Josef Bernhardt
//    Hardware: Arduino (ESPRESSIF) ESP32
//
//    File:     Arduino_PT2_TwoPoint_Controller.ino
//----------------------------------------------------------------------

// Include-Bibliotheken
```

```
#include <Arduino.h>

// Pin-Definitionen
#define LED_BUILTIN 2 // Pin, an dem die LED angeschlossen ist (hier GPIO 2 vom
ESP32 )
// LED1
#define LED1 5

// PT1 Simulation der Regelstrecke
float PT1_Simulation(float controlInput, int reset)
{
    // Parameter
    float deltaT = 1.0;
    float ProportionalGain = 5.0;
    float IntegralGain = 5.0;
    float TimeConstant = 400.0;  // Zeitkonstante für die PT1-Strecke
    // Zustandsvariable
    static float output = 0;
    // Reset der statischen Variable
    if (reset == 1)
    {
        output = 0;
    }
    // Model-Gleichung, Euler-Integration
    float d_output = (ProportionalGain * controlInput - output) / TimeConstant;
    output += d_output * deltaT;
    return output;
}
```

Die Funktion simuliert ein PT2-System, das ein einfaches Modell zur Beschreibung dynamischer Systeme zweiter Ordnung darstellt. In diesem Fall wird das System durch drei Zustandsgrößen (output1, output2 und output3) beschrieben, die iterativ mit dem Euler-Verfahren berechnet werden (Siehe Kapitel 4).

```
// Simulating a PT2 control system
float PT2_Simulation(float controlInput, int reset)
{
    // Parameter
    float deltaT = 1.0;
    float ProportionalGain = 1.0;
    float IntegralGain = 1.0;
    float DerivativeGain = 1.0;
    float TimeConstant1 = 100.0;
    float TimeConstant2 = 8.0;
    float TimeConstant3 = 10.0;
```

```
    // Zustandsvariablen
    static float output1 = 0;
    static float output2 = 0;
    static float output3 = 0;

    // Reset static Variabel
    if (reset == 1)
    {
        output1 = 0;
        output2 = 0;
        output3 = 0;
    }
    // Model-Gleichungen, Euler-Integration
    float d_output1 = (ProportionalGain * controlInput - output1) / TimeConstant1;
    float d_output2 = (IntegralGain * output1 - output2) / TimeConstant2;
    float d_output3 = (DerivativeGain * output2 - output3) / TimeConstant3;

    output1 += d_output1 * deltaT;
    output2 += d_output2 * deltaT;
    output3 += d_output3 * deltaT;

    return output3;
}
```

Der Zweipunktregler arbeitet nach dem Prinzip der binären Steuerung, bei der das Ausgangssignal entweder auf 0 % oder 100 % gesetzt wird, abhängig vom aktuellen Zustand des Systems. In diesem Programm vergleicht der Regler die aktuelle Temperatur mit dem Sollwert und schaltet die Ausgabe auf 0, wenn die Temperatur den Sollwert erreicht oder überschreitet. Wenn die Temperatur unter den Sollwert minus der Hysteresebreite fällt, wird das Ausgangssignal wieder auf 100 % gesetzt, um das System zu aktivieren. Die Hysterese verhindert häufige Schaltvorgänge, indem sie eine gewisse Toleranz im Regelverhalten ermöglicht, sodass das System nicht sofort auf kleine Änderungen reagiert. Zweipunktregler sind einfach zu implementieren, können jedoch zu Oszillationen führen, da sie das System zwischen den beiden Grenzwerten hin- und herschalten.

```
// Two-point controller for the PT2 system
float twoPointController(float sollwert,float temperature,float hyst)
{
    static float stellwert;
    if (temperature >= sollwert)
    {
      stellwert = 0.0;
    }
    if (temperature < (sollwert-hyst))
    {
      stellwert = 100.0;
```

```
    }
    return stellwert;
}


// Initialisierung
void setup() {
  pinMode(LED_BUILTIN, OUTPUT); // Konfiguration des Pins als Ausgang
  // Init UART USB
  Serial.begin(115200);
}
```

Die Hauptschleife simuliert eine Temperaturregelung, bei der das PT2-System den Temperaturverlauf berechnet und der Zweipunktregler das Steuersignal, basierend auf der Differenz zwischen Sollwert und Temperatur, bestimmt. Zu Beginn wird das PT2-System zurückgesetzt, die LED umgeschaltet und anschließend eine 200 ms lange Wartezeit eingefügt. In der Schleife über 300 Iterationen wird die Temperatur basierend auf dem aktuellen Steuersignal simuliert, das dann durch den Zweipunktregler entsprechend geregelt wird. Die Sollwert-, Temperatur- und Steuersignalwerte werden in jeder Iteration über die serielle Schnittstelle ausgegeben, gefolgt von einer kurzen Verzögerung von 20 ms.

```
// Main Loop
void loop()
{
  // Place your main code here to execute repeatedly:
  float setpoint = 50;
  float temperature = 0;
  float control_signal = 100.0;
  float hysteresis = 0.0;

  // Reset PT2 System
  temperature = PT2_Simulation(0,1);
  // toggle LED
  digitalWrite(LED_BUILTIN, !digitalRead(LED_BUILTIN));
  // wait 200 ms
  delay(200);
  for (int time = 0; time < 300; time++)
  {
      // Simulating the temperature control system
      temperature = PT2_Simulation(control_signal,0);
      // Control signal from the two-point controller
      control_signal = twoPointController(setpoint,temperature,hysteresis);

      Serial.print(" Setpoint:");
      Serial.print(setpoint, 1); // Setpoint with one decimal place
```

```
        Serial.print(" Temperature:");
        Serial.print(temperature, 1); // Temperature with one decimal place
        Serial.print(" ControlSignal:");
        Serial.print(control_signal, 1); // Control signal with one decimal place
        Serial.println(); // New line for the next output
        delay(20);
    }
}
```

5.2 PID-Regler

Die Geschichte der PID-Regler (Proportional-Integral-Derivative-Regler) begann ca. 1920 mit den Arbeiten von Elmer Sperry und Nicholas Minorsky, die an der automatischen Steuerung von Schiffen arbeiteten. Minorsky entwickelte 1922 die mathematischen Grundlagen für den PID-Regler und zeigte, dass die Kombination von proportionalen, integralen und differentiellen Komponenten eine stabile und präzise Regelung ermöglicht. In den 1940er und 1950er Jahren wurden PID-Regler in der Industrie weit verbreitet, insbesondere in der Prozesssteuerung und Automatisierung. Mit der Einführung von digitalen Computern und Mikroprozessoren in den 1970er Jahren wurden PID-Regler weiterentwickelt und konnten nun komplexere und schnellere Steuerungsaufgaben übernehmen. Heute sind PID-Regler ein zentraler Bestandteil vieler industrieller Steuerungssysteme und sind in zahlreichen Bereichen wie der Robotik, der Luft- und Raumfahrt sowie der Automobilindustrie zu finden.

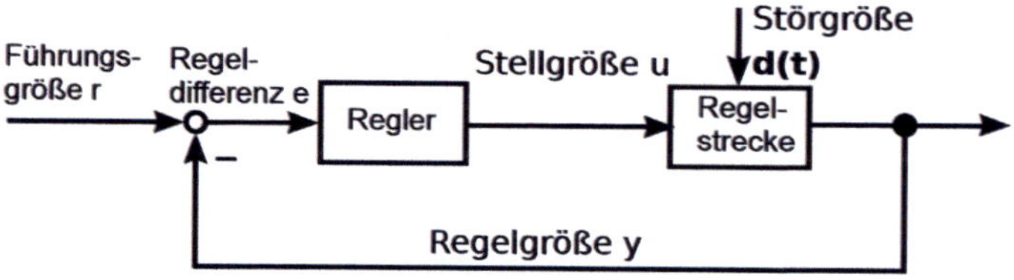

Abbildung 5.2: PID Regler

Ein PID-Regler funktioniert, indem er die Differenz e (error) zwischen einem gewünschten Sollwert r und dem aktuellen Istwert y ermittelt und diesen Fehler verwendet, um die Stellgröße u zu berechnen. Der Proportionalanteil (P) reagiert direkt auf den aktuellen Fehler, der Integralanteil (I) summiert die vergangenen Fehler, um langfristige Abweichungen zu korrigieren, und der Differentialanteil (D) reagiert auf die Änderungsrate des Fehlers, um schnelle Korrekturen vorzunehmen. Durch die Kombination dieser drei Komponenten kann der PID-Regler präzise und stabile Regelungen erreichen, indem er kontinuierlich Anpassungen vornimmt, um den Fehler zu minimieren. Dadurch wird das System stabilisiert und auf den gewünschten Sollwert gebracht.

Die allgemeine Regler Gleichung für einen PID Regler:

$$u(t) = K_p \cdot e(t) + K_i \cdot \int_0^t e(\tau)\, d\tau + K_d \cdot \frac{de(t)}{dt}$$

$$u(t) = K_p \left(e(t) + \frac{1}{T_n} \int_0^t e(\tau)\, d\tau + T_v \frac{de(t)}{dt} \right)$$

Parameter:

Kp: Proportionalitätsfaktor
Tn: Nachstellzeit (Integrationszeit)
Tv: Vorhaltezeit (Differentialzeit)
Ki: Integralfaktor
Kd: Differenzialfaktor
e(t): Regelabweichung (Fehler) zum Zeitpunkt t
u(t): Ausgangssignal des Reglers zum Zeitpunkt t

Hier die Gleichungen mit Ki und Kd für den Arduino:

1. Proportionaler Anteil (P): u_P(t) = Kp * e(t)
2. Integralanteil (I) (diskret): u_I(t) = Ki * sum(e(t) * Δt)
3. Differentialanteil (D) (diskret): u_D(t) = Kd * (e(t) - e(t-1)) / Δt

Die vollständige PID-Reglergleichung sieht dann wie folgt aus:

u(t) = u_P(t) + u_I(t) + u_D(t) = Kp * e(t) + Ki * sum(e(t) * Δt) + Kd * (e(t) - e(t-1)) / Δt
In einer kompakteren Form: u(t) = Kp * (e(t)) + Ki * sum(e(t) * Δt) + Kd * (e(t) - e(t-1)) / Δt

Hier die Gleichungen mit Tn und Tv

1. Proportionaler Anteil (P): u_P(t) = Kp * e(t)
2. Integralanteil (I) (diskret): u_I(t) = Kp * (1 / Tn) * sum(e(t) * Δt)
3. Differentialanteil (D) (diskret): u_D(t) = Kp * Tv * (e(t) - e(t-1)) / Δt

Die vollständige PID-Reglergleichung sieht dann wie folgt aus:

u(t) = u_P(t) + u_I(t) + u_D(t) = Kp * e(t) + Kp * (1 / Tn) * sum(e(t) * Δt) + Kp * Tv * (e(t) - e(t-1)) / Δt

In einer kompakteren Form: u(t) = Kp * (e(t) + (1 / Tn) * sum(e(t) * Δt) + Tv * (e(t) - e(t-1)) / Δt)

Leider ist es oft schwierig die richtigen Parameter Kp, Ki und Kd bzw. Tn und Tv für die Einstellung des Reglers zu finden. In der Praxis haben sich verschiedene Methoden dafür bewährt.

5.3 Parameterbestimmung mit Ziegler-Nichols

Die Schwingungsmethode von Ziegler-Nichols, auch bekannt als die "Ultimate Gain and Period"-Methode, bestimmt die PID-Parameter durch Experimentieren. Zuerst wird der Proportionalregler (ohne Integral- und Differentialanteil) so eingestellt, dass das System gerade beginnt, stabile, kontinuierliche Schwingungen zu zeigen. Der Proportionalverstärkungsfaktor Ku und die Schwingungsperiode Tu dieser Schwingungen werden gemessen. Diese Werte werden dann verwendet, um die PID-Parameter zu berechnen:

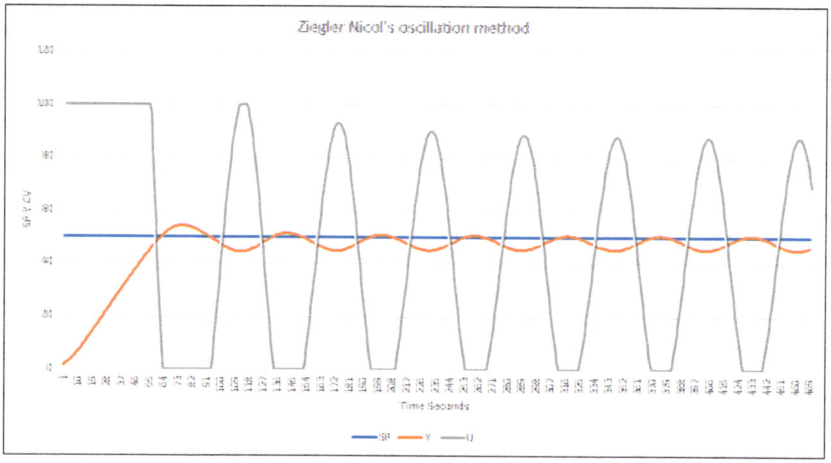

Abbildung 5.3: Chart mit Kp 18 Ki 0 Kd 0 (Kp18.jpg)

Ku ist der Wert bei dem eine gleichmäßige Schwingung erfolgt.

Die Gleichungen zum Berechnen der PID-Parameter nach Ziegler Nicols:

Parameter	Gleichung	Beispiel Ku = 18 Tu = 57
Kp	Kp = 0,6 * Ku	10,8
Ti	Ti = 0,5 *Tu	28,5
Td	Td = 0,125 * Tu	7,125
Ki	Ki = Kp / Ti	0,379
Kd	Kd = Kp * Td	76,95

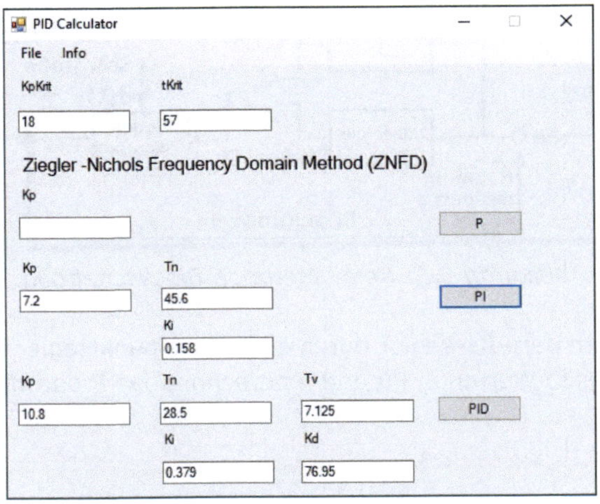

Abbildung 5.4: PID Calculator in C#

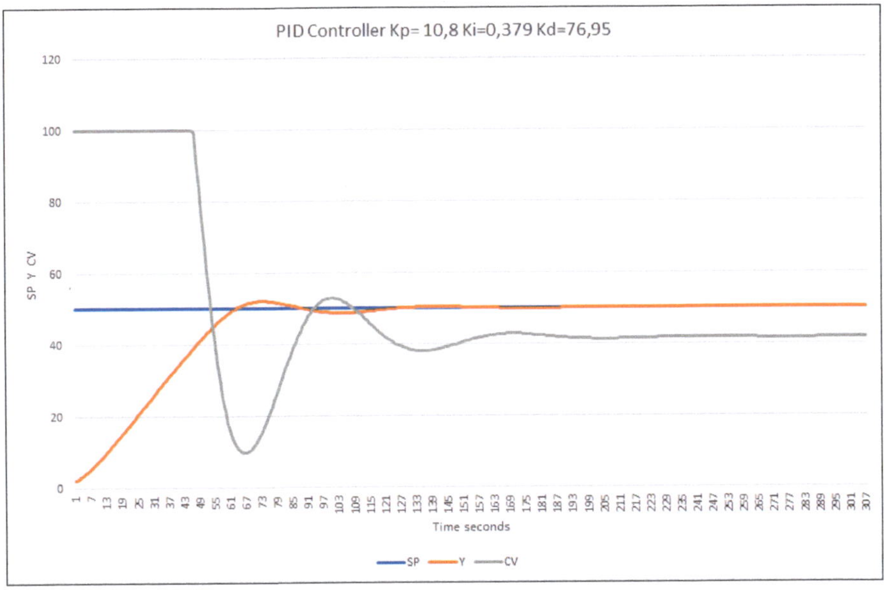

Abbildung 5.4: PID-Regler Beispiel (PID_Controller_ZieglerNicolsOK.jpg)

5.4 Parameterbestimmung mit der Relay Methode

Die Relay Method zur Bestimmung der Parameter von PID-Reglern wurde von Åström und Hägglund entwickelt. Diese Methode, die auch als Ziegler-Nichols-Methode zweiter Art bekannt ist, verwendet ein On/Off-Relay, um das System in eine periodische Schwingung zu versetzen. Aus der gemessenen Schwingungsperiode und der Amplitude können die PID-Parameter berechnet werden. Åström und Hägglund veröffentlichten die Arbeit dazu in den 1980er Jahren und trugen damit erheblich zur praktischen Anwendung und Feinabstimmung von PID-Reglern bei.

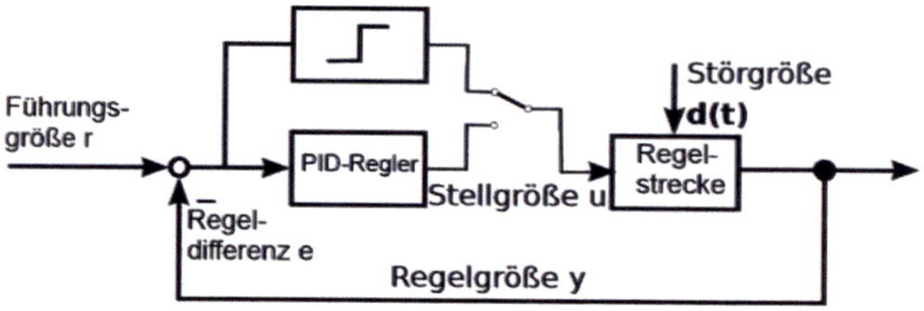

Abbildung 5.5: Relay Methode Blockschaltbild

Dazu wird im Programm der PID-Regler durch einen Zweipunktregler ersetzt und die Werte aufgezeichnet. Aus diesen Werten a, Pu und h berechnet das Programm die PID Parameter Kp, Ki und Kd.

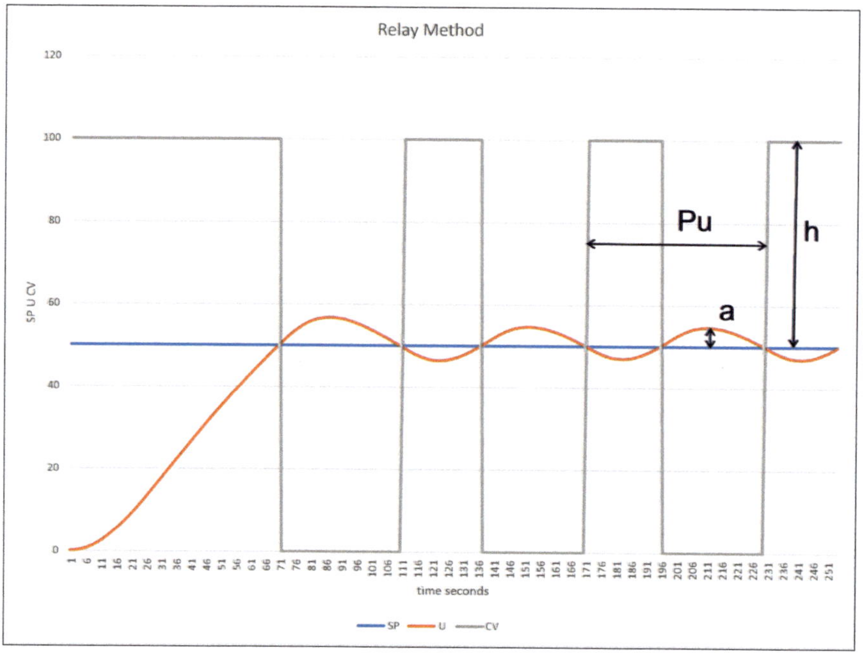

Abbildung 5.6: Relay Methode Parameterbestimmung

Parameter	Gleichung	Beispiel Pu = 58 h = 50 a = 4,65
Ku	Ku = (4 * h) / (3.14159 * a)	Ku = 13.6908
Omega u	omega_u = (2 * 3.14159) / Pu	OmegaU = = 0.1083
Kp	Kp = 0.45 * Ku	Kp = 6.1608
Ti	Ti = Pu / 1.2	Ti = 48.3333
Td	Td = Pu * 0.1	Td = 5.8000
Ki	Ki = Kp / Ti	Ki = 0.1275
Kd	Kd = Kp * Td	Kd = 35.7329

5.5 Arduino PID Regler mit PT2 Simulation

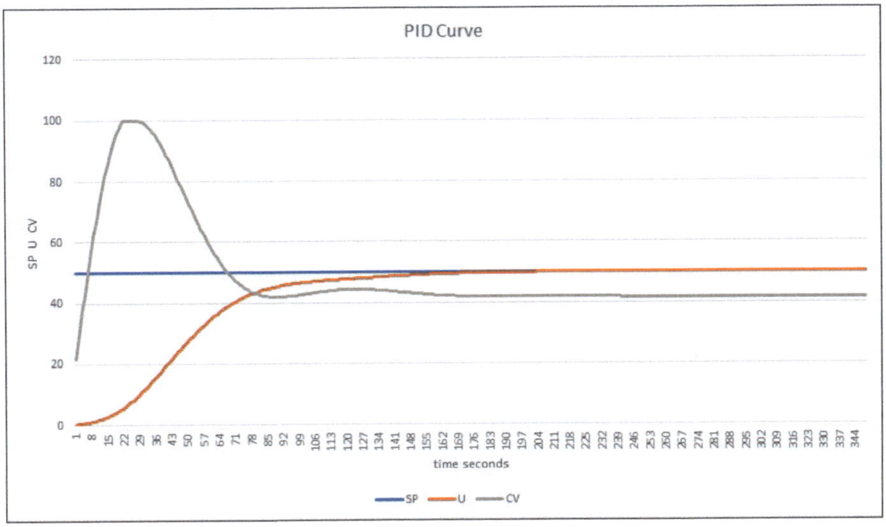

Abbildung 5.7: PID Beispielregler

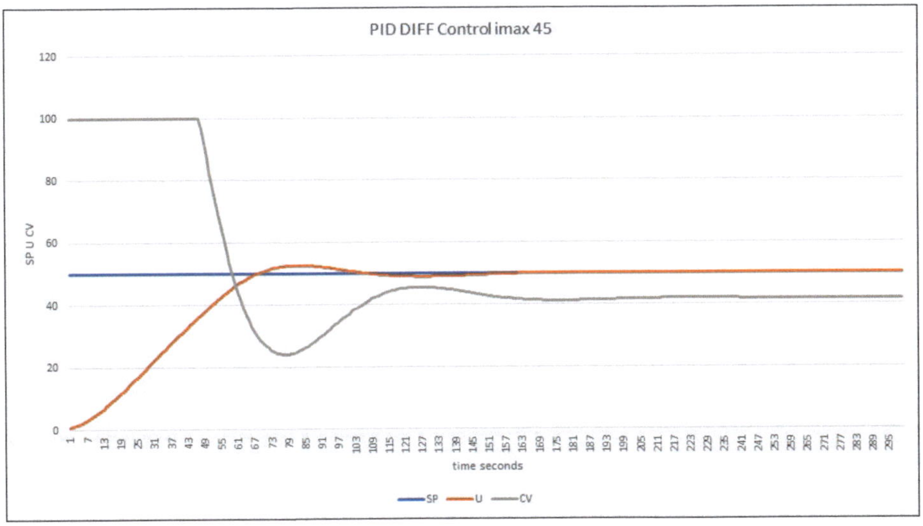

Abbildung 5.8: PID Beispielregler

Wie man an den Charts sieht verhalten sich die beiden PID-Funktionen unterschiedlich.

Listing 5.2: Arduino_PT2_PID_Controller.ino

```
//---------------------------------------------------------------------
//
//              Arduino PT2 PID Controller for PT2 Simulation
//              =============================================
//
```

```
//      Testprogramm for Arduino ESP32 PID Fuzzy Control Board
//      PID Controller Test
//
//
//   Date:     05/06/2024
//   Author:   Josef Bernhardt
//   Hardware: Arduino (ESPRESSIF) ESP32
//
//   File:     Arduino_PT2_PID_Controller.ino
//----------------------------------------------------------------------

// Include-Bibliotheken
#include <Arduino.h>

// Pin-Definitionen
#define LED_BUILTIN 2 // Pin,  GPIO 2 from ESP32 )
// LED1
#define LED1 5
#define Kp 6.1608
#define Ki 0.1275
#define Kd 35.7329
/*
 *
// float ProportionalGain = 1.25;
Kp = 5.4881
Ki = 0.1098
Kd = 32.9286
*/


// Simulating a PT2 control system
float PT2_Simulation(float controlInput, int reset)
{
    // Parameter
    float deltaT = 1.0;
    float ProportionalGain = 1.2;
    float IntegralGain = 1.0;
    float DerivativeGain = 1.0;
    float TimeConstant1 = 100.0;
    float TimeConstant2 = 8.0;
    float TimeConstant3 = 10.0;

    // Zustandsvariablen
    static float output1 = 0;
    static float output2 = 0;
    static float output3 = 0;
```

```
    // Reset static Variabel
    if (reset == 1)
    {
        output1 = 0;
        output2 = 0;
        output3 = 0;
    }
    // Model-Gleichungen, Euler-Integration
    float d_output1 = (ProportionalGain * controlInput - output1) / TimeConstant1;
    float d_output2 = (IntegralGain * output1 - output2) / TimeConstant2;
    float d_output3 = (DerivativeGain * output2 - output3) / TimeConstant3;

    output1 += d_output1 * deltaT;
    output2 += d_output2 * deltaT;
    output3 += d_output3 * deltaT;

    return output3;
}
```

Der PID-Regler berechnet das Steuersignal basierend auf der Differenz zwischen Sollwert (w) und Istwert (x) unter Verwendung einer Differenzengleichung. Der proportionale Anteil (Kp) basiert direkt auf der aktuellen Abweichung, der integrale Anteil (Ki) summiert alle Abweichungen auf, wobei eine Begrenzung (Anti-Windup) den Integralausgleich begrenzt. Der differentielle Anteil (Kd) berücksichtigt die Änderung der Abweichung im Vergleich zum vorherigen Schritt, um auf plötzliche Änderungen zu reagieren. Schließlich wird das berechnete Steuersignal auf einen Bereich zwischen 0 und 100 begrenzt, um sicherzustellen, dass es innerhalb sinnvoller Grenzen bleibt.

```
// PID controller with difference equation
float pid_regler_diff(float w, float x)
{
  float e;
  float imax = 45;
  static float y,e_alt,isum = 0;

  // Calculate deviation e
  e = w - x;
  isum +=e;
  // Anti Windup
  // Limit integral part

  if (Ki * isum > imax)
  {
    isum = imax / Ki;
  }
```

```
    if (Ki * isum < -imax)
    {
      isum = -imax / Ki;
    }

    // Calculate control signal here as a float
    y = Kp * e + Ki * isum + Kd * (e-e_alt);
    // Save deviation for the next iteration
    e_alt = e;
    // Limit control signal
    if (y > 100.0)
    {
      y = 100.0;
    }
    if (y < 0.0)
    {
      y = 0.0;
    }
    return y;
}
```

Diese Funktion implementiert einen PID-Regler mit einem Positionsalgorithmus, bei dem das Steuersignal y direkt aus der aktuellen und den vergangenen Abweichungen berechnet wird. Die Koeffizienten q0, q1 und q2 stellen die Gewichtungen der proportionalen (Kp), integralen (Ki) und differentiellen (Kd) Anteile dar, die jeweils auf die aktuelle Abweichung und die beiden vorherigen Abweichungen angewendet werden. Die Berechnung des neuen Steuersignals erfolgt durch Addition der gewichteten Abweichungen zum vorherigen Steuersignal, wodurch die Positionsregelung entsteht. Wie beim differenzbasierten PID-Regler wird das Steuersignal schließlich begrenzt und der alte Wert für die nächste Iteration gespeichert.

```
// PID controller (positioning algorithm)
float pid_regler_stell(float w, float x)
{
  float y,q0,q1,q2;
  static float ealt,ealt2,yalt = 0;
  float e = w - x;;

  q0 = Kp+Ki+Kd;
  q1 = -Kp-2.0*Kd;
  q2 = Kd;
  //Control
  y = yalt + q0*e + q1*ealt + q2*ealt2;
  ealt2 = ealt;
  ealt = e;
  // Stellwert begrenzen
```

```
  if (y > 100.0)
  {
    y = 100.0;
  }
  if (y < 0.0)
  {
    y = 0.0;
  }
  yalt = y;
  return y;
}

// Two-point controller for the PT2 system
float twoPointController(float sollwert,float temperature,float hyst)
{
    static float stellwert;
    if (temperature >= sollwert)
    {
      stellwert = 0.0;
    }
    if (temperature < (sollwert-hyst))
    {
      stellwert = 100.0;
    }
    return stellwert;
}
```

Die Funktion 'PeakAndPeriod()' überwacht die Temperatur, um Spitzenwerte und Perioden in Bezug auf einen Sollwert zu berechnen. Wenn die Temperatur den Sollwert überschreitet, speichert sie den Unterschied zwischen der aktuellen Temperatur und dem Sollwert als Spitzenwert (peak). Sobald die Temperatur von einem niedrigeren Wert auf den Sollwert steigt, erfasst die Funktion die vergangene Zeit als Periode (Tu) und setzt den Zähler zurück. Eine LED wird kurz eingeschaltet, um diesen Moment zu markieren. Der Zähler i wird in jeder Iteration hochgezählt und gibt die Anzahl der Schritte seit dem letzten Überschreiten des Sollwerts zurück. Diese Funktion wird verwendet um die Werte für die Parameterberechnung zu bestimmen.

```
int PeakAndPeriod(float setpoint,float temperature, float *peak, float * Tu)
{
  static float temperature_old = 0;
  static int i=0;

  if (temperature>setpoint) *peak = temperature - setpoint;
  if (temperature_old < setpoint && temperature >= setpoint)
  {
    digitalWrite(LED1,1);
```

```
      *Tu = i;
      i= 0;
      *peak = 0;
      digitalWrite(LED1,0);
   }
   temperature_old = temperature;
   i++;
   return i;
}

// Initialisierung
void setup() {
   pinMode(LED_BUILTIN, OUTPUT); // Konfiguration des Pins als Ausgang
   pinMode(LED1, OUTPUT); // Konfiguration des Pins als Ausgang
   // Init UART USB
   Serial.begin(115200);
}

// Main Loop
void loop()
{
   // Place your main code here to execute repeatedly:
   float setpoint = 50;
   float temperature = 0;
   float control_signal = 100.0;
   float hysteresis = 0.0;

   float peak = 0;
   float Tu = 0;

   // Reset PT2 System
   temperature = PT2_Simulation(0,1);
   // toggle LED
   digitalWrite(LED_BUILTIN, !digitalRead(LED_BUILTIN));
   // wait 200 ms
   delay(200);
   for (int time = 0; time < 500; time++)
   {
       // Simulating the temperature control system
       temperature = PT2_Simulation(control_signal,0);
       // Control signal from the two-point controller

       // control_signal = pid_regler_stell(setpoint,temperature);
       control_signal = pid_regler_diff(setpoint,temperature);

       // control_signal = twoPointController(setpoint,temperature,hysteresis);
```

```
/*
     int period = PeakAndPeriod(setpoint,temperature, &peak, &Tu);

     Serial.print(" Period:");
     Serial.print(Tu);          // Setpoint with one decimal place
     Serial.print(" Peak:");
     Serial.print(peak,2);          // Setpoint with one decimal place
 */
     Serial.print(" Setpoint:");
     Serial.print(setpoint, 1);          // Setpoint with one decimal place
     Serial.print(" Temperature:");
     Serial.print(temperature, 2);      // Temperature with one decimal place
     Serial.print(" ControlSignal:");
     Serial.print(control_signal, 1);  // Control signal with one decimal place
     Serial.println(); // New line for the next output
     delay(200);
  }
}
```

5.6 Arduino PID-Regler mit realer Strecke (ALU-Block)

Das Nächste Beispiel zeigt den Temperaturverlauf eines realen PID Controllers für die Heizung eines Alu Blocks mit den Maßen 80x30x15 mm Wie er schon im vorherigen Kapitel berechnet wurde. Die PID-Parameter wurden mit der Relay Methode ermittelt.

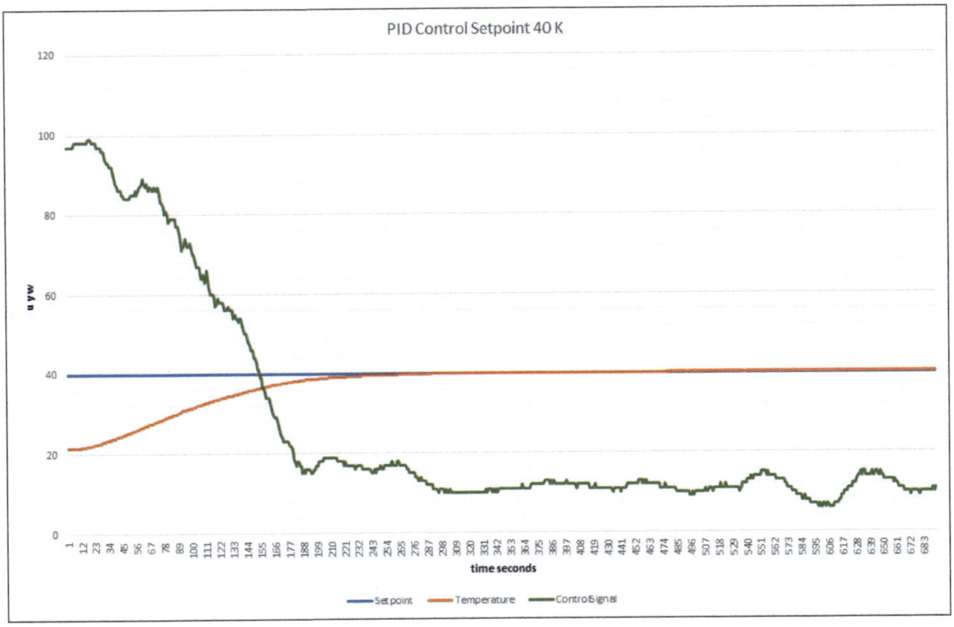

Abbildung 5.9: PID Temperaturregelung

Listing 5.3: Arduino_PhysicalHeater_PID.ino

```
//------------------------------------------------------------------------
//
//              Arduino PID Physical Heater
//              ===================================
//
//        Control Software for Arduino ESP32 PID Fuzzy Control Board
//        10ms Timer Interrupt Function
//        Init UART2 for Nextion Display
//        Display ADC1 and ADC2 Values on Display NX3224F028_001
//
//        Reading NTC1 Sensor / Set the Setpoint with POT2
//        PID Controller Example
//        Outputting the pulses to RELAIS1 for the heater
//
//
//   Date:     04/07/2024
//   Author:   Josef Bernhardt
//   Hardware: Arduino (ESPRESSIF) ESP32
//
//   File:     Arduino_PhysicalHeater_PID.ino
//------------------------------------------------------------------------

#include <Arduino.h>
#include <Ticker.h>

int LED_BUILTIN = 2;

// ESP32 UART 2 Pins
#define RXD2 16
#define TXD2 17

// I2C Pins
#define I2CSCL 22
#define I2CSDA 21

// ESP32 ADC Pins
#define ADC1 32
#define ADC2 33
// Motor Sensor Pins
#define MOTSENS1 15
#define MOTSENS2 34
// Buttons
#define BTN1 14
#define BTN2 27
```

```
// Relay and Mosfet (BSP76) Pins
#define RELAIS1 18
#define RELAIS2 19
// LED1
#define LED1 5
// PWM1 and PWM2 Pins
#define PWM1 12
#define PWM2 13
// DAC Outputs 0..5V
#define DAC1 25
#define DAC2 26
// One Wire
#define DS18B20 4

#define FILTER_SIZE 10

// Define 10ms Period
const unsigned long timerInterval = 10;

// Ticker-Objekt for the Timer-Funktion
Ticker timer;

// Counter
int counter10ms=0;

int counterRelais1 = 0;

// When 1 second is elapsed
bool OneSecond = false;

// Counter for seconds
int CounterSeconds = 0;

// Arrays for NTC10K calculation
float Voltages[18] = {0};
float Temperatures[18] = {0};
int n_ntc = 18;

float VoltageESP32 = 3.3;

/*
Set the voltage at ADC1 with the potentiometer to e.g. 1 volt.
Enter the value voltage1 in the display for the corresponding
value "float ADC[7]". Repeat this with the other voltages
from 100 mV to 3.3 volts.
```

```
12 Bit ADC-Values from 0 to 4095
*/
float ADC[] = {0,   0,    123,   249, 496,  817,  1141, 1456, 1778, 2416, 3067,
3922, 4095, 4095, 4095};
// (Ua) in volts values applied to ADC by calibrator
float Ua[] = {0.00, 0.10, 0.20, 0.30, 0.50, 0.75, 1.00, 1.25, 1.50, 2.00, 2.50,
3.00, 3.07, 3.15, 3.30};
int n_adc = 15;
/*
Calculated values with Relay Method:
Ku = 75.7881
OmegaU = 0.0610
Kp = 34.1047
Ki = 0.3973
Kd = 351.2780
Ti = 85.8333
Td = 10.3000
*/
// Parameter ALU Block Heater 19,2 Watt
#define Kp 34.1047
#define Ki 0.3973
#define Kd 351.2780

void Heat1_ON(int value)
{
  //Serial.println("ON");
  if (value > 0)
  {
    counterRelais1 = value;
    digitalWrite(RELAIS1,1);
    digitalWrite(LED1,1);
  }
}

void Heat1_OFF()
{
  //Serial.println("OFF");
  digitalWrite(RELAIS1,0);
  digitalWrite(LED1,0);
}

int mapInteger(int value, int fromLow, int fromHigh, int toLow, int toHigh) {
    return (value - fromLow) * (toHigh - toLow) / (fromHigh - fromLow) + toLow;
}

float mapFloat(float x, float in_min, float in_max, float out_min, float out_max)
```

```
{
  return (x - in_min) * (out_max - out_min) / (in_max - in_min) + out_min;
}

// Linear interpolation
// Input Parameters:
// n = Number of values -1
// x = x Array
// y = y Array
// xn = Value to be calculated
float readvalue_linear(int n,float *x,float *y, float xn)
{
    int j = 0;
    // Determine interval of xn
    while (j < n-1 && xn > x[j+1]) j++;
    // interpolate xn
    return ((y[j+1]-y[j]) / (x[j+1]-x[j])) * (xn-x[j]) + y[j];
}

// Moving Average Filter
float filter_NTC1(float value)
{
    static float values[FILTER_SIZE] = {0};
    float sum = 0;
    int i;
    for (i=0; i<FILTER_SIZE-1;i++)
    {
      values[i] = values[i+1];
    }
    values[FILTER_SIZE-1] = value;
    for (i=0; i<FILTER_SIZE;i++)
    {
      sum +=values[i];
    }
    return sum / (float)FILTER_SIZE;
}

// Filter des NTC1 Sensors
int filterControlValue(int newValue) {
    // Array zum Speichern der letzten FILTER_SIZE Werte
    static int values[FILTER_SIZE] = {0};
    static int index = 0;
    int sum = 0;
    // Aktualisieren des Werts an der aktuellen Indexposition
    values[index] = newValue;
    // Inkrementieren des Index für den nächsten Wert
```

```
    index = (index + 1) % FILTER_SIZE;
    // Berechnung des Durchschnitts der Werte im Array
    for (int i = 0; i < FILTER_SIZE; ++i) {
        sum += values[i];
    }
    return sum / FILTER_SIZE;
}

// Function to calculate the resistance of an NTC thermistor based on temperature
float calculateResistance(float T)
{
    // Konstanten
    const float R0 = 10000.0; // Nennwiderstand des Thermistors bei 25°C
    const float B = 3950.0;   // B-Wert des Thermistors siehe Datenblatt
    return R0 * exp(B * ((1.0 / (T + 273.15)) - (1.0 / (25 + 273.15))));
}

// Voltage from voltage divider 10k input NTC resistor
float calulateVoltage(float Rt)
{
    float R25 = 10000;
    float UE = VoltageESP32;
    float Ua=(UE*Rt)/(Rt+R25);
    return Ua;
}

// Init Array with NTC Resist and Temperature
void initArrayNTC()
{
    // Temperature range from -35°C to 135°C.
    int min_temp = -35;
    int max_temp = 135;
    float voltage;
    int loop = sizeof(Voltages) / sizeof(Voltages[0]) - 1;
    // Schleife über den Temperaturbereich
    for (float temp = min_temp; temp <= max_temp; temp+=10)
    {
        // Berechnen des Widerstands für die aktuelle Temperatur
        float resistance = calculateResistance(temp);
        float voltage = calulateVoltage(resistance);
        // Speichern der Werte für Temperatur und Spannung in Arrays
        Temperatures[loop] = temp;
        Voltages[loop] = voltage;
        loop--;
    }
}
```

```
// Timer-Funktion
// Called every 10 ms
void timerCallback()
{
  // Inc 10ms Counter
  counter10ms++;
  counterRelais1--;
  // If one Second
  if(counter10ms==100)
  {
     counter10ms = 0;
     // One Second
     OneSecond = true;
  }
  if(counterRelais1==0)
  {
     Heat1_OFF();
  }
}

// Sends Data to Nextion Display in a textbox
void Nextion_Send_Text_to_Textbox(char *textbox,String sfloat)
{
        Serial2.write(textbox);
        Serial2.write(".txt=\"");
        Serial2.print(sfloat);
        Serial2.write("\"");
        Serial2.write(0xFF);
        Serial2.write(0xFF);
        Serial2.write(0xFF);
}

// PID controller (positioning algorithm)
float pid_regler_stell(float w, float x)
{
  float y, q0, q1, q2;
  static float ealt, ealt2, yalt = 0; // Previous error values and output value
  float e = w - x; // Calculate current error
  // Calculate controller weights
  q0 = Kp + Ki + Kd;    // Sum of all controller gains
  q1 = -Kp - 2.0 * Kd;  // Previous error term
  q2 = Kd;              // Derivative term
  // Controller equation
  y = yalt + q0 * e + q1 * ealt + q2 * ealt2;
  // Update previous error values
```

```
  ealt2 = ealt;
  ealt = e;
  // Limit output value
  if (y > 100.0)
  {
    y = 100.0;
  }
  if (y < 0.0)
  {
    y = 0.0;
  }
  // Update previous output value
  yalt = y;
  // Return output value
  return y;
}

// PID controller with difference equation
float pid_regler_diff(float w, float x)
{
  float e;
  float imax = 50;
  static float y,e_alt,isum = 0;

  // Calculate deviation e
  e = w - x;
  isum +=e;
  // Anti Windup
  // Limit integral part
  if (Ki * isum > imax)
  {
    isum = imax / Ki;
  }
  if (Ki * isum < -imax)
  {
    isum = -imax / Ki;
  }
  // Calculate control signal here as a float
  y = Kp * e + Ki * isum + Kd * (e-e_alt);
  // Save deviation for the next iteration
  e_alt = e;
  // Limit control signal
  if (y > 100.0)
  {
    y = 100.0;
  }
```

```
  if (y < 0.0)
  {
    y = 0.0;
  }
  return y;
}

// Two-point controller
float twoPointController(float setpoint, float actualValue, float hysteresis)
{
    static float controlOutput = 0.0; // Initialize the static variable
    if (actualValue >= setpoint)
    {
        controlOutput = 0.0;
    }
    else if (actualValue < (setpoint - hysteresis))
    {
        controlOutput = 100.0;
    }
    return controlOutput;
}

// Initializing the hardware
void setup()
{
  // Init USB UART
  Serial.begin(115200);
  // Nextion Display
  // TFTSerial.begin(9600);
  Serial2.begin(9600, SERIAL_8N1, RXD2, TXD2);
  // Init Hardware
  pinMode(LED_BUILTIN, OUTPUT);
  pinMode(LED1, OUTPUT);
  pinMode(RELAIS1, OUTPUT);
  pinMode(RELAIS2, OUTPUT);
  pinMode(BTN1, INPUT);
  pinMode(BTN2, INPUT);

  pinMode(ADC1, INPUT);
  pinMode(ADC2, INPUT);

  Nextion_Send_Text_to_Textbox("t1","VoltageNTC");
  Nextion_Send_Text_to_Textbox("t2","Temp NTC1");
  Nextion_Send_Text_to_Textbox("t3","ControlValue");
  Nextion_Send_Text_to_Textbox("t4","Voltage POT2");
  Nextion_Send_Text_to_Textbox("t5","Setpoint");
```

```
    Nextion_Send_Text_to_Textbox("t6","Time");

    initArrayNTC();

    // Init Timer with 10ms
    timer.attach_ms(timerInterval, timerCallback);
}

void loop()
{
    // Place your main code here to execute repeatedly:
    float setpoint = 0;
    float temperature = 0;
    int control_signal = 0;
    float hysteresis = 0.0;

    // Read ADC1 value
    int voltage1 = analogRead(ADC1);
    // Read ADC2 value
    int voltage2 = analogRead(ADC2);

    int scaledValue = mapInteger(voltage2, 0, 4095, 25, 60);
    setpoint = (float)scaledValue;

    // Interpolate voltage 1
    float u1 = readvalue_linear(n_adc-1,ADC,Ua,(float)voltage1);
    // Interpolate voltage 2
    // float u2 = readvalue_linear_voltage(n_adc-1,ADC,Ua,(float)voltage2);

    temperature = readvalue_linear(n_ntc-1,Voltages,Temperatures,filter_NTC1(u1));

    // Check if one second has passed
    if (OneSecond)
    {
        // Reset the boolean variable OneSecond
        OneSecond = false;

        CounterSeconds++;

        // control_signal = (int)pid_regler_stell(setpoint,temperature);
        control_signal = (int)pid_regler_diff(setpoint,temperature);

        // control_signal = twoPointController(setpoint,temperature,hysteresis);
        control_signal = filterControlValue(control_signal);
```

```
        // Heat1 10-1000 ms on step 10ms
        Heat1_ON(control_signal);

        // Sends variable to USB UART and Seriell Monitor
        Serial.print("SP:");
        Serial.print(setpoint, 1);     // Setpoint with one decimal place
        Serial.print(" Temp:");
        Serial.print(temperature, 2); // Temperature with one decimal place
        Serial.print(" CV:");
        Serial.print(control_signal); // Control signal with one decimal place
        Serial.println();              // New line for the next output

        // Sends variable to display
        Nextion_Send_Text_to_Textbox("txtT1",String(voltage1));
        Nextion_Send_Text_to_Textbox("txtT2",String(temperature,3));
        Nextion_Send_Text_to_Textbox("txtT3",String(control_signal));
        // Sends variable to display
        Nextion_Send_Text_to_Textbox("txtT4",String(voltage2));
        Nextion_Send_Text_to_Textbox("txtT5",String(setpoint,1));
        Nextion_Send_Text_to_Textbox("txtT6",String(CounterSeconds));
        // Switching LED
        digitalWrite(LED_BUILTIN,!digitalRead(LED_BUILTIN));
    }
    // Additional code for the main loop
}
```

5.7 Arduino PID-Regler für stehendes Pendel

Dieses Programm simuliert und regelt das Verhalten eines stehenden Pendels unter Einfluss einer externen Kraft. Es nutzt die Bewegungsgleichung für ein Pendel und einen PID-Regler zur Stabilisierung des Pendels. Die Ergebnisse vom Codeblocks Ansi C Programm werden sowohl auf der Konsole als auch in einer CSV-Datei ausgegeben.

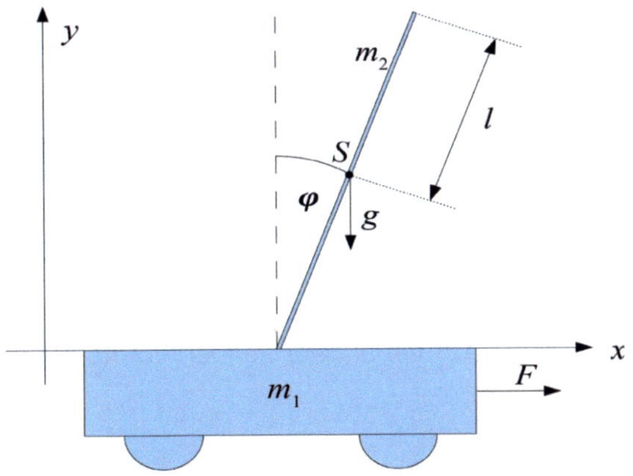

Abbildung 5.10: Inverses Pendel auf Stabwagen

Theoretischer Hintergrund

Die Bewegungsgleichung eines Pendels lautet:

$$\theta'' = -g / L \cdot \sin(\theta) + f / L$$

Dabei sind:

θ: Winkel des Pendels
g: Erdbeschleunigung
L: Länge des Pendels
f: externe Kraft

Die Beschleunigung des Pendels a ergibt sich aus der Summe der Gravitationskraft und der externen Kraft:

$$a = -g / L \cdot \sin(\theta) + f / L$$

Zur numerischen Integration werden die Winkelgeschwindigkeit ω und der Winkel θ mittels eines Euler-Schrittes aktualisiert:

$$\omega(t+\Delta t) = \omega(t) + a \cdot \Delta t$$
$$\theta(t+\Delta t) = \theta(t) + \omega(t) \cdot \Delta t$$

Der Winkel θ wird auf den Bereich von 0 bis 180 Grad begrenzt, um physikalisch unrealistische Werte zu verhindern.

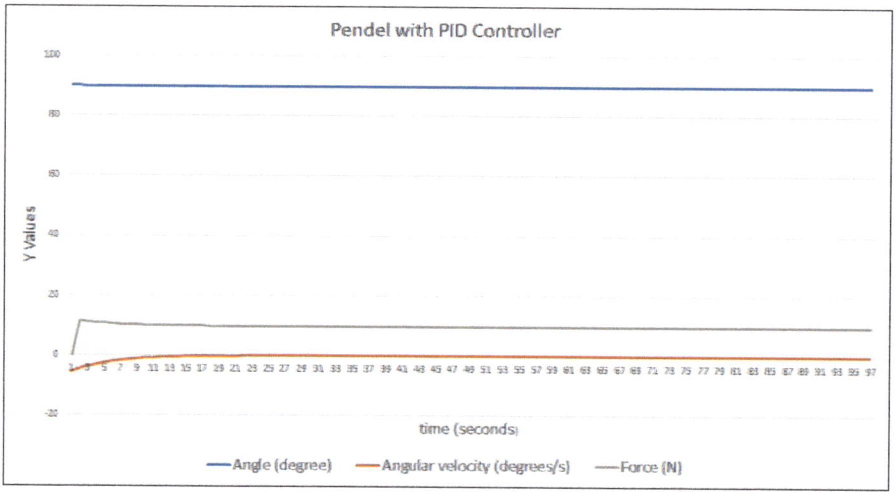

Abbildung 5.11: Verlauf der Pendel PID-Regelung

Programmstruktur

Header und Makros

Definition von Konstanten und Umrechnungsfaktoren:

```
#define G 9.81      // Erdbeschleunigung in m/s^2
#define L 1.0       // Länge des Pendels in Metern
#define DT 0.01     // Zeitinkrement in Sekunden
#define PI 3.14159265358979323846
#define DEG_TO_RAD(deg) ((deg) * (PI / 180.0)) // Umrechnungsfaktor von Grad zu 
Radiant
#define RAD_TO_DEG(rad) ((rad) * (180.0 / PI)) // Umrechnungsfaktor von Radiant 
zu Grad
```

Pendelstruktur

Speicherung des Pendelzustands (Winkel und Winkelgeschwindigkeit):

```
// Pendelstruktur zur Speicherung vom Zustand
typedef struct {
    double theta;      // Winkel des Pendels in Radiant
    double omega;      // Winkelgeschwindigkeit in Radiant pro Sekunde
} Pendel;
```

Funktion zur Aktualisierung des Pendelstatus

Berechnung der Beschleunigung und Aktualisierung der Winkelgeschwindigkeit und des Winkels:

```
Pendel pendel;
int gesamtSchritte = 300; // Gesamte Anzahl der Schritte
double zielWinkel = DEG_TO_RAD(100.0); // Zielwinkel in Radiant
double f; // Kraftrichtung
int i;
```

Die folgende Funktion aktualisiert den Zustand des stehenden Pendels. Es berechnet die Beschleunigung basierend auf der externen Kraft und der Schwerkraft und aktualisiert dann die Winkelgeschwindigkeit und den Winkel des Pendels mit einem einfachen Euler-Schritt. Der Winkel wird ebenfalls auf den Bereich von 0 bis 180 Grad begrenzt, um physikalisch unrealistische Werte zu verhindern. Wenn der Winkel die Grenzen erreicht, wird die Winkelgeschwindigkeit auf 0 gesetzt, um zu verhindern, dass das Pendel über den zulässigen Bereich hinaus schwingt. Die Funktion gibt die aktuelle Winkelgeschwindigkeit zurück.

```
double aktualisiere_pendel(Pendel *pendel, double f)
{
    // Berechne die Beschleunigung auf das Pendel, abhängig von der externen 
Kraft
    double beschleunigung = (-G / L) * sin(pendel->theta) + (f / L); // Korrektur
```

```
der Formel
    // Update der Winkelgeschwindigkeit und des Winkels mit einfachem
Euler-Schritt
    pendel->omega += beschleunigung * DT;
    pendel->theta += pendel->omega * DT;
    // Begrenze den Winkel auf den Bereich von 0 bis 180 Grad
    if (pendel->theta > DEG_TO_RAD(180.0)) {
        pendel->theta = DEG_TO_RAD(180.0);
        pendel->omega = 0; // Bei Erreichen der Grenze die Geschwindigkeit auf 0
setzen
    } else if (pendel->theta < 0) {
        pendel->theta = 0;
        pendel->omega = 0; // Bei Erreichen der Grenze die Geschwindigkeit auf 0
setzen
    }
    // Gebe die Winkelgeschwindigkeit zurück
    return pendel->omega;
}
```

PID-Regelungsfunktion
Berechnung der Stellgröße basierend auf dem Fehler:

```
// PID-Regelungsfunktion
float PID(float error)
{
    // PID-Parameter
    double Kp = 10000.0;  // Proportionalitätsfaktor
    double Ki = 100;      // Integrationsfaktor
    double Kd = 100;      // Derivatefaktor
    // Statische Variablen für die PID-Regelung
    static float integral = 0.0;
    static float error_old = 0.0;
    // Berechne die Integral- und Derivat-Terme
    integral += error * DT;
    float derivative = (error - error_old) / DT;
    // PID-Controller-Berechnung
    float controlValue = Kp * error + Ki * integral + Kd * derivative;
    // Update des alten Fehlers
    error_old = error;

    // Begrenze den Stellwert auf den Bereich von -100 bis +100
    if (controlValue > 100.0f) {
        controlValue = 100.0f;
    } else if (controlValue < -100.0f) {
        controlValue = -100.0f;
    }
```

```
    return controlValue;
}
```

Hauptfunktion
Initialisierung des Pendels, Durchführung der Simulation und Ausgabe der Ergebnisse:

Zusammenfassung
Dieses Programm simuliert ein stehendes Pendel unter Anwendung einer externen Kraft, die mittels eines PID-Reglers berechnet wird. Die Simulation wird durch numerische Integration mit einem Euler-Schritt durchgeführt und die Ergebnisse werden sowohl auf der Konsole als auch in einer CSV-Datei ausgegeben.

Listing 5.4: Arduino_PendelExample.ino

```
//---------------------------------------------------------------------
//
//            Arduino Upstanding Pendel Test
//            ==============================
//
//      Control Testprogramm for Arduino Boards
//      Timer Cycle
//
//
//  Date:     16/08/2024
//  Author:   Josef Bernhardt
//  Hardware: Arduino
//
//  File:     Arduino_PendelExample.ino
//---------------------------------------------------------------------
// Zur Berechnung des Pendelstatus wird die Differentialgleichung für
// ein Pendel verwendet. Die Grundform der Bewegungsgleichung lautet:
//
//     θ‘‘ = - (g / L) * sin(θ) + (f / L)
//
// Hierbei ist θ der Winkel des Pendels, g die Erdbeschleunigung, L die
// Länge des Pendels und f die auf das Pendel wirkende externe Kraft.
// Die Terme in der Gleichung haben folgende Bedeutungen:
//
// 1. - (g / L) * sin(θ): Dieser Term beschreibt die Beschleunigung
//    des Pendels aufgrund der Gravitation. Er ist proportional zur
//    Sinusfunktion des Winkels θ und hängt von der Länge L und der
//    Erdbeschleunigung g ab. Für kleine Winkel kann sin(θ) ungefähr durch
//    θ ersetzt werden, was die Berechnung vereinfacht.
//
// 2. (f / L): Dieser Term beschreibt die Beschleunigung aufgrund der
```

```
//    externen Kraft f. Er ist direkt proportional zur aufgebrachten
//    Kraft und umgekehrt proportional zur Länge des Pendels.
//
// Die Beschleunigung a des Pendels ergibt sich also aus der Summe der
// beiden Terme und wird verwendet, um die Winkelgeschwindigkeit (ω)
// und den Winkel (θ) zu aktualisieren:
//
//     ω(t+Δt) = ω(t) + a * Δt
//     θ(t+Δt) = θ(t) + ω(t) * Δt
//
// Dabei ist Δt das Zeitinkrement, das für die numerische Integration
// verwendet wird. Der Euler-Schritt ist eine einfache Methode zur
// Berechnung der neuen Werte auf Basis der aktuellen Werte und der
// berechneten Beschleunigung.
//
// Um physikalisch realistische Werte zu erhalten, wird der Winkel θ auf
// den Bereich von 0 bis 180 Grad begrenzt. Wenn der Winkel diese Grenzen
// erreicht, wird die Winkelgeschwindigkeit auf 0 gesetzt, um zu verhindern,
// dass das Pendel über diesen Bereich hinaus schwingt.
#include <Arduino.h>
#include <math.h>

#define G 9.81     // Erdbeschleunigung in m/s^2
#define L 1.0      // Länge des Pendels in Metern
#define DT 0.01    // Zeitinkrement in Sekunden
#define PI 3.14159265358979323846
#define DEG_TO_RAD(deg) ((deg) * (PI / 180.0)) // Umrechnungsfaktor von Grad zu
Radiant
#define RAD_TO_DEG(rad) ((rad) * (180.0 / PI)) // Umrechnungsfaktor von Radiant
zu Grad

// Pendelstruktur zur Speicherung von Zustand
typedef struct {
    double theta;      // Winkel des Pendels in Radiant
    double omega;      // Winkelgeschwindigkeit in Radiant pro Sekunde
} Pendel;

Pendel pendel;
int gesamtSchritte = 300;                 // Gesamte Anzahl der Schritte
double zielWinkel = DEG_TO_RAD(100.0); // Zielwinkel in Radiant
double f; // Kraftrichtung
int i;

// Die folgende Funktion aktualisiert den Zustand eines stehenden
// Pendels. Es berechnet die Beschleunigung basierend auf der externen
// Kraft und der Schwerkraft und aktualisiert dann die Winkelgeschwindigkeit
```

```
// und den Winkel des Pendels mit einem einfachen Euler-Schritt. Der
// Winkel wird auf den Bereich von 0 bis 180 Grad begrenzt, um physikalisch
// unrealistische Werte zu verhindern. Wenn der Winkel die Grenzen erreicht,
// wird die Winkelgeschwindigkeit auf 0 gesetzt, um zu verhindern, dass das
// Pendel über den zulässigen Bereich hinaus schwingt. Die Funktion gibt die
// aktuelle Winkelgeschwindigkeit zurück.
// Funktion zum Aktualisieren des Pendelstatus
double aktualisiere_pendel(Pendel *pendel, double f)
{
    // Berechne die Beschleunigung auf das Pendel, abhängig von der externen
Kraft
    double beschleunigung = (-G / L) * sin(pendel->theta) + (f / L); // Korrektur
der Formel
    // Update der Winkelgeschwindigkeit und des Winkels mit einfachem
Euler-Schritt
    pendel->omega += beschleunigung * DT;
    pendel->theta += pendel->omega * DT;
    // Begrenze den Winkel auf den Bereich von 0 bis 180 Grad
    if (pendel->theta > DEG_TO_RAD(180.0)) {
        pendel->theta = DEG_TO_RAD(180.0);
        pendel->omega = 0; // Bei Erreichen der Grenze die Geschwindigkeit auf 0
setzen
    } else if (pendel->theta < 0) {
        pendel->theta = 0;
        pendel->omega = 0; // Bei Erreichen der Grenze die Geschwindigkeit auf 0
setzen
    }
    // Gebe die Winkelgeschwindigkeit zurück
    return pendel->omega;
}

// PID-Regelungsfunktion
float PID(float error)
{
    // PID-Parameter
    double Kp = 10000.0;  // Proportionalitätsfaktor
    double Ki = 100;      // Integrationsfaktor
    double Kd = 100;      // Derivatefaktor
    // Statische Variablen für die PID-Regelung
    static float integral = 0.0;
    static float error_old = 0.0;
    // Berechne die Integral- und Derivat-Terme
    integral += error * DT;
    float derivative = (error - error_old) / DT;
    // PID-Controller-Berechnung
    float controlValue = Kp * error + Ki * integral + Kd * derivative;
```

```
    // Update des alten Fehlers
    error_old = error;

    // Begrenze den Stellwert auf den Bereich von -100 bis +100
    if (controlValue > 100.0f) {
        controlValue = 100.0f;
    } else if (controlValue < -100.0f) {
        controlValue = -100.0f;
    }

    return controlValue;
}


void setup()
{
    Serial.begin(115200);

    // Setze den Anfangswinkel auf 90 Grad (vertikal)
    pendel.theta = DEG_TO_RAD(90.0); // 90 Grad in Radiant
    pendel.omega = 0.0;              // Anfangswinkelgeschwindigkeit: 0.0
}

void loop()
{
  while (true)
  {
      for (i = 0; i < gesamtSchritte; ++i)
      {
          // Berechne die aktuelle Abweichung
          // Verwende die PID-Funktion zur Berechnung der Kraft
          f = PID(zielWinkel - pendel.theta);

          // Aktualisiere das Pendel
          // Winkelgeschwindigkeit in Grad/s
      double omega_deg = aktualisiere_pendel(&pendel, f) * RAD_TO_DEG(1.0);
          // Ausgabe der Ergebnisse auf die Konsole
          Serial.print("Degree:");
          Serial.print(RAD_TO_DEG(pendel.theta), 2);
          Serial.print(" Omega:");
          Serial.print(omega_deg, 2);
          Serial.print(" Force:");
          Serial.println(f, 2);

          // Warte für das Zeitinkrement
          delay(200);
```

```
        }
    }

}
```

Kapitel 6 • Fuzzy Logic Grundlagen

6.1 Fuzzy Logic Geschichte

In den 1960er Jahren stieß Professor Lotfi Zadeh von der renommierten University of California in Berkeley auf eine entscheidende Lücke in der traditionellen Booleschen Algebra. Diese Algebra basierte allein auf den binären Zuständen "wahr" oder "falsch", was jedoch bei der Erfassung subtiler Grauwerte, die in vielen Anwendungen eine Rolle spielen, unzureichend war.

Zadeh, mit einem Blick für Innovation, erkannte die Notwendigkeit, diese Lücke zu füllen und eine flexiblere Methode zu entwickeln, um auch Zwischenwerte zwischen den Zuständen zu erfassen. Aus dieser Erkenntnis heraus formulierte er ein wegweisendes Konzept: die unscharfen Werte, besser bekannt als "Fuzzy Sets" oder Zugehörigkeitsfunktionen.

Mit Zadehs bahnbrechendem Ansatz wurde die traditionelle Sichtweise von "falsch" oder "richtig" überwunden und durch eine flexiblere und nuanciertere Perspektive ersetzt. Anstatt eine klare, digitale Abgrenzung vorzunehmen, erlaubte seine Methode eine graduellere Bewertung von Aussagen. Zum Beispiel konnte eine Aussage nun nicht mehr nur als einfach "falsch" oder "richtig" betrachtet werden, sondern sie konnte differenzierter bewertet werden, wie beispielsweise als "30 % richtig" und "70 % falsch". Dadurch wurde eine viel präzisere und realitätsgetreuere Darstellung komplexer Sachverhalte möglich.

Ein herausragender Vorteil von Fuzzy Logic ist ihre Fähigkeit, Expertenwissen zu integrieren und komplexe Entscheidungsprozesse zu modellieren, ohne dass eine tiefe mathematische Analyse erforderlich ist. Dies reduziert die Entwicklungskosten erheblich und macht sie zugänglich für verschiedene Anwendungen, von Industrieanlagen bis hin zu Haushaltsgeräten.

Ein weiteres Merkmal, das Fuzzy Logic attraktiv macht, ist ihre Anpassungsfähigkeit an nichtlineare Strecken und die Möglichkeit, mit unscharfen, umgangssprachlichen Begriffen zu arbeiten, die in vielen realen Situationen vorkommen. Dies ermöglicht eine präzisere Regelung und bessere Leistung, insbesondere in Systemen mit unvorhersehbaren Variablen.

Die Kernprinzipien der Fuzzy Logic umfassen die Fuzzifizierung von Eingangsdaten in unscharfe Mengen (Fuzzy Sets), die Inferenz von Regeln basierend auf diesen unscharfen Mengen und schließlich die Defuzzifizierung, um unscharfe Ausgangsdaten in klare, handhabbare Ergebnisse zu überführen.

Die Fuzzifizierung beinhaltet die Zuordnung von numerischen Werten zu unscharfen Begriffen basierend auf ihrer Zugehörigkeit zu unscharfen Mengen. Dies ermöglicht eine präzisere Erfassung von unscharfen Eingangsdaten, was besonders nützlich ist, wenn linguistische Variablen verwendet werden.

Die Inferenzphase bewertet die unscharfen Regeln, die von Experten definiert wurden, und erzeugt unscharfe Ausgangsdaten basierend auf der Kombination dieser Regeln. Hier kommen Verknüpfungen wie AND (MIN), OR (MAX) und NOT zum Einsatz, um unscharfe Mengen logisch zu verknüpfen.

Schließlich erfolgt die Defuzzifizierung, bei der unscharfe Ausgangsdaten in klare, handhabbare Werte für Stellgrößen umgewandelt werden. Dies kann durch verschiedene Methoden wie Center of Gravity (COG), Center of Area (COA), Center of Maximum (COM) und Mean of Maximum (MOM) erfolgen, je nach den Anforderungen der Anwendung.

Die Fuzzy Logic hat eine breite Anwendung in verschiedenen Branchen, darunter Industrie, Haushaltsgeräte und Verkehrstechnik wie Antiblockiersysteme (ABS) in Fahrzeugen. Die Fähigkeit, auch auf preisgünstigen Mikrocontrollern zu laufen, hat ihre Verbreitung und Implementierung weiter erleichtert, was zu einer Vielzahl von Innovationen und Effizienzsteigerungen geführt hat.

6.2 Fuzzy Logic Regler Aufbau

Grundsätzlich hat ein Fuzzy Regler einen ähnlichen Aufbau wie ein PID-Regler. Die Berechnung des Stellwertes erfolgt jedoch in der Reihenfolge Fuzzyifizierung, Inferenz und Defuzzifizierung.

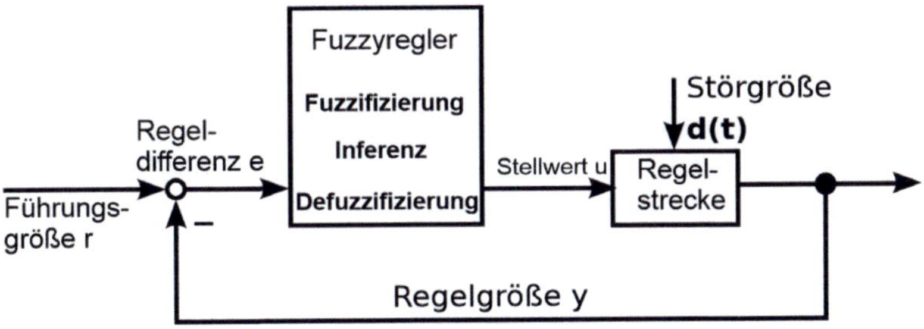

Abbildung 6.1: Übersicht Fuzzy Regler

6.3 Fuzzifizierung

Die Fuzzifizierung ist im Prozess der Fuzzy Logik der erste Schritt, bei dem klare numerische Eingangsdaten in unscharfe Mengen oder Fuzzy Sets umgewandelt werden. Diese Umwandlung ermöglicht es, linguistische Variablen wie "schnell" oder "langsam" in mathematisch erfassbare Formen zu übersetzen. Durch die Fuzzifizierung wird die Unsicherheit und Unschärfe in den Eingangsdaten berücksichtigt, was besonders wichtig ist, wenn menschliche Sprache oder Expertenwissen in das System integriert werden. Die Ergebnisse der Fuzzifizierung sind unscharfe Mengen, welche die Zugehörigkeit der Eingangsdaten zu verschiedenen linguistischen Begriffen darstellen. Ein Beispiel für die Fuzzifizierung ist die Zuordnung einer Temperatur von 25 °C zu den unscharfen Mengen "kalt", "warm" und "heiß", je nach den definierten Zugehörigkeitsfunktionen.

6.4 Inferenz

Die Inferenz ist in der Fuzzy Logik der zweite Schritt, bei dem unscharfe Regeln auf die unscharfen Mengen angewendet werden, um unscharfe Ausgangsdaten zu generieren. Diese Regeln, die von Experten oder durch empirische Studien definiert werden, geben an, wie die unscharfen Eingangsdaten kombiniert werden, um unscharfe Ausgangsdaten zu erzeugen. Während der Inferenz werden verschiedene Verknüpfungen wie AND (MIN), OR (MAX) und NOT verwendet, um die unscharfen Mengen logisch zu verknüpfen und die unscharfen Ausgangsdaten zu generieren. Die Inferenzphase zielt darauf ab, die unscharfen Regeln anzuwenden, um unscharfe Entscheidungen zu treffen, die dann in einem präziseren Kontext interpretiert werden können. Ein Beispiel für die Inferenz ist die Anwendung von unscharfen Regeln zur Steuerung eines automatischen Getriebes in einem Fahrzeug, basierend auf unscharfen Eingangsdaten wie Geschwindigkeit und Gaspedalstellung.

6.5 Defuzzifizierung

Die Defuzzifizierung ist der letzte Schritt, bei dem unscharfe Ausgangsdaten in klare, handhabbare Werte umgewandelt werden. Diese Umwandlung ist entscheidend, um die unscharfen Ergebnisse der Inferenzphase in präzise Handlungen oder Steuerbefehle zu übersetzen. Es gibt verschiedene Methoden zur Defuzzifizierung, darunter Center of Gravity (COG), Center of Area (COA), Center of Maximum (COM) und Mean of Maximum (MOM). Jede dieser Methoden hat ihre eigenen Vor- und Nachteile und eignet sich für unterschiedliche Anwendungen je nach den spezifischen Anforderungen des Systems. Ein Beispiel für die Defuzzifizierung ist die Umwandlung einer unscharfen Regel wie "Die Heizung sollte moderat erhöht werden" in eine klare Handlung wie das Anpassen des Thermostatreglers auf eine bestimmte Temperatur.

6.6 Fuzzy Beispiel Lüftersteuerung

Grundsätzlich ist der Aufbau eines Fuzzy-Reglers ähnlich wie der des PID-Reglers. Aus der Differenz des Sollwertes und dem aktuellen Wert wird die Regelabweichung berechnet. Aus dieser Abweichung ist der Stellwert zu bestimmen.

Als nächstes soll gezeigt werden, wie die Berechnung des Stellwertes erfolgt. Dazu wird ein einfaches Beispiel verwendet: Ein Lüfter, der zum Kühlen eines Wechselrichters eingesetzt wir

Zuerst werden die Zugehörigkeitsfunkionen, sogenannte Fuzzy Sets, in Form von Dreiecken definiert. Die Stellgröße soll so berechnet werden, dass der Lüfter bei 20 °C langsam anfängt zu laufen, ab 30 °C bis 40 °C schneller und ab 60 °C mit voller Leistung.

Im Programm werden die Werte für die Position und Breite der Dreiecke global definiert. Für 'left_open()' und 'right_open()' sind es jeweils zwei Werte, für das Dreieck drei Werte. Meist wird eine ungerade Anzahl von Dreiecken verwendet. Für eine feinere Abstufung werden oft auch Fuzzy Sets mit 5 oder 7 Dreiecken verwendet.

```
// Globale Arrays für die Definitionen der Dreiecksfunktionen
float left_open[] = {20.0, 40.0};
float triangle[] = {20.0, 40.0, 60.0};
float right_open[] = {40.0, 60.0};
```

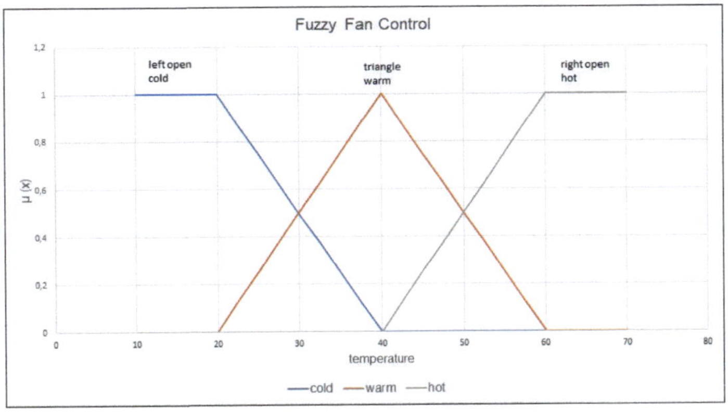

Abbildung 6.2: Fuzzy Memberships

Das Programm liest die Temperatur ein und berechnet aus diesem Wert und den Fuzzy Sets (Fuzzy Dreiecke) die Zugehörigkeiten (Memberships) zu kalt, warm und heiß.

```
// Aufruf des Fuzzy-Reglers zur Berechnung der Lüftergeschwindigkeit
float fan_speed = fuzzy_controller(temperature);
```

In der Funktion 'fuzzy_controller()' werden die Zugehörigkeiten der gemessenen Temperatur zu den Fuzzy Sets berechnet.

```
float rule1 = fuzzyLeftOpen(temperature, left_open[0], left_open[1]);
float rule2 = fuzzyTriangle(temperature, triangle[0], triangle[1],triangle[2]);
float rule3 = fuzzyRightOpen(temperature, right_open[0], right_open[1]);
```

Die Berechnung erfolgt mit den Funktionen 'left_open()', 'triangle()' und 'right_open()'.

<table>
<tr><th>Fuzzy Leftopen</th><th>Fuzzy Triangle</th><th>Fuzzy Rightopen</th></tr>
<tr>
<td><pre>float fuzzyLeftOpen(float x,
float a, float b)

{
    if (x <= a)
{
        return 1.0;
}
else if (x <= b)
{
return (b - x) / (b - a);
}
else
{
        return 0.0;
}
}</pre></td>
<td><pre>float fuzzyTriangle(float x,
float a, float b, float c)

{
    if (x <= a || x >= c)
{
        return 0.0;
}
else if (x <= b)
{
    return (x - a) / (b
- a);
}
 else
{
    return (c - x) / (c
- b);
}
}</pre></td>
<td><pre>float fuzzyRightOpen(float
x, float a, float b)

{
    if (x <= a)
{
        return 0.0;
}
else if (x <= b)
{
    return (x - a) / (b
- a);
}
else
{
        return 1.0;
}
}</pre></td>
</tr>
</table>

Ergebnisse für eine Berechnung mit den Temperaturwerten von 17,5 °C bis 62,5 °C

Temperature	cold	warm	hot
17,5	1,000	0,000	0
20,0	1,000	0,000	0
22,5	0,875	0,125	0
25,0	0,750	0,250	0
27,5	0,625	0,375	0
30,0	0,500	0,5	0
32,5	0,375	0,625	0
35,0	0,250	0,75	0
37,5	0,125	0,875	0
40,0	0,000	1	0
42,5	0	0,875	0,125
45,0	0	0,75	0,25
47,5	0	0,625	0,375
50,0	0	0,5	0,5
52,5	0	0,375	0,625
55,0	0	0,25	0,75
57,5	0	0,125	0,875
60,0	0	0	1
62,5	0	0	1

An diesen berechneten Werten kann man sehen, dass 27,5 °C 0,625 zu cold und 0,375 zu warm sowie 0,000 zu hot gehört.

Regelauswertung (Wissensbasis)

Die Wissensbasis enthält Informationen über die Wertebereiche der Mess- und Stellgrößen, hier gibt es eine Zuordnung wie schnell der Lüfter bei einer bestimmten Temperatur drehen soll.

Hier werden global die Stellwerte zu den zugehörigen Fuzzy Sets definiert, die auch Singletons bezeichnet werden. Jeder Zugehörigkeitsfunktion wird ein Gewicht zugewiesen, an dem der Zugehörigkeitswert maximal ist.

```
float Y[] = {5.0, 50.0, 100.0};
```

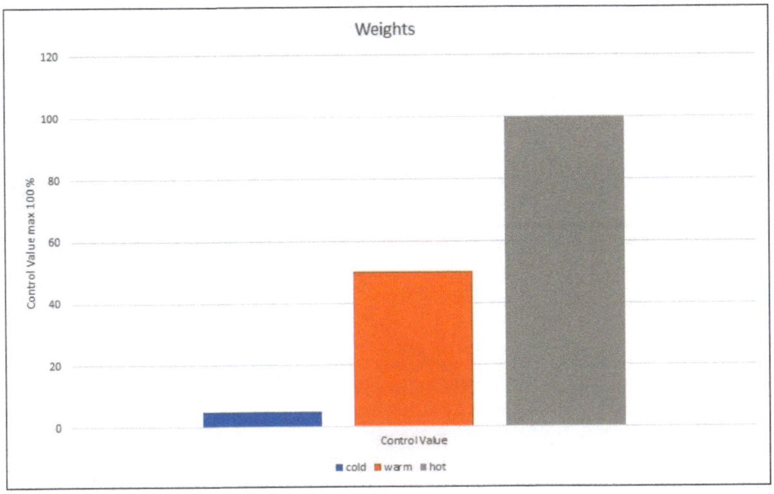

Abbildung 6.3: Singletons für den Stellwert

Wenn die Temperatur cold ist dann soll der Stellwert 5 % sein.
Wenn die Temperatur warm ist dann soll der Stellwert 50 % sein.
Wenn die Temperatur hot ist soll der Stellwert 100 %

Defuzzifizierung
Die Defuzzifizierungsmethode, die in diesem Code verwendet wird, ist der gewichtete Durchschnitt der Zugehörigkeiten. Sie ist jedoch nur für symmetrische Zugehörigkeitsfunktionen gültig. Diese Methode erfordert relativ wenig Rechenleistung und ist ideal für die Implementierung auf Mikrocontrollern. Es wird die Summe der gewichteten Werte (Numerator) durch die Summe der Gewichte (Denominator) dividiert.

Berechnung des gewichteten Durchschnitts entsprechend der Regeln:

```
float numerator =   (rule1 * Y[0]) + (rule2 * Y[1]) + (rule3 * Y[2]);
float denominator = rule1 + rule2 + rule3;
float stellwert = numerator / denominator;
```

Hier einige berechnete Werte für die berechnete Stellgröße:

Temperatur	Stellwert		
35	37,5	32,5	31,25
40	50,0	37,5	43,75
45	62,5	42,5	56,25
50	75,0	47,5	68,75
55	87,5	52,5	81,25
60	100,0	57,5	93,75

Daraus lässt sich die Kennlinie diese Fuzzy Reglers ableiten:

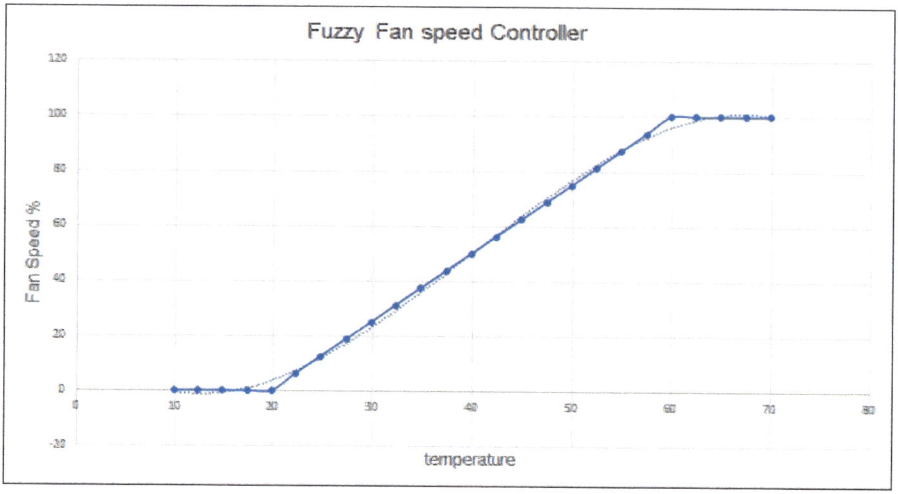

Abbildung 6.4: Regler Kennlinie

Listing 6.1: Fuzzy Fan Controller:

```
//-----------------------------------------------------------------------
//
//             Ansi C Fuzzy Triangle FAN Control
//             =================================
//
//       Control Software Cooling Microinverter
//       Fuzzy Triangle Controller Example
//       Input Temperature
//       Output Fan Value 0 to 100 %
//
//  Date:     07/06/2024
//  Author:   Josef Bernhardt
//  Hardware: PC mit Ansi C
//
//  File:     Codeblocks_C_FuzzyFanControl
//-----------------------------------------------------------------------

#include <stdio.h>

// Globale Arrays für die Definitionen der Dreiecksfunktionen
float left_open[] = {20.0, 40.0};
float triangle[] = {20.0, 40.0, 60.0};
float right_open[] = {40.0, 60.0};

// Control Values
```

```
float Y[] = {0.0, 50.0, 100.0};

// Fuzzyfikationsfunktion - Links offen
float fuzzyLeftOpen(float x, float a, float b) {
    if (x <= a)
   {
        return 1.0;
    } else if (x <= b)
   {
        return (b - x) / (b - a);
    } else
   {
        return 0.0;
    }
}

// Fuzzyfikationsfunktion - Dreieck
float fuzzyTriangle(float x, float a, float b, float c) {
    if (x <= a || x >= c)
   {
        return 0.0;
    } else if (x <= b)
   {
        return (x - a) / (b - a);
    } else
   {
        return (c - x) / (c - b);
    }
}

// Fuzzyfikationsfunktion - Rechts offen
float fuzzyRightOpen(float x, float a, float b) {
    if (x <= a) {
        return 0.0;
    } else if (x <= b)
   {
        return (x - a) / (b - a);
    } else
   {
        return 1.0;
    }
}

// Fuzzy-Regler zur Regelung der Lüftergeschwindigkeit
float fuzzy_controller(float temperature) {
    // Definieren der Mitgliedschaftsgrade für die Temperatur
```

```
    float rule1 = fuzzyLeftOpen(temperature,left_open[0],left_open[1]);
    float rule2 = fuzzyTriangle(temperature,triangle[0],triangle[1],triangle[2]);
    float rule3 = fuzzyRightOpen(temperature,right_open[0],right_open[1]);
    // Berechnung des gewichteten Durchschnitts der Regeln
    float numerator =   (rule1 * Y[0]) + (rule2 * Y[1]) + (rule3 * Y[2]);
    float denominator = rule1 + rule2 + rule3;
    // Überprüfen, ob der Nenner nicht null ist
    if (denominator != 0.0) {
        // Berechnung wenn der Nenner nicht null ist
        return numerator / denominator;
    } else {
        // Falls der Nenner null ist beende das Programm
        return 0.0;
    }
}

int main()
{
    printf("temperature;fan_speed\n");
     // Simulierte Temperatur (in Kelvin)
    for (float temperature = 10.0; temperature <= 70.0; temperature += 2.5)
   {
        // Aufruf des Fuzzy-Reglers zur Berechnung der Lüftergeschwindigkeit
        float fan_speed = fuzzy_controller(temperature);
        printf("%.1f;%.2f\n", temperature, fan_speed);
    }
    return 0;
}
```

6.7 Regelung eines Inversen Pendels

Das inverse Pendel ist ein interessantes System, das in der Ingenieurwissenschaft häufig untersucht wird, besonders in der Regelungstechnik und Robotik. Es geht darum, ein starres Pendel, das normalerweise nach unten hängen würde, durch gezielte Bewegungen aufrecht zu halten – ähnlich dem Balancieren eines Stabes auf der Hand.

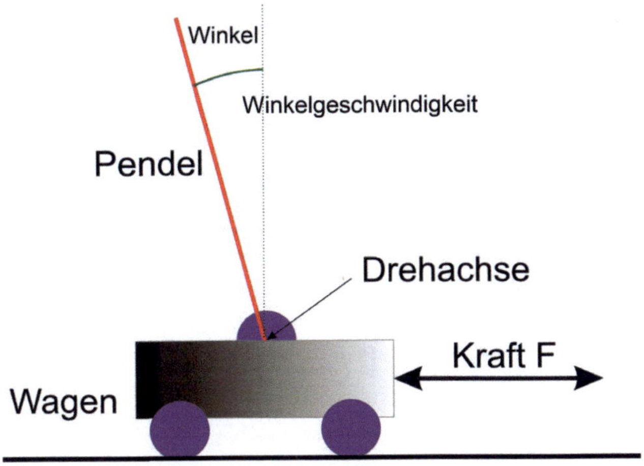

Abbildung 6.5: Inverses Pendel

Dieses Pendel ist an einem Wagen befestigt, der sich entsprechend bewegen muss, um das Gleichgewicht zu halten. Trotz seiner scheinbar simplen Konstruktion erfordert die Kontrolle des inversen Pendels fortgeschrittene Regelungstechniken, was es zu einem beliebten Experimentierobjekt macht. Besonders spannend ist die Anwendung von Fuzzy Logic, um die Stabilisierung dieses instabilen, nichtlinearen Systems zu ermöglichen.

Simulation des Pendels

Das Pendel wird durch den Stellwert und die vergangene Zeit beeinflusst. Ein Dämpfungsfaktor von 0,9 simuliert die Reibung und reduziert die Winkelgeschwindigkeit. Der Stellwert wirkt in entgegengesetzter Richtung auf das Pendel, was zu einer Beschleunigung führt. Anschließend wird die Geschwindigkeit durch den Dämpfungsfaktor verringert. Der Winkel des Pendels wird kontinuierlich auf Basis der verbleibenden Winkelgeschwindigkeit aktualisiert. Um extreme Positionen zu vermeiden, wird der Winkel auf den Bereich von 0 Grad bis 180 Grad begrenzt. Erreicht das Pendel einen dieser Grenzwerte, wird sowohl der Winkel als auch die Winkelgeschwindigkeit auf null gesetzt, um eine stabile Endposition zu gewährleisten.

Listing 6.2 Arduino_Pendel_FuzzyTriangleController.ino

```
Pendel update_pendulum(float stellwert, float delta_time, Pendel pendel)
{
    // Dämpfungsfaktor (zwischen 0 und 1), um die Winkelgeschwindigkeit zu
reduzieren
    // Simuliert Reibung/Widerstand
    float daempfung = 0.90f;
    // Wagenbewegung beeinflusst die Winkelgeschwindigkeit
    // Beschleunigung durch Wagenbewegung
    stellwert *=-1;
    pendel.winkelgeschw += stellwert * delta_time;
    // Dämpfe die Winkelgeschwindigkeit
```

```
    pendel.winkelgeschw *= daempfung;
    // Aktualisiere den Winkel basierend auf der Winkelgeschwindigkeit
    // Winkeländerung durch Winkelgeschwindigkeit
    pendel.winkel += pendel.winkelgeschw * delta_time;
    // Begrenzung des Winkels auf 0 bis 180 Grad
    if (pendel.winkel < 0) {
        pendel.winkel = 0;
        pendel.winkelgeschw = 0;  // Stopp am Anschlagpunkt
    } else if (pendel.winkel > 180) {
        pendel.winkel = 180;
        pendel.winkelgeschw = 0;  // Stopp am Anschlagpunkt
    }
    return pendel;
}
```

In diesem Beispiel wird ein Fuzzy Regler mit fünf Dreiecken verwendet um den Stellwert für den Wagen zu berechnen.

```
// These arrays are used to represent the degrees of membership
// of an input value in different regions of a fuzzy set.
float Nmax[]   = {-10,-5};        // Values for the left region
float Nsmall[] = {-10,-5, 0};  // Values for the middle region
float Zero[]   = {-5, 0, 5};      // Values for the middle region
float Psmall[] = { 0, 5, 10};  // Values for the middle region
float Pmax[]   = { 5, 10};        // Values for the right region

// Output Values
float U[]      = { -30 , -20, 0 , 20, 30 };
```

Die Fuzzy Regler Funktion benutzt in diesem Beispiel 5 Dreiecke für eine feinere Abstufung.

```
float fuzzy_control(float e)
{
    // Calculate the membership values for the error signal in different
   // regions of the fuzzy sets.
    // Membership value for the left region
   float left_degree_NM    = fuzzyLeftOpen  (e, Nmax[0],  Nmax[1]);
    // Membership value for the middle region N
   float middle_degree_NS = fuzzyTriangle  (e, Nsmall[0],Nsmall[1],Nsmall[2]); S
    // Membership value for the middle region ZE
   float middle_degree_ZE = fuzzyTriangle  (e, Zero[0],Zero[1],Zero[2]);
    // Membership value for the middle region PS
   float middle_degree_PS = fuzzyTriangle  (e, Psmall[0],Psmall[1],Psmall[2]);
    // Membership value for the right region
   float right_degree_PM   = fuzzyRightOpen (e, Pmax[0], Pmax[1]);
```

```
    // Calculate the weighted sum of membership values
    float numerator   = left_degree_NM * U[0] + middle_degree_NS * U[1] +
                            middle_degree_ZE * U[2]  + middle_degree_PS * U[3]
                            + right_degree_PM * U[4];
    // Sum of membership values
      float denominator = left_degree_NM + middle_degree_NS +
                                  middle_degree_ZE + middle_degree_PS +
                                  right_degree_PM;

    float y; // Control signal

    // Avoid division by zero by checking if the denominator is zero.
    if (denominator != 0)
    {
        // Calculate the control signal as the ratio of the
    // weighted sum to the sum of membership values.
        y = numerator / denominator;
    } else
    {
        // If the denominator is zero, set the control signal to
        // zero to avoid undefined behavior.
        y = 0;
    }
    // Limit the control signal to the range [-100, 100]
    if (y > 100) {
        y = 100;
    } else if (y < -100) {
        y = -100;
    }
    return y; // Return the control signal.
}
```

Das Ergebnis der Simulation

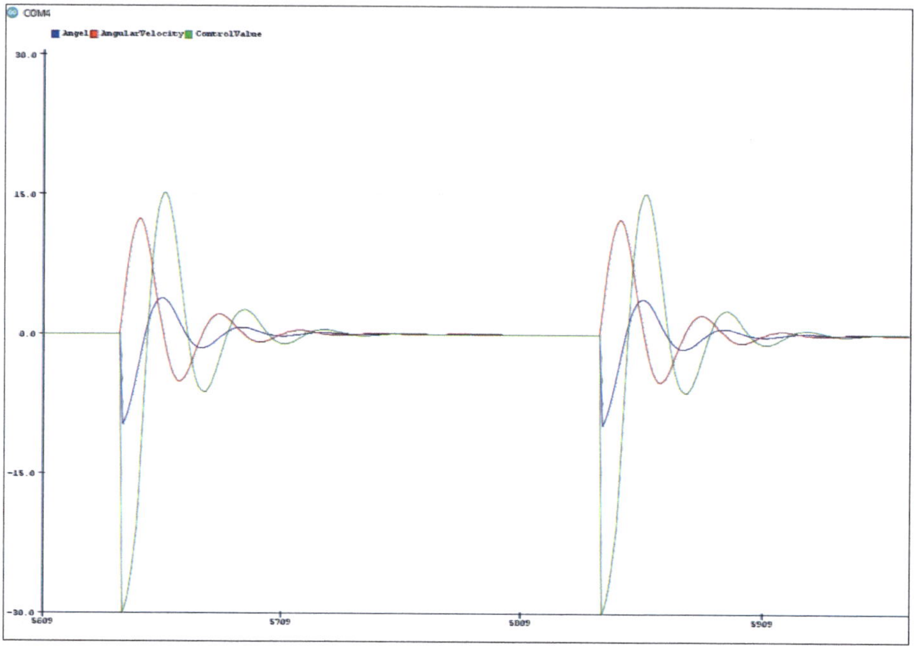

Abbildung 6.6: Arduino Simulation für ein stehendes Pendel

Die Hauptschleife beginnt mit der Initialisierung des Pendels, das in einer aufrechten Position von 80 Grad startet. In einer for-Schleife mit 200 Iterationen wird die Bewegung des Pendels simuliert. Innerhalb der Schleife wird die LED auf dem Mikrocontroller abwechselnd an- und ausgeschaltet. Der Fuzzy-Controller berechnet in jedem Schritt den Regelwert basierend auf der Abweichung des Pendelwinkels von der 90-Grad-Position (senkrecht). Schließlich wird der Zustand des Pendels aktualisiert, die aktuellen Winkel- und Geschwindigkeitswerte sowie der Regelwert werden über die serielle Schnittstelle ausgegeben und die Schleife pausiert für 100 Millisekunden.

```
void loop()
{
    Pendel pendel = {80.0f, 0.0f};  // Pendel startet aufrecht bei 80 Grad
    float control_value  = 0.0f;    // Eingangsgröße: Bewegung des Wagens (-100
bis +100 %)
    float delta_time = 0.1f;        // Zeitdifferenz in Sekunden
(Simulationsschritt)
    int steps = 200;                // Anzahl der Simulationsschritte
    int richtung = 1;               // Richtung der Wagenbewegung (1 oder -1)

    // Simuliere eine Pendelbewegung für eine bestimmte Anzahl von Schritten
    // Simulate a pendulum movement for a certain number of steps
    for (int i = 0; i < steps; i++)
```

```
    {
        digitalWrite(LED_BUILTIN, !digitalRead(LED_BUILTIN));

        // Fuzzy Controller
        control_value = fuzzy_control(pendel.winkel-90);

            // Aktualisiere den Pendelzustand
            // Update the pendulum state
            pendel = update_pendulum(control_value, delta_time, pendel);

        Serial.print(" Angel:");
        Serial.print(pendel.winkel - 90, 2);
        Serial.print(" AngularVelocity:");
        Serial.print(pendel.winkelgeschw, 2);
        Serial.print(" ControlValue:");
        Serial.println(control_value, 2);

        delay(100);
    }
}
```

6.8 Fuzzy Sets

Neben den in diesem Beispiel verwendeten Fuzzy Sets gibt es noch einige weitere. Am häufigsten werden dabei die Dreiecks-Fuzzy Sets und ihre Sonderform, die Trapez-Fuzzy Sets, eingesetzt. Andere gängige Fuzzy Sets sind die Gauss- und Bell-Fuzzy Sets sowie die Sigmoid-Fuzzy Sets.

Nachfolgend finden Sie eine Übersicht über die verschiedenen Fuzzy-Zugehörigkeitsfunktionen und Regler-Übertragungsfunktionen sowie C-Funktionen für die Berechnung der unterschiedlichen Memberships. C-Beispiele für Dreiecks-, Trapez-, Gauss-, Bell- und Sigmoid-Fuzzy Sets sind ebenfalls enthalten.

Die C-Funktionen in den Tabellen geben eine Übersicht über die häufig verwendeten Fuzzy-Zugehörigkeitsfunktionen "Left Open" und "Right Open" repräsentieren unscharfe Mengen, die auf einer Seite offen sind. Jede Funktion beschreibt, wie die Zugehörigkeit eines Wertes x relativ zu bestimmten Grenzen a, b, und c berechnet wird.

Abbildung 6.7: Fuzzy Membership Dreiecke

<table>
<tr><th>Membership Left
Left open</th><th>Membership Middle
Triangle</th><th>Membership Right
Rightopen</th></tr>
<tr>
<td>float fuzzyLeftOpen(float x,
float a, float b)

{
    if (x <= a)
{
        return 1.0;
}
else if (x <= b)
{
return (b - x) / (b - a);
}
else
{
        return 0.0;
}
}</td>
<td>float fuzzyTriangle(float x,
float a, float b, float c)

{
    if (x <= a || x >= c)
{
        return 0.0;
}
else if (x <= b)
{
    return (x - a) / (b
- a);
}
 else
{
    return (c - x) / (c
- b);
}
}</td>
<td>float fuzzyRightOpen(float x,
float a, float b)

{
    if (x <= a)
{
        return 0.0;
}
else if (x <= b)
{
    return (x - a) / (b
- a);
}
else
{
        return 1.0;
}
}</td>
</tr>
</table>

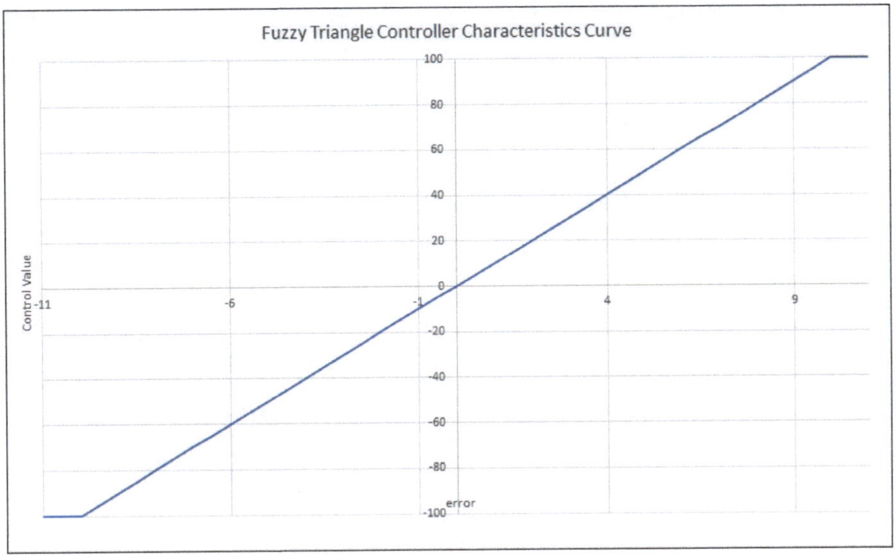

Abbildung 6.8: Fuzzy Regler Kennlinie

Abbildung 6.9: Fuzzy Membership mit Trapez

Membership Left Left open

```
float fuzzyLeftOpen(float x,
float a, float b)

{
    if (x <= a)
{
        return 1.0;
}
else if (x <= b)
{
return (b - x) / (b - a);
}
else
{
        return 0.0;
}
}
```

Membership Middle Trapezoid

```
// Function to calculate
the trapezoidal membership
function
float trapezoidalMember-
ship(float x, float a, float
m1, float m2, float b)
{
    if (x <= m1 - a || x >
m2 + b)
    {
        return 0.0;
    }
    else if (x > m1 - a &&
x <= m1)
    {
        return 1 + (1.0 /
a) * (x - m1);
    }
    else if (x > m1 &&
x <= m2)
    {
        return 1.0;
    }
    else if (x > m2 && x
<= m2 + b)
    {
        return 1 - (1.0 /
b) *
(x - m2);
    }
    else
    {
        return 0.0;
    }
}
```

Membership Right Rightopen

```
float fuzzyRightOpen(float x,
float a, float b)

{
    if (x <= a)
{
        return 0.0;
}
else if (x <= b)
{
    return (x - a) / (b
- a);
}
else
{
        return 1.0;
}
}
```

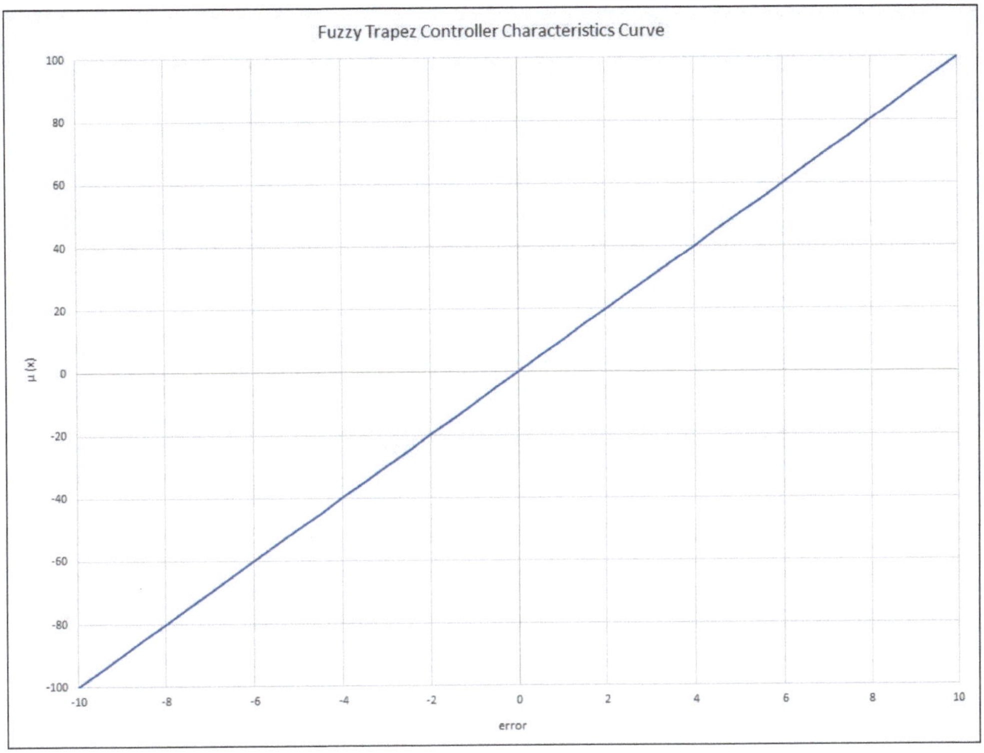

Abbildung 6.10: Regler Kennlinie

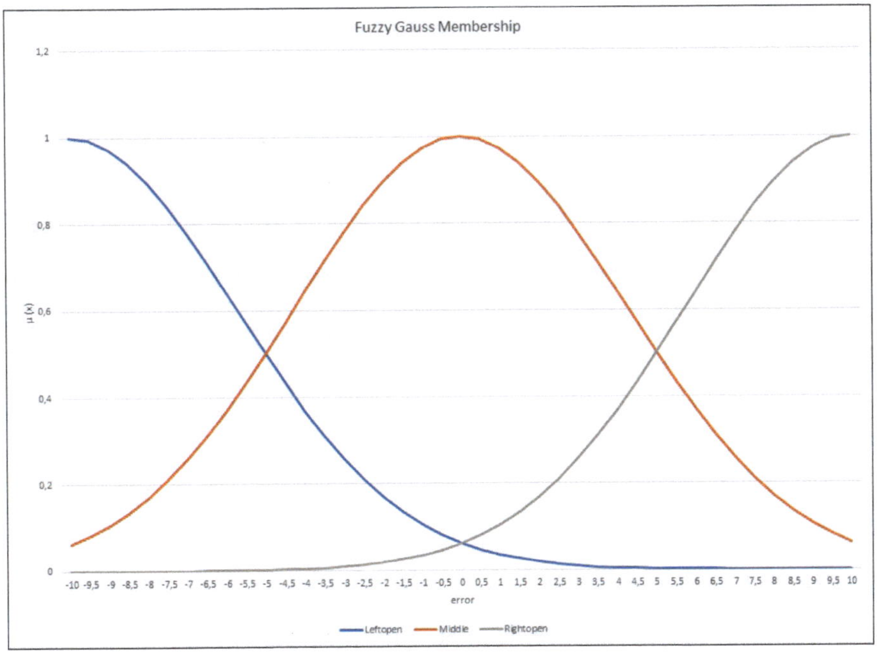

Abbildung 6.11: Fuzzy Gauss Memberships

Membership Left **Left open Gauss**	**Membership Middle** **Gauss**	**Membership Right** **Right open Gauss**

// This function calculates the membership value of a given input
// 'x' in a left-open Gaussian membership function.
// The left-open Gaussian membership function returns 1.0 for
// input values less than the mean,
// and the standard Gauss-ian membership function value otherwise.
float gauss_membership_leftopen(float x, float mean, float sigma)
{
if (x < mean)
{
return 1.0; // Out-side the interval, return 0
}
return exp(-0.5 * pow((x - mean) / sigma, 2));
}
	// This function calculates the membership value of a given input 'x'
	// in a standard Gaussian membership function.
	// The standard Gaussian membership function is con-tinuous and
	// returns a value based on the input, mean, and stand-ard deviation.
	float gauss_membership(float x, float mean, float sigma)
	{
	return exp(-0.5 * pow((x - mean) / sigma, 2));
	}
		// This function calculates the membership value of a given input 'x'
		// in a right-open Gaussian membership function.
		// The right-open Gaussian membership function returns 1.0 for
		// input values greater than the mean,
		// and the standard Gauss-ian membership function value otherwise.
		float gauss_membership_rightopen(float x, float mean, float sigma)
		{
		if (x > mean)
		{
		return 1.0; // Out-side the interval, return 0
		}
		return exp(-0.5 * pow((x - mean) / sigma, 2));
		}

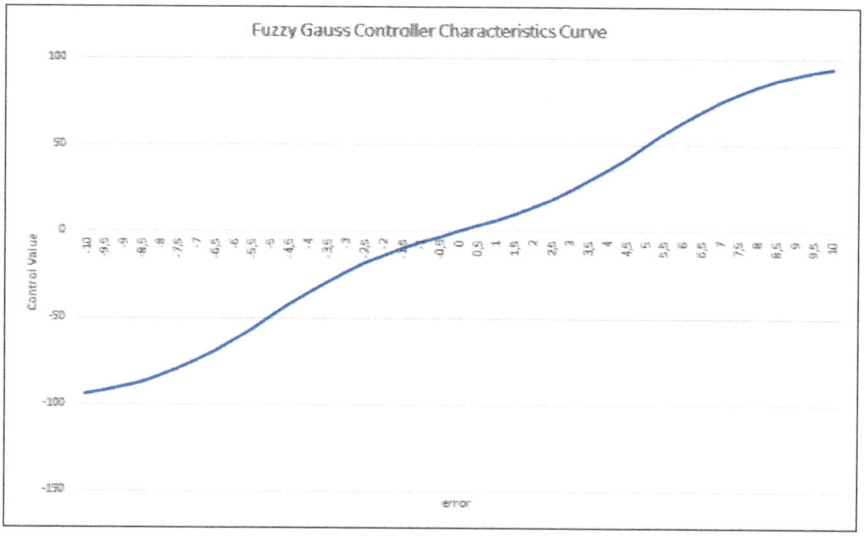

Abbildung 6.12: Fuzzy Gauss Regler Kennlinie

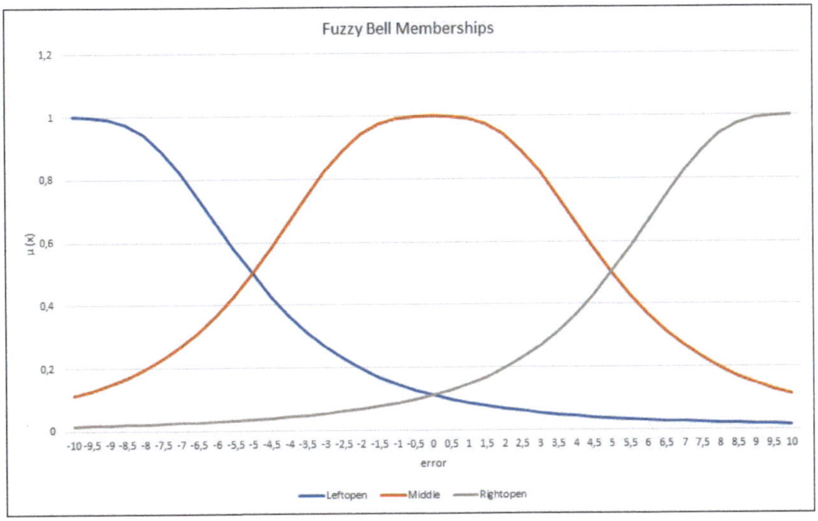

Abbildung 6.13: Fuzzy Bell Memberships

Membership Left **Left open Bell**	**Membership Middle** **Bell**	**Membership Right** **Right open Bell**

`// Definition der generalized_bell Funktion (bell leftopen)`
`float generalized_bell_left(float x, float a, float b, float c)`
`{`
`    float result;`
`    if (b == 0) return 0.0;`
`    if (x <= c) return 1.0;`
`    result = 1.0 / (1.0 + pow(fabs((x - c) / a), 2 * b));`
`    return result;`
`}`
	`// Definition der generalized_bell Funktion`
	`float generalized_bell_middle(float x, float a, float b, float c)`
	`{`
	`    float result;`
	`    if (b == 0) return 0.0;`
	`    result = 1.0 / (1.0 + pow(fabs((x - c) / a), 2 * b));`
	`    return result;`
	`}`
		`// Definition der generalized_bell Funktion (bell rightopen)`
		`float generalized_bell_right(float x, float a, float b, float c)`
		`{`
		`    float result;`
		`    if (b == 0) return 0.0;`
		`    if (x >= c) return 1.0;`
		`    result = 1.0 / (1.0 + pow(fabs((x - c) / a), 2 * b));`
		`    return result;`
		`}`

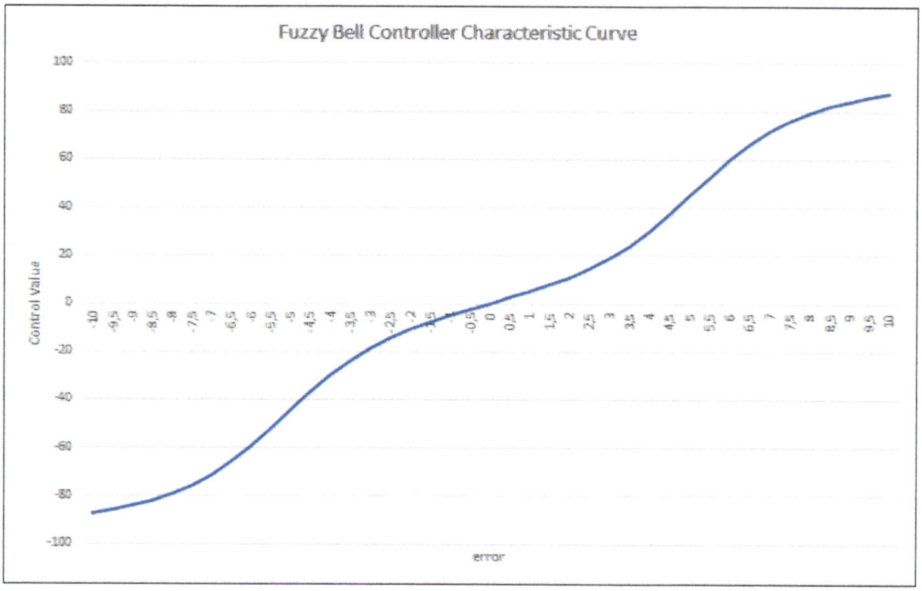

Abbildung 6.14: Fuzzy Bell Regler Kennlinie

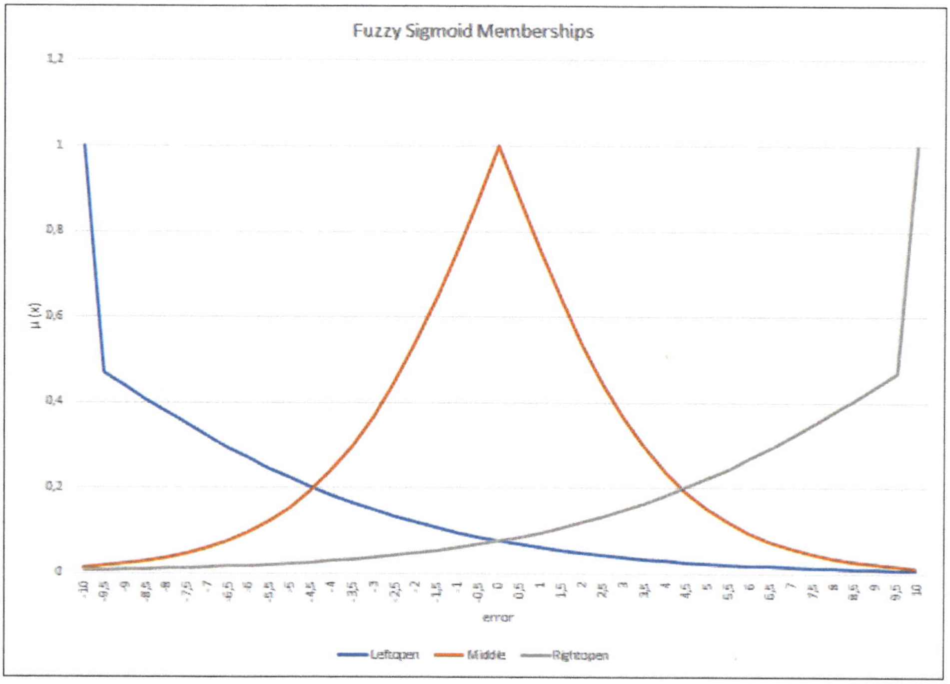

Abbildung 6.15: Fuzzy Sigmoid Memberships

Membership Left **Left open Sigmoid**	**Membership Middle** **Sigmoid**	**Membership Right** **Right open Sigmoid**

`// This function calculates the membership value of a given input 'x'`
`// in a left-open Sigmoid membership function.`
`// The left-open sigmoid membership function returns 1.0 for`
`// input values less than the mean, and a sigmoid value otherwise.`
`float fuzzyLeftOpenSigmoid(float x, float mean, float steepness)`
`{`
`    if (x <= mean)`
`    {`
`        return 1.0;`
`    } else`
`    {`
`        return 1.0 / (1.0 + exp(steepness * (x - mean)));`
`    }`
`}`
	`// This function calculates the membership value of a given input 'x'`
	`// in a Sigmoid membership function.`
	`// The sigmoid membership function returns a value between 0.0 and 1.0 based on the input`
	`// and the parameters for the mean and steepness.`
	`float fuzzySigmoid(float x, float mean, float steepness)`
	`{`
	`    float result;`
	`    if (x < mean)`
	`    {`
	`        result = 1.0 / (1.0 + exp(-steepness * (x - mean)));`
	`    } else`
	`    {`
	`        result = 1.0 / (1.0 + exp(steepness * (x - mean)));`
	`    }`
	`    return result * 2;`
	`}`
		`// This function calculates the membership value of a given input 'x'`
		`// in a right-open Sigmoid membership function.`
		`// The right-open sigmoid membership function returns 1.0 for`
		`// input values greater than the mean, and a sigmoid value otherwise.`
		`float fuzzyRightOpenSigmoid(float x, float mean, float steepness)`
		`{`
		`    if (x >= mean)`
		`    {`
		`        return 1.0;`
		`    } else {`
		`        return 1.0 / (1.0 + exp(-steepness * (x - mean)));`
		`    }`
		`}`

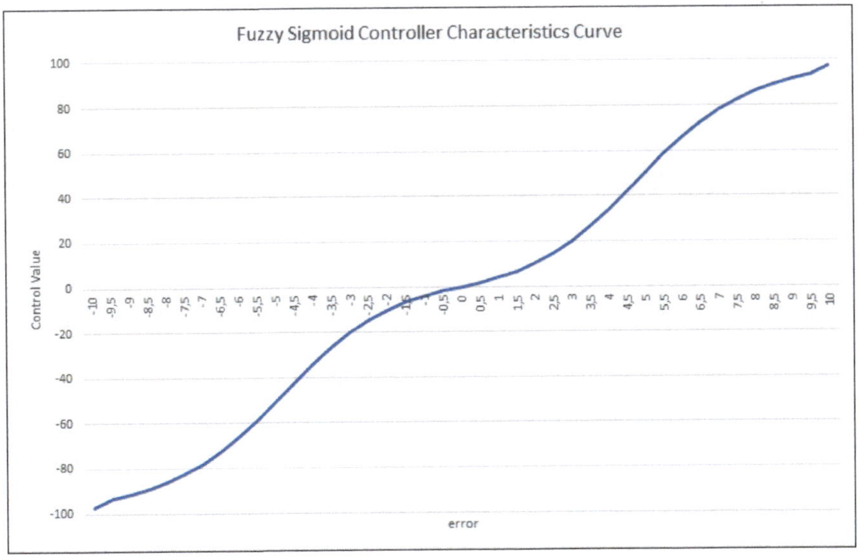

Abbildung 6.16: Fuzzy Sigmoid Regler Kennlinie

Beispiele um die Zugehörigkeitsfunktionen zu testen sind sowohl für den Arduino als auch für Codeblocks C im Download Verzeichnis vorhanden.

In den Codeblocks Projekten sind auch Funktionen vorhanden, um die Membership Tabellen im CSV Format für Excel zu speichern.

In den Arduino Programmen sind vollständige Regler Simulationen für die PT2 Strecke vorhanden.

6.9 Simulation einer Funktion mit Fuzzy Logic

Das Programm simuliert eine Fuzzy Logik-Steuerung, die durch die Zugehörigkeit verschiedener Eingangsgrößen zu dreieckigen Fuzzy Mengen realisiert wird. Die Funktion fuzzyTriangle() berechnet den Zugehörigkeitsgrad eines Eingabewerts zu einer Dreiecksmenge, die durch drei Eckpunkte definiert ist. Diese Zugehörigkeitsgrade werden für sieben verschiedene Dreiecksbereiche berechnet, die durch die Arrays middle1 bis middle7 repräsentiert werden.

Der Steuerwert wird dann als gewichteter Mittelwert dieser Zugehörigkeitsgrade berechnet, wobei die Gewichtung durch die Werte im Array 'U' vorgegeben wird. Um die numerische Stabilität zu gewährleisten, wird überprüft, ob die Summe der Zugehörigkeitsgrade ungleich null ist, um eine Division durch null zu vermeiden. Der resultierende Steuerwert wird begrenzt, um sicherzustellen, dass er innerhalb eines festgelegten Bereichs bleibt, beispielsweise zwischen 0 und 1023.

Zusätzlich wird die Funktion 'applyDamping()' verwendet, um eine Dämpfung des Steuerwerts zu ermöglichen, indem der aktuelle Wert mit dem vorherigen gemischt wird. Die Funktion 'savetriangles()' speichert die berechneten Zugehörigkeitsgrade der Fuzzy-Mengen für eine Reihe von Eingabewerten in einer CSV-Datei, um eine detaillierte Analyse der Fuzzy Logik-Steuerung zu ermöglichen.

In der 'main'-Funktion wird die Steuerlogik über eine Schleife simuliert, in der Eingabewerte von 0 bis 8 schrittweise erhöht werden, und der entsprechende Steuerwert wird berechnet und ausgegeben. Schließlich wird die CSV-Datei geschlossen, und die Ausgabe der simulierten Steuerwerte erfolgt auf der Konsole.

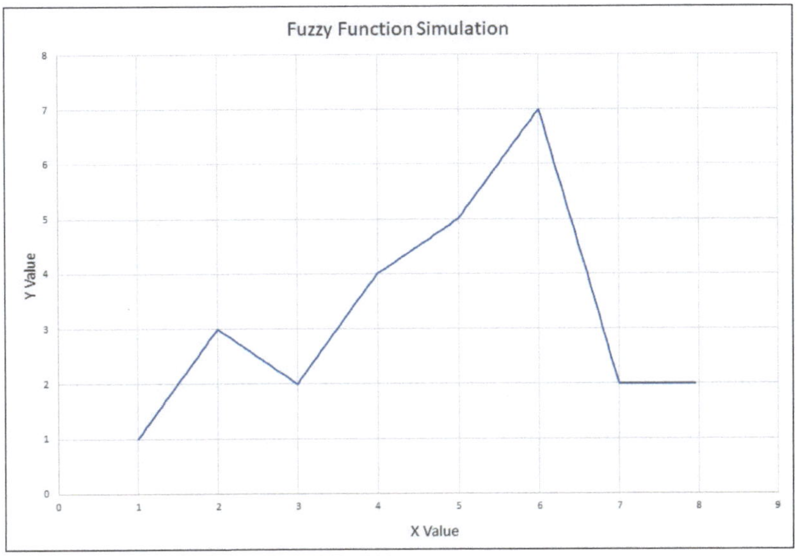

Abbildung 6.17: Funktion die simuliert wird

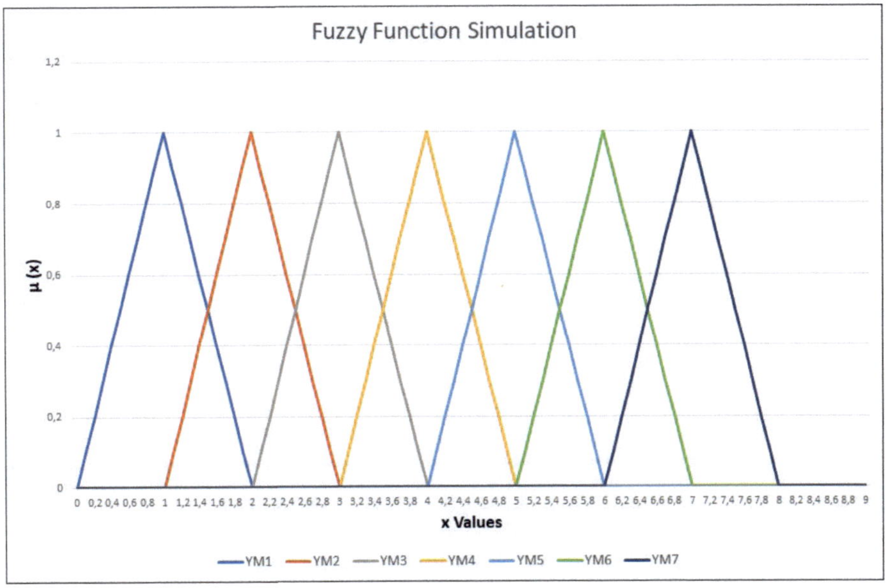

Abbildung 6.18: Fuzzy Memberships für die Funktion

Programm Beispiel in CodeBlocks: (Codeblocks_C_Fuzzy_Function_Simulation)

```
#include <stdio.h>
#include <math.h>

// These arrays are used to represent the degrees of membership
// of an input value in different regions of a fuzzy set.
```

```
// float left[] = { -200, -100 };          // leftopen
float middle1[] = { 0, 1, 2 };
float middle2[] = { 1, 2, 3 };
float middle3[] = { 2, 3, 4 };
float middle4[] = { 3, 4, 5 };
float middle5[] = { 4, 5, 6 };
float middle6[] = { 5, 6, 7 };
float middle7[] = { 6, 7, 8 };
// float right[] = { 100, 200 };           // right open

float U[] = { 1, 3, 2, 4, 5, 7, 2 };       // Anpassung der Ausgangswerte

// This function calculates the membership value of a given input 'x'
// in a left-open Triangle membership function.
// The left-open membership function returns 1.0 for
// input values less than the mean,
// and the standard Triangle membership function value otherwise.
float fuzzyLeftOpen(float x, float a, float b)
{
  if (x <= a)
  {
    return 1.0;
  }
  else if (x <= b)
  {
    return (b - x) / (b - a);
  }
  else
  {
    return 0.0;
  }
}

// This function calculates the membership value of a given input 'x'
// in a standard Triangle membership function.
// The standard Triangle membership function is continuous and
// returns a value based on the input
float fuzzyTriangle(float x, float a, float b, float c)
{
  if (x <= a || x >= c)
  {
    return 0.0;
  }
  else if (x <= b)
  {
```

```
    return (x - a) / (b - a);
  }
  else
  {
    return (c - x) / (c - b);
  }
}

// This function calculates the membership value of a given input 'x'
// in a right-open Triangle membership function.
// The right-open Triangle membership function returns 1.0 for
// input values greater than the mean,
// and the standard Triangle membership function value otherwise.
float fuzzyRightOpen(float x, float a, float b)
{
  if (x <= a)
  {
    return 0.0;
  }
  else if (x <= b)
  {
    return (x - a) / (b - a);
  }
  else
  {
    return 1.0;
  }
}


// damping Factor
float applyDamping(float previousValue, float currentValue, float dampingFactor)
{
  return previousValue * (1.0 - dampingFactor) + currentValue * dampingFactor;
}


/*
 Defuzzification is performed by a weighted sum of the membership values
 of the linguistic variables. The weighting is determined by the values
 of the membership functions and the associated output values.
 Here's an explanation of how it works:
 1. First, the membership degrees for the linguistic variables
    (left, middle, right) are calculated by applying the respective
    fuzzy functions to the error (e).
 2. Then, the weighted sums of these membership degrees are calculated.
```

```
    Each sum is multiplied by the corresponding output value (U).
  3. The weighted sums are added to obtain the numerator for the mean.
  4. The sum of the membership degrees is used as the denominator.
  5. Finally, the mean (y) is calculated by dividing the numerator by the
denominator.
  The mean is used as the final control signal.
  Here's an overview of the calculation:
  - Numerator: left_degree * U[0] + middle_degree1 * U[1] .... + right_degree *
U[4]
  - Denominator: left_degree + middle_degree + right_degree
  - Mean: Numerator / Denominator
  This function calculates the control signal (y) based on the error signal (e)
using fuzzy logic.
*/
float fuzzy_control(float e) {
   // Calculate the membership values for the error signal in different regions of
the fuzzy sets.
   float y;                    // Control signal
   static float y_old = 0;    // Control signal

   // float left_degree = fuzzyLeftOpen(e, left[0], left[1]);
// Membership value for the right region
   float middle_degree1 = fuzzyTriangle(e, middle1[0], middle1[1], middle1[2]);
// Membership value for the middle1 region
   float middle_degree2 = fuzzyTriangle(e, middle2[0], middle2[1], middle2[2]);
// Membership value for the middle2 region
   float middle_degree3 = fuzzyTriangle(e, middle3[0], middle3[1], middle3[2]);
// Membership value for the middle3 region
   float middle_degree4 = fuzzyTriangle(e, middle4[0], middle4[1], middle4[2]);
// Membership value for the middle1 region
   float middle_degree5 = fuzzyTriangle(e, middle5[0], middle5[1], middle5[2]);
// Membership value for the middle2 region
   float middle_degree6 = fuzzyTriangle(e, middle6[0], middle6[1], middle6[2]);
// Membership value for the middle3 region
   float middle_degree7 = fuzzyTriangle(e, middle7[0], middle7[1], middle7[2]);
// Membership value for the middle3 region
   // float right_degree = fuzzyRightOpen(e, right[0], right[1]);
// Membership value for the right region

   // Calculate the weighted sum of membership values to determine the control
signal.
   float numerator = middle_degree1 * U[0] + middle_degree2 * U[1] + middle_
degree3 * U[2] + middle_degree4 * U[3] + middle_degree5 * U[4] + middle_degree6 *
U[5] + middle_degree7 * U[6] ;  // Weighted sum of membership values
   float denominator = middle_degree1 + middle_degree2 + middle_degree3
+ middle_degree4 + middle_degree5 + middle_degree6 + + middle_degree7 ;
```

```
// Sum of membership values
  // Avoid division by zero by checking if the denominator is zero.
  if (denominator != 0) {
    // Calculate the control signal as the ratio of the weighted sum to the sum
of membership values.
    y = numerator / denominator;
  } else {
    // If the denominator is zero, set the control signal to zero to avoid
undefined behavior.
    y = 0;
  }
  if (y > 1023) y = 1023;
  if (y < 0) y = 0;
  // y = applyDamping(y_old, y, 0.75);
  y_old = y;
  return y;  // Return the control signal.
}

void savetriangles()
{
    float e;
    FILE *file = fopen("FuzzyTrianglesFunction.csv", "w"); // Öffnen der Datei im
Schreibmodus
    if (file == NULL) {
        fprintf(stderr, "Fehler beim Öffnen der Datei.\n");
        return 1;
    }
    fprintf(file, "E;YM1;YM2;YM3;YM4;YM5;YM6;YM7\n");
    // Schleife für Testausgabe und CSV-Ausgabe
    for (e = 0.0; e <= 9.0; e +=0.1)
    {
      // float left_degree = fuzzyLeftOpen(e, left[0], left[1]);
// Membership value for the right region
      float middle_degree1 = fuzzyTriangle(e, middle1[0], middle1[1], middle1[2]);
// Membership value for the middle1 region
      float middle_degree2 = fuzzyTriangle(e, middle2[0], middle2[1], middle2[2]);
// Membership value for the middle2 region
      float middle_degree3 = fuzzyTriangle(e, middle3[0], middle3[1], middle3[2]);
// Membership value for the middle3 region
      float middle_degree4 = fuzzyTriangle(e, middle4[0], middle4[1], middle4[2]);
// Membership value for the middle1 region
      float middle_degree5 = fuzzyTriangle(e, middle5[0], middle5[1], middle5[2]);
// Membership value for the middle2 region
      float middle_degree6 = fuzzyTriangle(e, middle6[0], middle6[1], middle6[2]);
// Membership value for the middle3 region
      float middle_degree7 = fuzzyTriangle(e, middle7[0], middle7[1], middle7[2]);
```

```
// Membership value for the middle3 region
        // float right_degree = fuzzyRightOpen(e, right[0], right[1]);
// Membership value for the right region

        printf("E: %.2f M1: %.2f M2: %.2f M3: %.2f M4: %.2f M5: %.2f M6: %.2f M7:
%.2f\n",e,middle_degree1,middle_degree2,middle_degree3,middle_degree4,middle_
degree5,middle_degree6,middle_degree7);
        fprintf(file,"%.2f;%.2f;%.2f;%.2f;%.2f;%.2f;%.2f;%.2f\n",e,middle_
degree1,middle_degree2,middle_degree3,middle_degree4,middle_degree5,middle_
degree6,middle_degree7);

    }
    fclose(file); // Datei schliessen
}


// main programm
int main()
{
    float control_value = 0.0;

    savetriangles();

    for (float xaxis = 0.0; xaxis < 8.0; xaxis +=0.05)
    {
        control_value = fuzzy_control(xaxis);
        printf("X AXIS:%.3f ControlValue:%.3f\n", xaxis, control_value);
     }

    system("pause");
    return 0;
}
```

6.10 Anwendung einer Fuzzy Funktion für ein Temperaturprofil

Zum Löten von SMD (Surface-Mount Device) Bauteilen benötigt man ein Temperaturprofil, weil dieser Prozess präzise thermische Bedingungen erfordert, um eine zuverlässige und qualitativ hochwertige Lötverbindung zu gewährleisten. Ein Temperaturprofil beschreibt die genaue zeitliche Abfolge und Steuerung der Temperatur während des Lötvorgangs.

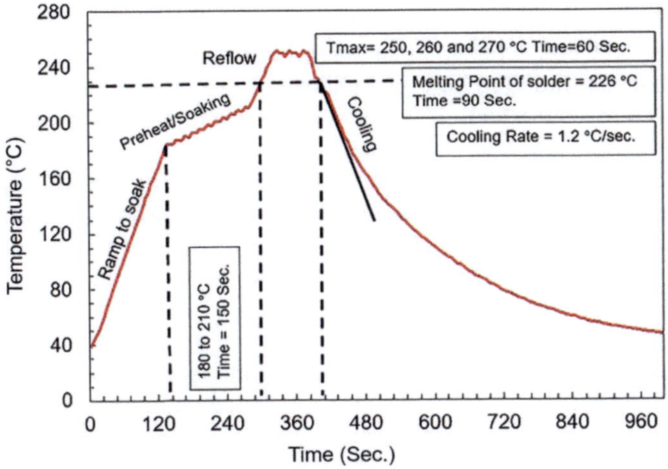

Abbildung 6.19: Temperaturprofil zum SMD-Löten. Quelle: Researchgate.net

Dieses Programm eignet sich sehr gut um ein SMD-Temperaturprofil zu erzeugen, um die verschiedenen Phasen des Lötprozesses, wie das Vorheizen, das Soaking, die Reflow-Phase und die Abkühlung zu modellieren und dabei eine flexible und unscharfe Übergangssteuerung zwischen den einzelnen Temperaturbereichen zu ermöglichen.

Hier sind die Hauptgründe, warum ein Temperaturprofil wichtig ist:

1. Vermeidung von thermischen Schäden: SMD-Bauteile sind oft sehr klein und empfindlich gegenüber hohen Temperaturen. Ein optimiertes Temperaturprofil sorgt dafür, dass die Bauteile nicht zu schnell erhitzt werden, was zu thermischen Schäden oder mechanischer Spannungen führen könnte.

2. Sicherstellung der Lötqualität: Lötzinn hat spezifische Schmelztemperaturen, bei denen es die besten Lötverbindungen erzeugt. Ein richtiges Temperaturprofil gewährleistet, dass das Lötzinn vollständig schmilzt, um eine gute Verbindung zwischen dem Bauteil und der Leiterplatte herzustellen und dass es anschließend korrekt abkühlt, um eine solide und dauerhafte Verbindung zu bilden.

3. Vermeidung von Defekten (z.B. Voids, kalte Lötstellen): Wenn die Temperatur zu schnell steigt oder fällt, können Defekte wie Lunker (Voids) oder kalte Lötstellen entstehen. Ein präzises Temperaturprofil minimiert das Risiko solcher Defekte, indem es eine kontrollierte Aufheiz- und Abkühlphase bereitstellt.

4. Flussmittelaktivierung: Flussmittel, das in der Lotpaste enthalten ist, wird durch Wärme aktiviert. Es reinigt die Lötstellen, indem es Oxide entfernt, um eine bessere Verbindung zu ermöglichen. Ein Temperaturprofil sorgt dafür, dass das Flussmittel korrekt aktiviert wird und seine Aufgabe effizient erfüllt.

5. Minimierung von Bauteilverschiebungen: Während des Lötens können SMD-Bauteile durch Oberflächenspannungen im geschmolzenen Lötzinn verrutschen. Ein gut abgestimmtes Temperaturprofil hilft, diese Effekte zu verringern und sicherzustellen, dass die Bauteile in ihrer vorgesehenen Position bleiben.

6. Reproduzierbarkeit: In der industriellen Fertigung ist es wichtig, dass die Lötprozesse reproduzierbar sind, um konsistente Ergebnisse zu erzielen. Ein standardisiertes Temperaturprofil ermöglicht es, jeden Lötvorgang genau zu kontrollieren und sicherzustellen, dass alle bestückten Leiterplatten die gleiche Qualität aufweisen.

Insgesamt gewährleistet ein korrektes Temperaturprofil beim SMD-Löten, dass die Bauteile und die Lötstellen thermisch optimal behandelt werden, wodurch sowohl die Zuverlässigkeit als auch die Langlebigkeit der Lötverbindungen erhöht werden.

Kapitel 7 • Fuzzy Logic Temperaturregler

7.1 Fuzzy Regler mit PT2-Simulation

In diesem Kapitel werden zwei Temperaturregler vorgestellt: Einmal mit der PT2-Simulation und einmal mit einer realen Heizung.

Anstatt mit der aktuellen Temperatur wird bei den Fuzzy Sets hier mit der Abweichung der Temperatur (error) gearbeitet. Das ist anders als im vorherigen Beispiel mit der Lüfterregelung. Dazu benötigt man die drei Fuzzy Sets "Linksoffen, Dreieck und Rechtsoffen".

Hier eine Abbildung der drei Sets mit den Werten auf der X-Achse:

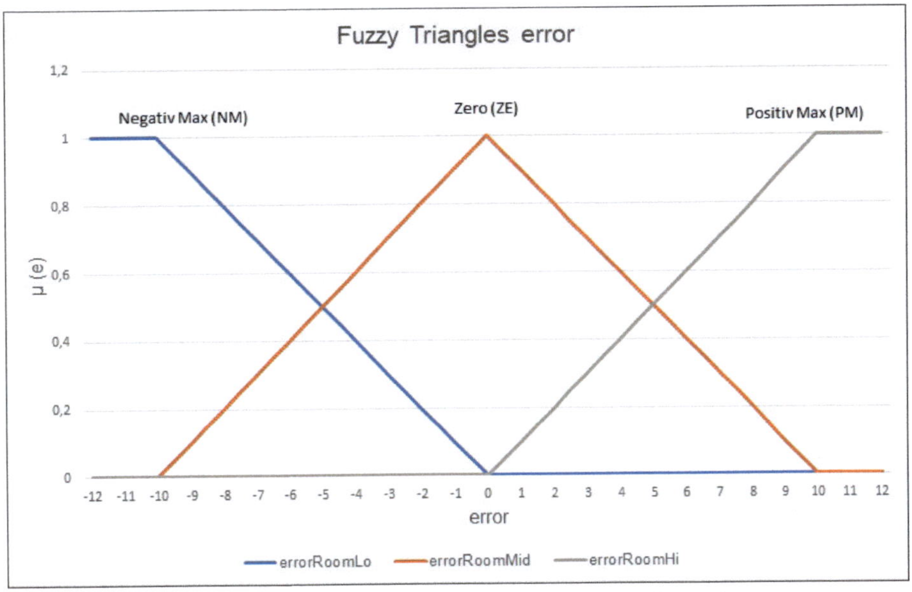

Abbildung 7.1: Fuzzy Dreiecke für die Regelabweichung

Aus den Fuzzy Sets sieht man, dass aus der Regelabweichung die Zugehörigkeiten berechnet werden müssen.

Bei einer positiven Abweichung von z.B. 7,5 K beträgt die Zugehörigkeit zum Set ZE 0,25 und zum Set PM 0,75. Zum Set NM 0. Dieser Fall tritt ein, wenn der Sollwert noch nicht erreicht ist.

Bei einer negativen Abweichung von -4.0 beträgt die Zugehörigkeit zu NM 0,4, zu ZE 0,6 und zu PM 0. Dies kann geschehen, wenn die Temperatur über den Sollwert steigt (Überschwingen).

Die Anwendung wäre auch sehr gut für die Regelung von Klimaanlagen, ansteuern von

Elementen und weiteren Anwendungen geeignet, bei denen ein negativer Stellwert erforderlich ist.

Die Einstellungen der Dreiecke werden hier im Programm vorgenommen:

```
float left[]    = { -10, 0};        // Values for the left region
float middle[]  = { -10, 0, 10};  // Values for the middle region
float right[]   = { 0, 10};         // Values for the right region
float U[]       = { 0 , 42 , 57 };// Output Values
```

In der 'loop()' Funktion sind diese Zeilen für die Regelung zuständig.

Hier wird die PT2-Simulation mit dem Stellwert (Control Value) aufgerufen. Der Rückgabewert ist dann die aktuelle Temperatur.

```
temperature = PT2_Simulation(control_signal, 0);
```

Hier wird der Fuzzy Regler mit der Regelabweichung e = r-y aufgerufen. Der Rückgabewert ist der Stellwert für den nächsten Aufruf der PT2-Simulation.

```
// Control signal from the Fuzzy Controller
control_signal = fuzzy_control(setpoint - temperature);
```

In der Funktion '`fuzzy_control()`'werden aus der Regelabweichung zunächst die

Zugehörigkeiten der Fuzzy Sets berechnet.

```
// Membership value for the left region
float left_degree   = fuzzyLeftOpen  (e, left[0],  left[1]);
// Membership value for the middle region
float middle_degree = fuzzyTriangle  (e, middle[0], middle[1], middle[2]);
// Membership value for the right region
float right_degree  = fuzzyRightOpen (e, right[0], right[1]);
```

Aus diesen Werten wird dann der Stellwert aus den berechneten Zugehörigkeiten und den Werten in '`U[] = { 0 , 42 , 57 }`' berechnet.

```
// Calculate the weighted sum of membership values to determine the control
signal.
float numerator   = left_degree * U[0] + middle_degree * U[1] + right_degree *
U[2];
// Weighted sum of membership values
float denominator = left_degree + middle_degree + right_degree;
// Control signal
float y = numerator / denominator;
```

Das Ergebnis des Reglers nach einigen Anpassungen in 'U[1]' und 'U[2]'.

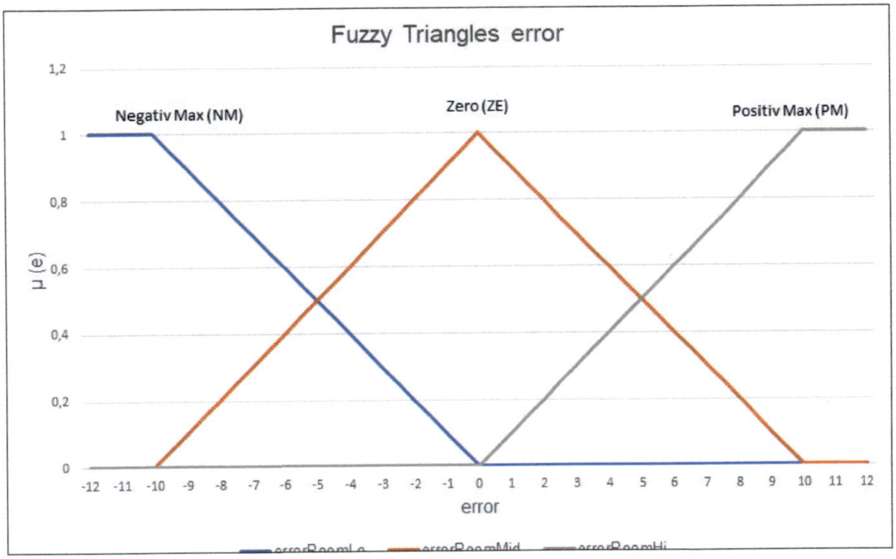

Abbildung 7.2: Fuzzy Temperaturregelung

Listing 7.1: Arduino_PT2_Fuzzy_Triangle.ino

```
//----------------------------------------------------------------------
//
//             Arduino PT2 Fuzzy Triangle Controller
//             =====================================
//
//       Control Testprogramm for Arduino Boards
//       Fuzzy Triangle Controller Test with PT2 Simulation
//
//
//   Date:     29/04/2024
//   Author:   Josef Bernhardt
//   Hardware: Arduino (ESPRESSIF) ESP32
//
//   File:     Arduino_PT2_Fuzzy_Triangle.ino
//----------------------------------------------------------------------

// Include-Bibliotheken
#include <Arduino.h>

// Pin-Definitionen
#define LED_BUILTIN 2 // Pin, an dem die LED angeschlossen ist (hier GPIO 2 vom
```

```
ESP32 )
// LED1
#define LED1 5

// These arrays are used to represent the degrees of membership
// of an input value in different regions of a fuzzy set.
float left[]    = { -10, 0};      // Values for the left region
float middle[]  = { -10, 0, 10}; // Values for the middle region
float right[]   = { 0, 10};       // Values for the right region
// Output Values
float U[]       = { 0 , 42 , 57 };


// Simulating a PT2 control system
float PT2_Simulation(float controlInput, int reset)
{
  // Parameter
  float deltaT = 1.0;
  float ProportionalGain = 1.2;
  float IntegralGain = 1.0;
  float DerivativeGain = 1.0;
  float TimeConstant1 = 100.0;
  float TimeConstant2 = 8.0;
  float TimeConstant3 = 10.0;

  // Zustandsvariablen
  static float output1 = 0;
  static float output2 = 0;
  static float output3 = 0;

  // Reset static Variabel
  if (reset == 1)
  {
    output1 = 0;
    output2 = 0;
    output3 = 0;
  }
  // Model-Gleichungen, Euler-Integration
  float d_output1 = (ProportionalGain * controlInput - output1) / TimeConstant1;
  float d_output2 = (IntegralGain * output1 - output2) / TimeConstant2;
  float d_output3 = (DerivativeGain * output2 - output3) / TimeConstant3;

  output1 += d_output1 * deltaT;
  output2 += d_output2 * deltaT;
  output3 += d_output3 * deltaT;
```

```
  return output3;
}

// This function calculates the membership value of a given input 'x'
// in a left-open Triangle membership function.
// The left-open membership function returns 1.0 for
// input values less than the mean,
// and the standard Triangle membership function value otherwise.
float fuzzyLeftOpen(float x, float a, float b) {
  if (x <= a) {
    return 1.0;
  } else if (x <= b) {
    return (b - x) / (b - a);
  } else {
    return 0.0;
  }
}

// This function calculates the membership value of a given input 'x'
// in a standard Triangle membership function.
// The standard Triangle membership function is continuous and
// returns a value based on the input
float fuzzyTriangle(float x, float a, float b, float c) {
  if (x <= a || x >= c) {
    return 0.0;
  } else if (x <= b) {
    return (x - a) / (b - a);
  } else {
    return (c - x) / (c - b);
  }
}

// This function calculates the membership value of a given input 'x'
// in a right-open Triangle membership function.
// The right-open Triangle membership function returns 1.0 for
// input values greater than the mean,
// and the standard Triangle membership function value otherwise.
float fuzzyRightOpen(float x, float a, float b) {
  if (x <= a) {
    return 0.0;
  } else if (x <= b) {
    return (x - a) / (b - a);
  } else {
    return 1.0;
  }
}
```

```
// This function uses the Center of Gravity method for defuzzification.
// Defuzzification is performed by a weighted sum of the membership values
// of the linguistic variables. The weighting is determined by the values
// of the membership functions and the associated output values.
// Here's an explanation of how it works:
// 1. First, the membership degrees for the linguistic variables
//    (left, middle, right) are calculated by applying the respective
//    fuzzy functions to the error (e).
// 2. Then, the weighted sums of these membership degrees are calculated.
//    Each sum is multiplied by the corresponding output value (U).
// 3. The weighted sums are added to obtain the numerator for the mean.
// 4. The sum of the membership degrees is used as the denominator.
// 5. Finally, the mean (y) is calculated by dividing the numerator by the
denominator.
// The mean is used as the final control signal.
// Here's an overview of the calculation:
// - Numerator: left_degree * U[0] + middle_degree * U[1] + right_degree * U[2]
// - Denominator: left_degree + middle_degree + right_degree
// - Mean: Numerator / Denominator
// This function calculates the control signal (y) based on the error signal (e)
using fuzzy logic.
float fuzzy_control(float e)
{
// Calculate the membership values for the error signal in different regions of
the fuzzy sets.
// Membership value for the left region
float left_degree   = fuzzyLeftOpen  (e, left[0],  left[1]);
// Membership value for the middle region
float middle_degree = fuzzyTriangle  (e, middle[0], middle[1], middle[2]);
// Membership value for the right region
float right_degree  = fuzzyRightOpen (e, right[0], right[1]);

// Calculate the weighted sum of membership values to determine the control
signal.
float numerator   = left_degree * U[0] + middle_degree * U[1] + right_degree *
U[2]; // Weighted sum of membership values
float denominator = left_degree + middle_degree + right_degree;
// Sum of membership values
float y; // Control signal

  // Avoid division by zero by checking if the denominator is zero.
  if (denominator != 0) {
// Calculate the control signal as the ratio of the weighted sum to the sum of
membership values.
    y = numerator / denominator;
```

```
  } else {
// If the denominator is zero, set the control signal to zero to avoid undefined
behavior.
    y = 0;
  }
  return y; // Return the control signal.
}

// Init Hardware
void setup() {
  pinMode(LED_BUILTIN, OUTPUT); // Configure pin as output
  pinMode(LED1, OUTPUT); // Configure pin as output

  // Init UART USB
  Serial.begin(115200);
}

/*
  Control variable (Stellwert): y
  Setpoint (Sollwert): r or w
  Error (Regelabweichung): e
  Control signal (Stellgröße): u
*/
void loop()
{
  // Place your main code here to execute repeatedly:
  float setpoint = 50;
  float temperature = 0;
  float control_signal = 0.0;
  float hysteresis = 0.0;

  // Reset PT2 System
  temperature = PT2_Simulation(0, 1);
  // toggle LED
  digitalWrite(LED_BUILTIN, !digitalRead(LED_BUILTIN));
  // wait 200 ms
  delay(200);
  for (int time = 0; time < 400; time++)
  {

    // if (time > 200) setpoint = 60;

    // Simulating the temperature control system
    digitalWrite(LED1, 1);

    temperature = PT2_Simulation(control_signal, 0);
```

```
        // Control signal from the Fuzzy Controller
        control_signal = fuzzy_control(setpoint - temperature);

        Serial.print(" Setpoint:");
        Serial.print(setpoint, 1);          // Setpoint with one decimal place
        Serial.print(" Temperature:");
        Serial.print(temperature, 1);       // Temperature with one decimal place
        Serial.print(" ControlSignal:");
        Serial.print(control_signal, 1);    // Control signal with one decimal place
        Serial.println(); // New line for the next output
        digitalWrite(LED1, 0);
        delay(50);

    }
}
```

7.2 Fuzzy Regler mit dem ESP32 und realer Heizung

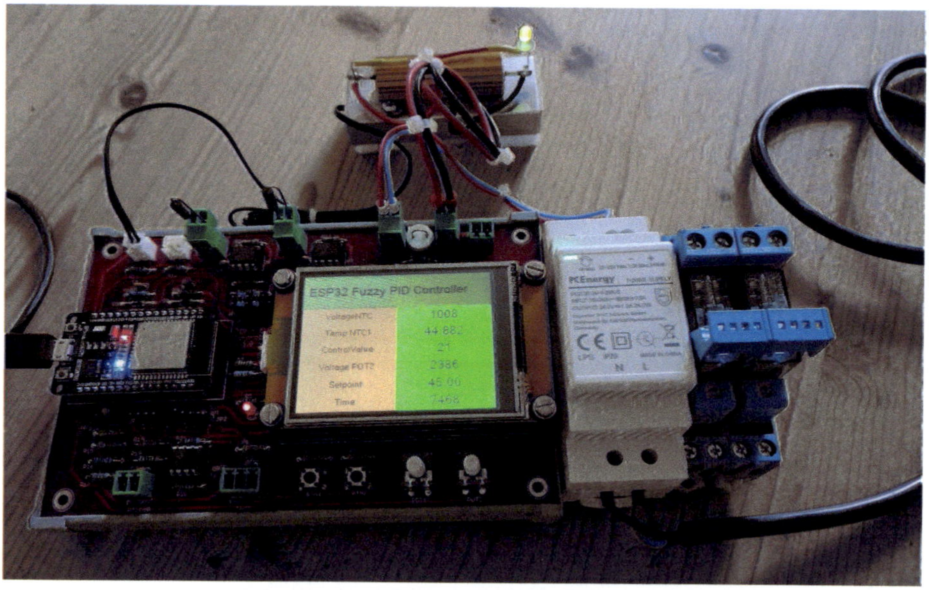

Abbildung 7.3 Fuzzy und PID ESP32 Board

In diesem praktischen Beispiel geht es um eine reale Heizung. Ein Alublock mit den Maßen 80x30x15 mm wird über einen Widerstand von 30 Ω mit einer Leistungsfähigkeit von 50 Watt beheizt. Bei 24 V beträgt die Leistung 19,2 Watt. Für die Temperaturmessung ist ein NTC 10 K Sensor vorgesehen. Die Beispiele für eine exakte Messung wurden bereits in Kapitel 2 und Kapitel 4 erläutert.

Um eine feinere Abstufung der Heizleistung zu ermöglichen, wurden die Fuzzy Sets gegenüber dem vorherigen Beispiel mit der PT2-Simulation um zwei Dreiecke erweitert. Ebenfalls gibt es zwei zusätzliche Einträge in 'U[]' für die Berechnung der Stellwerte.

```
// These arrays are used to represent the degrees of membership
// of an input value in different regions of a fuzzy set.
float NM[]   = {-6,-3};       // Values for the left region
float NS1[]  = {-6,-3, 0};    // Values for the middle region
float ZE[]   = {-3, 0, 3};    // Values for the middle region
float PS1[]  = { 0, 3, 6};    // Values for the middle region
float PM[]   = { 3, 6};       // Values for the right region

// Output Values
float U[]       = { 0 , 0, 18 , 40, 100 };
```

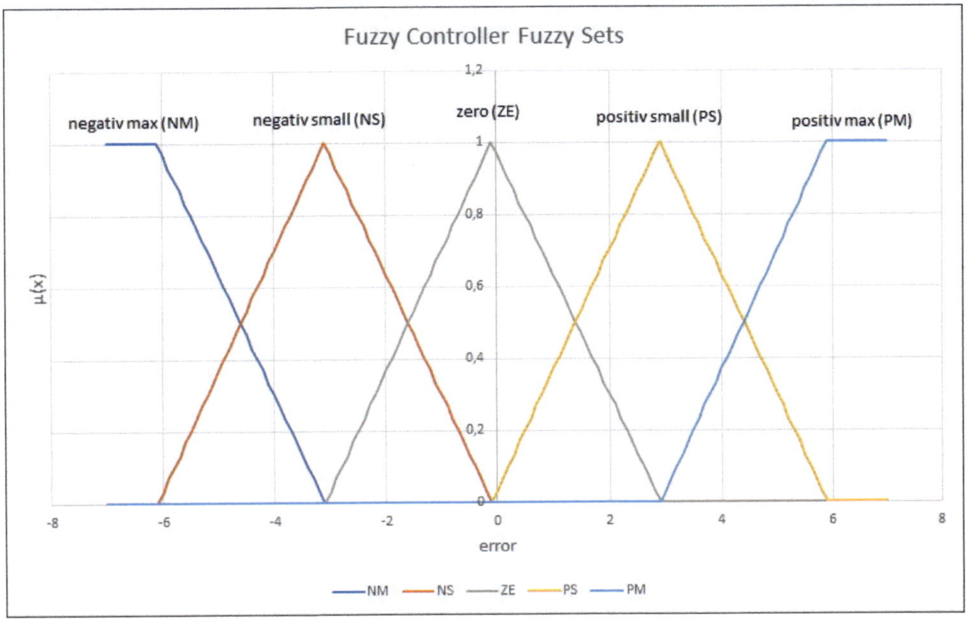

Abbildung 7.4 Fuzzy Memberships Temperaturregler

Die feinere Abstufung mit den zusätzlichen Fuzzy Sets wirkt sich auch auf die Kennlinie des Reglers aus.

Hier die Berechnung der Fuzzy Sets:

```
// Membership value for the left region
float left_degree_NM    = fuzzyLeftOpen  (e, NM[0],   NM[1]);
// Membership value for the middle region NS
float middle_degree_NS = fuzzyTriangle  (e, NS1[0],NS1[1],NS1[2]);
// Membership value for the middle region ZE
float middle_degree_ZE = fuzzyTriangle  (e, ZE[0],ZE[1],ZE[2]);
```

```
// Membership value for the middle region PS
float middle_degree_PS = fuzzyTriangle  (e, PS1[0],PS1[1],PS1[2]);
// Membership value for the right region
float right_degree_PM  = fuzzyRightOpen (e, PM[0], PM[1]);

// Calculate the weighted sum of membership values
float numerator   = left_degree_NM * U[0] + middle_degree_NS * U[1] + middle_
degree_ZE * U[2]  + middle_degree_PS * U[3]  + right_degree_PM * U[4];
// Sum of membership values
float denominator = left_degree_NM + middle_degree_NS+ middle_degree_ZE + middle_
degree_PS  + right_degree_PM;
```

Hier die Kennlinie des Reglers für einen Bereich der Regelabweichung von -7 bis + 7 K. Der flachere Verlauf von -3 bis +3 liegt an den niedrigeren Werten in 'U[]' für den Bereich ZE.

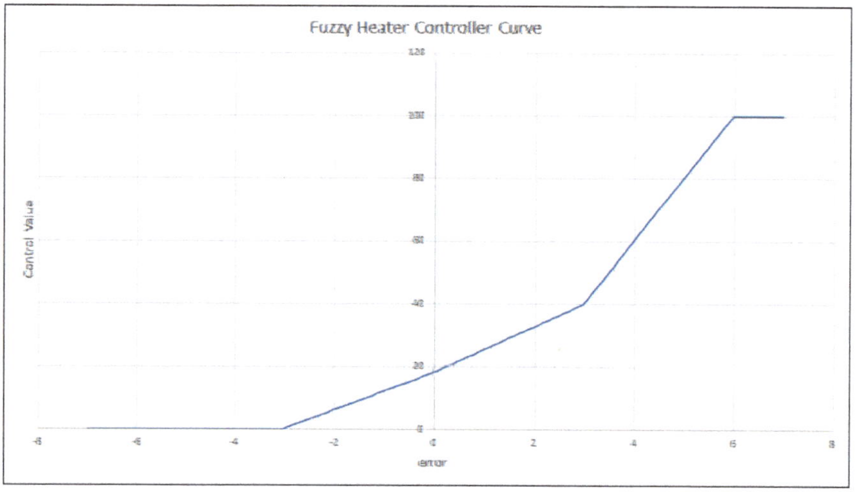

Abbildung 7.5 Temperaturregler Kennlinie

Verlauf der Temperatur bei einem eingestellten Sollwert von 50 K. Ab einer Temperatur von 44 °C beginnt der Regler die Leistung zu reduzieren und pendelt sich auf ca. 20 % von 19,2 Watt ein.

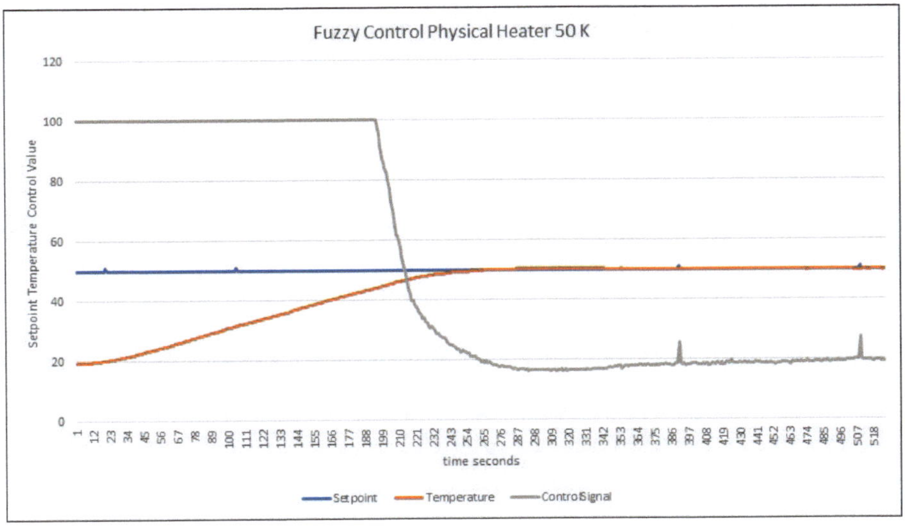

Abbildung 7.6 Temperaturverlauf Heizung

Auch Störungen der Strecke werden schnell ausgeregelt

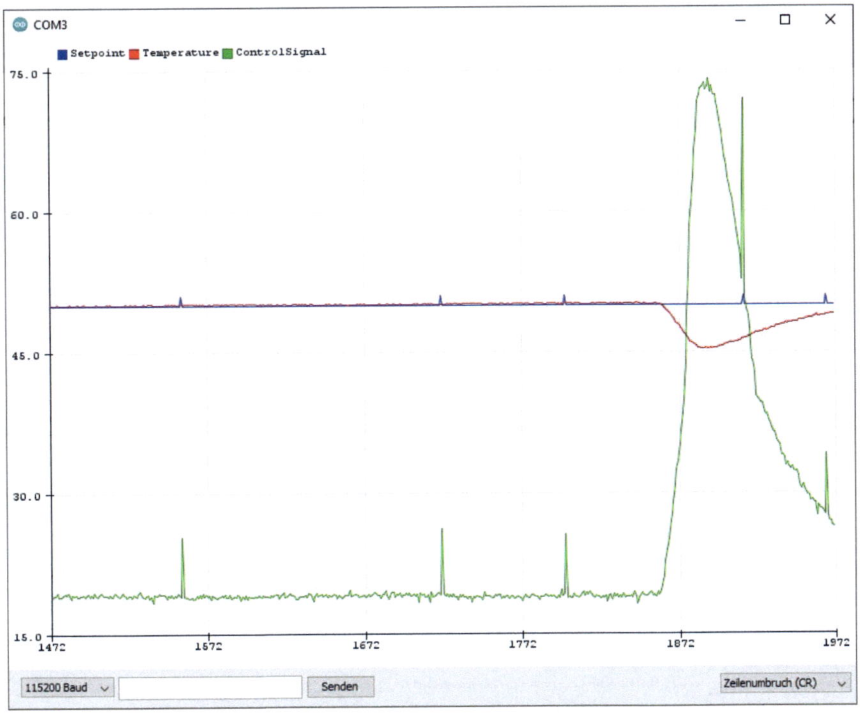

Abbildung 7.7 Verhalten bei Störungen

Listing 7.2: Arduino_PhysicalHeater_Fuzzy_Triangle.ino

```
//---------------------------------------------------------------------
//
//             Arduino Fuzzy Triangle Physical Heater
//             ======================================
//
//       Control Software for Arduino ESP32 PID Fuzzy Control Board
//       10ms Timer Interrupt Function
//       Init UART2 for Nextion Display
//       Display ADC1 and ADC2 Values on Display NX3224F028_001
//
//       Reading NTC1 Sensor / Set the Setpoint with POT2
//       Fuzzy Triangle Controller Example
//       Outputting the pulses to RELAIS1 for the heater
//
//
//   Date:     12/06/2024
//   Author:   Josef Bernhardt
//   Hardware: Arduino (ESPRESSIF) ESP32
//
//   File:     Arduino_PhysicalHeater_Fuzzy_Triangle.ino
//---------------------------------------------------------------------
#include <Arduino.h>
#include <Ticker.h>

int LED_BUILTIN = 2;

// ESP32 UART 2 Pins
#define RXD2 16
#define TXD2 17

// I2C Pins
#define I2CSCL 22
#define I2CSDA 21

// ESP32 ADC Pins
#define ADC1 32
#define ADC2 33
// Motor Sensor Pins
#define MOTSENS1 15
#define MOTSENS2 34
// Buttons
#define BTN1 14
#define BTN2 27
```

```
// Relay and Mosfet (BSP76) Pins
#define RELAIS1 18
#define RELAIS2 19
// LED1
#define LED1 5
// PWM1 and PWM2 Pins
#define PWM1 12
#define PWM2 13
// DAC Outputs 0..5V
#define DAC1 25
#define DAC2 26
// One Wire
#define DS18B20 4

#define FILTER_SIZE 10

// Define 10ms Period
const unsigned long timerInterval = 10;

// Ticker-Objekt for the Timer-Funktion
Ticker timer;

// Counter
int counter10ms=0;

int counterRelais1 = 0;

// When 1 second is elapsed
bool OneSecond = false;

// Counter for seconds
int CounterSeconds = 0;

// Arrays for NTC10K calculation
float Voltages[18] = {0};
float Temperatures[18] = {0};
int n_ntc = 18;

/*
Set the voltage at ADC1 with the potentiometer to e.g. 1 volt.
Enter the value voltage1 in the display for the corresponding
value "float ADC[7]". Repeat this with the other voltages
from 100 mV to 3.3 volts.
12 Bit ADC-Values from 0 to 4095
*/
float ADC[] = {0,   0,    123,   249, 496,  817,  1141, 1456, 1778, 2416, 3067,
```

```
3922, 4095, 4095, 4095};
// (Ua) in volts values applied to ADC by calibrator
float Ua[] = {0.00, 0.10, 0.20, 0.30, 0.50, 0.75, 1.00, 1.25, 1.50, 2.00, 2.50,
3.00, 3.07, 3.15, 3.30};
int n_adc = 15;


float VoltageESP32 = 3.3;

// Resistor is 30 Ohm 50 W Voltage at 24 Volt

// These arrays are used to represent the degrees of membership
// of an input value in different regions of a fuzzy set.
float Nmax[]  = {-6,-3};         // Values for the left region
float Nsmall[]  = {-6,-3, 0};     // Values for the middle region
float Zero[]  = {-3, 0, 3};      // Values for the middle region
float Psmall[]  = { 0, 3, 6};     // Values for the middle region
float Pmax[]  = { 3, 6};         // Values for the right region

// Output Values
float U[]        = { 0 , 0, 20 , 40, 100 };

// This function calculates the membership value of a given input 'x'
// in a left-open Triangle membership function.
// The left-open membership function returns 1.0 for
// input values less than the a and 0 if greater b,
// and the standard Triangle membership function value otherwise.
float fuzzyLeftOpen(float x, float a, float b) {
    if (x <= a) {
        return 1.0;
    } else if (x <= b) {
        return (b - x) / (b - a);
    } else {
        return 0.0;
    }
}

// This function calculates the membership value of a given input 'x'
// in a standard Triangle membership function.
// The standard Triangle membership function is continuous and
// returns a value based on the input
float fuzzyTriangle(float x, float a, float b, float c) {
    if (x <= a || x >= c) {
        return 0.0;
    } else if (x <= b) {
        return (x - a) / (b - a);
```

```
    } else {
        return (c - x) / (c - b);
    }
}

// This function calculates the membership value of a given input 'x'
// in a right-open Triangle membership function.
// The right-open Triangle membership function returns 1.0 for
// input values greater than b,
// and the standard Triangle membership function value otherwise.
float fuzzyRightOpen(float x, float a, float b) {
    if (x <= a) {
        return 0.0;
    } else if (x <= b) {
        return (x - a) / (b - a);
    } else {
        return 1.0;
    }
}

// This function uses the Center of Gravity method for defuzzification.
// Defuzzification is performed by a weighted sum of the membership values
// of the linguistic variables. The weighting is determined by the values
// of the membership functions and the associated output values.
// Here's an explanation of how it works:
// 1. First, the membership degrees for the linguistic variables
//    (left, middle, right) are calculated by applying the respective
//    fuzzy functions to the error (e).
// 2. Then, the weighted sums of these membership degrees are calculated.
//    Each sum is multiplied by the corresponding output value (U).
// 3. The weighted sums are added to obtain the numerator for the mean.
// 4. The sum of the membership degrees is used as the denominator.
// 5. Finally, the mean (y) is calculated by dividing the numerator by the
denominator.
// The mean is used as the final control signal.
// Here's an overview of the calculation:
// - Numerator: left_degree * U[0] + middle_degree * U[1] + right_degree * U[2]
// - Denominator: left_degree + middle_degree + right_degree
// - Mean: Numerator / Denominator
// This function calculates the control signal (y) based on the error signal (e)
using fuzzy logic.
float fuzzy_control(float e)
{
    // Calculate the membership values for the error signal in different regions
of the fuzzy sets.
    float left_degree_NM   = fuzzyLeftOpen  (e, Nmax[0],  Nmax[1]);     //
```

```
Membership value for the left region
    float middle_degree_NS = fuzzyTriangle  (e, Nsmall[0],Nsmall[1],Nsmall[2]);
// Membership value for the middle region NS
    float middle_degree_ZE = fuzzyTriangle  (e, Zero[0],Zero[1],Zero[2]); //
Membership value for the middle region ZE
    float middle_degree_PS = fuzzyTriangle  (e, Psmall[0],Psmall[1],Psmall[2]);
// Membership value for the middle region PS
    float right_degree_PM  = fuzzyRightOpen (e, Pmax[0], Pmax[1]);      //
Membership value for the right region

    // Calculate the weighted sum of membership values
    float numerator   = left_degree_NM * U[0] + middle_degree_NS * U[1] + middle_
degree_ZE * U[2]  + middle_degree_PS * U[3]  + right_degree_PM * U[4];
    // Sum of membership values
    float denominator = left_degree_NM + middle_degree_NS + middle_degree_ZE +
middle_degree_PS  + right_degree_PM;                    // Sum of membership
values

    float y; // Control signal

    // Avoid division by zero by checking if the denominator is zero.
    if (denominator != 0) {
        // Calculate the control signal as the ratio of the weighted sum to the
sum of membership values.
        y = numerator / denominator;
    } else {
        // If the denominator is zero, set the control signal to zero to avoid
undefined behavior.
        y = 0;
    }
    return y; // Return the control signal.
}

void Heat1_ON(int value)
{
  //Serial.println("ON");
  if (value > 0)
  {
    counterRelais1 = value;
    digitalWrite(RELAIS1,1);
    digitalWrite(LED1,1);
  }
}

void Heat1_OFF()
{
```

```
  //Serial.println("OFF");
  digitalWrite(RELAIS1,0);
  digitalWrite(LED1,0);
}

int mapInteger(int value, int fromLow, int fromHigh, int toLow, int toHigh) {
    return (value - fromLow) * (toHigh - toLow) / (fromHigh - fromLow) + toLow;
}

float mapFloat(float x, float in_min, float in_max, float out_min, float out_max)
{
  return (x - in_min) * (out_max - out_min) / (in_max - in_min) + out_min;
}

// Linear interpolation
// Input Parameters:
// n = Number of values -1
// x = x Array
// y = y Array
// xn = Value to be calculated
float readvalue_linear(int n,float *x,float *y, float xn)
{
    int j = 0;
    // Determine interval of xn
    while (j < n-1 && xn > x[j+1]) j++;
    // interpolate xn
    return ((y[j+1]-y[j]) / (x[j+1]-x[j])) * (xn-x[j]) + y[j];
}

// Function to calculate the resistance of an NTC thermistor based on temperature
float calculateResistance(float T)
{
    // Konstanten
    const float R0 = 10000.0; // Nennwiderstand des Thermistors bei 25°C
    const float B = 3950.0;   // B-Wert des Thermistors siehe Datenblatt
    return R0 * exp(B * ((1.0 / (T + 273.15)) - (1.0 / (25 + 273.15))));
}

// Voltage from voltage divider 10k input NTC resistor
float calulateVoltage(float Rt)
{
    float R25 = 10000;
    float UE = VoltageESP32;
    float Ua=(UE*Rt)/(Rt+R25);
    return Ua;
}
```

```
// Filter of NTC1 Sensor
float filterNTC_1(float newValue) {
    // Array zum Speichern der letzten FILTER_SIZE Werte
    static float values[FILTER_SIZE] = {0};
    static int index = 0;
    float sum = 0;
    // Aktualisieren des Werts an der aktuellen Indexposition
    values[index] = newValue;
    // Inkrementieren des Index für den nächsten Wert
    index = (index + 1) % FILTER_SIZE;
    // Berechnung des Durchschnitts der Werte im Array
    for (int i = 0; i < FILTER_SIZE; ++i) {
        sum += values[i];
    }
    return sum / FILTER_SIZE;
}

// Init Array with NTC Resist and Temperature
void initArrayNTC()
{
    // Temperaturbereich von -35°C bis 135°C
    int min_temp = -35;
    int max_temp = 135;
    float voltage;
    int loop = sizeof(Voltages) / sizeof(Voltages[0]) - 1;
    // Schleife über den Temperaturbereich
    for (float temp = min_temp; temp <= max_temp; temp+=10)
    {
        // Berechnen des Widerstands für die aktuelle Temperatur
        float resistance = calculateResistance(temp);
        float voltage = calulateVoltage(resistance);
        // Speichern der Werte für Temperatur und Spannung in Arrays
        Temperatures[loop] = temp;
        Voltages[loop] = voltage;
        loop--;
    }
}

// Timer-Funktion
// Called every 10 ms
void timerCallback()
{
  // Inc 10ms Counter
  counter10ms++;
  counterRelais1--;
```

```
  // If one Second
  if(counter10ms==100)
  {
    counter10ms = 0;
    // One Second
    OneSecond = true;
  }
  if(counterRelais1==0)
  {
    Heat1_OFF();
  }
}

// Sends Data to Nextion Display in a textbox
void Nextion_Send_Text_to_Textbox(char *textbox,String sfloat)
{
        Serial2.write(textbox);
        Serial2.write(".txt=\"");
        Serial2.print(sfloat);
        Serial2.write("\"");
        Serial2.write(0xFF);
        Serial2.write(0xFF);
        Serial2.write(0xFF);
}

// Initializing the hardware
void setup()
{
  // Init USB UART
  Serial.begin(115200);
  // Nextion Display
  // TFTSerial.begin(9600);
  Serial2.begin(9600, SERIAL_8N1, RXD2, TXD2);
  // Init Hardware
  pinMode(LED_BUILTIN, OUTPUT);
  pinMode(LED1, OUTPUT);
  pinMode(RELAIS1, OUTPUT);
  pinMode(RELAIS2, OUTPUT);
  pinMode(BTN1, INPUT);
  pinMode(BTN2, INPUT);

  pinMode(ADC1, INPUT);
  pinMode(ADC2, INPUT);

  Nextion_Send_Text_to_Textbox("t1","VoltageNTC mV");
  Nextion_Send_Text_to_Textbox("t2","Temp NTC1");
```

```
    Nextion_Send_Text_to_Textbox("t3","ControlValue %");
    Nextion_Send_Text_to_Textbox("t4","Voltage POT2 mV");
    Nextion_Send_Text_to_Textbox("t5","Setpoint");
    Nextion_Send_Text_to_Textbox("t6","Time");

    initArrayNTC();

    // Init Timer with 10ms
    timer.attach_ms(timerInterval, timerCallback);

  /*
    // Output of
    for (float x=-7.0; x<=7.0; x+=0.1)
    {
      float control_signal = fuzzy_control(x);
      Serial.print(" E:");
      Serial.print(x, 2); // Control signal with one decimal place
      Serial.print(" U:");
      Serial.println(control_signal, 2); // Control signal with one decimal place
    }
*/

}

void loop()
{
   // Place your main code here to execute repeatedly:
   float setpoint;
   float temperature = 0;
   float control_signal = 0.0;

   // Read ADC1 value
   int voltage1 = analogRead(ADC1);
   // Read ADC2 value
   int voltage2 = analogRead(ADC2);

   int scaledValue = map(voltage2, 0, 4095, 25, 60);
   setpoint = (float)scaledValue;

   // Interpolate voltage 1
   float u1 = readvalue_linear(n_adc-1,ADC,Ua,(float)voltage1);

   temperature = readvalue_linear(n_ntc-1,Voltages,Temperatures,u1);

   // Check if one second has passed
   if (OneSecond)
```

```
 {
      // Reset the boolean variable OneSecond
      OneSecond = false;
      CounterSeconds++;

      // Control signal from Fuzzy Controller
      control_signal = fuzzy_control(setpoint-temperature);

      // Heat1 10-1000 ms on step 10ms
      Heat1_ON(control_signal);

      // control_signal = twoPointController(setpoint,temperature,hysteresis);
      // Sends variable to USB UART and Seriell Monitor
      Serial.print("SP:");
      Serial.print(setpoint);          // Setpoint with one decimal place
      Serial.print(" TMP:");
      Serial.print(temperature,2);     // Temperature with one decimal place
      Serial.print(" CV:");
      Serial.print(control_signal,1); // Control signal with one decimal place
      Serial.println(); // New line for the next output

      // Sends variable to display
      Nextion_Send_Text_to_Textbox("txtT1",String(voltage1));
      Nextion_Send_Text_to_Textbox("txtT2",String(temperature));
      Nextion_Send_Text_to_Textbox("txtT3",String(control_signal));
      // Sends variable to display
      Nextion_Send_Text_to_Textbox("txtT4",String(voltage2));
      Nextion_Send_Text_to_Textbox("txtT5",String(setpoint));
      Nextion_Send_Text_to_Textbox("txtT6",String(CounterSeconds));
      // Switching LED
      digitalWrite(LED_BUILTIN,!digitalRead(LED_BUILTIN));
 }
 // Additional code for the main loop
}
```

7.3 Fuzzy Beispiele mit Gauss, Bell und Sigmoid

Weitere Beispiele für Fuzzy-Regler mit den Zugehörigkeitsfunktionen Bell und Gauss sind ebenfalls für den Arduino vorhanden. Sowohl als Arduino Version für die reale Heizung sowie auch als PT2-Simulationen.

Kapitel 8 • Fuzzy Logic Temperaturregler mit zwei Eingängen

8.1 Temperaturregler mit zwei Eingängen

Anders, als im Beispiel mit der Lüftersteuerung in Kapitel 6, wird bei den Fuzzy Sets mit der aktuellen Temperaturdifferenz (error) und der Abweichung der Temperatur (derror) gearbeitet. Dazu benötigt man jeweils die passenden drei Fuzzy Sets "Linksoffen, Dreieck und Rechtsoffen".

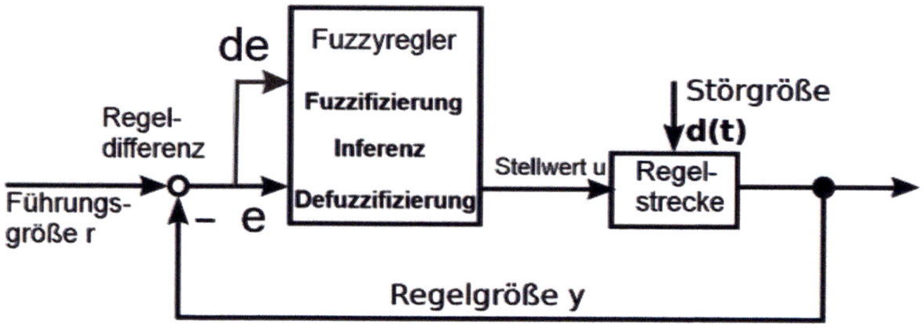

Abbildung 8.1: Übersicht Fuzzy Regler mit zwei Eingängen

Hier eine Abbildung der Membershipfunktionen für die Regelabweichung. Der Bereich ist auf der X-Achse zu sehen und geht von -8 bis +8.

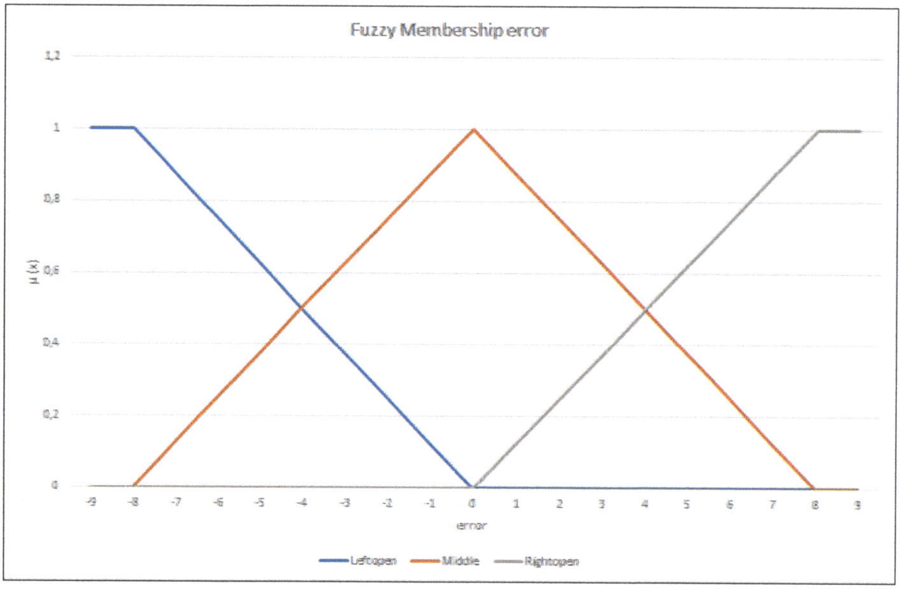

Abbildung 8.2: Fuzzy Membership error

Hier eine Abbildung der Membershipfunktionen für die Änderung der Regelabweichung. Hier ist der Bereich wesentlich kleiner und liegt zwischen -0,4 und +0,4.

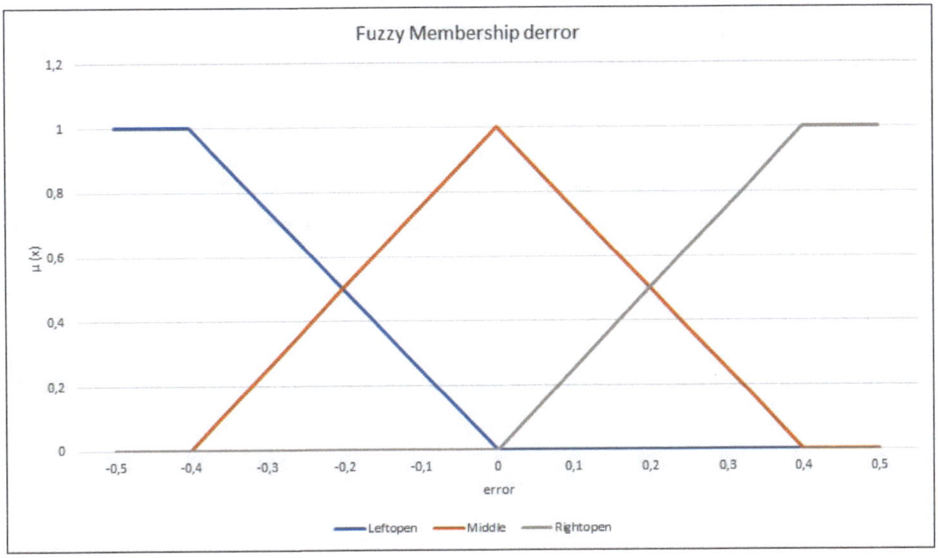

Abbildung 8.3: Fuzzy Membership derror

Fuzzyfizierung:
Die Fuzzyfizierung erfolgt zuerst für die Regelabweichung (error) und danach für die Änderung der Regelabweichung (derror). Die berechneten Werte werden dann mit einer UND Verknüpfung verarbeitet.

Listing 8.1 Codeblocks_C_PT2_TempErrorDError

```
// Fuzzification of temperature
    float errorHi  = fuzzyRightOpen(error, 0, 8);          // Error positive
initially
    float errorMid = fuzzyTriangle(error, -8, 0, 8);       // Error 0
    float errorLo  = fuzzyLeftOpen(error, -8, 0);          // Error negative after
overshoot

    // Fuzzification of temperature change
    float dErrorHi =  fuzzyRightOpen(dError, 0, 0.4);      // Delta pos
(temperature rising)
    float dErrorMid = fuzzyTriangle(dError, -0.4, 0, 0.4);// Delta 0
    float dErrorLo =  fuzzyLeftOpen(dError, -0.4, 0);      // Delta neg
(temperature
```

Auswertung der Regeln:

```
    If error is high and dError is high, control value is high
    If error is high and dError is medium, control value is very high
    If error is high and dError is low, control value is very high
```

```
If error is medium and dError is high, control value is medium
If error is medium and dError is medium, control value is medium
If error is medium and dError is low, control value is medium

If error is low and dError is high, control value is very low
If error is low and dError is medium, control value is low
If error is low and dError is low, control value is medium
```

In der Regler-Funktion werden die Daten mit der MIN-Funktion verknüpft. Bei einer ODER-Verknüpfung wäre es die MAX-Funktion.

Bei zwei Eingängen mit jeweils drei Zughörigkeitsfunktionen sind das neun Verknüpfungen. In einer Tabelle sieht es wie folgt aus:

	dError: high	dError: medium	dError: low
Error: high	Control: high	Control: very high	Control: very high
Error: medium	Control: medium	Control: medium	Control: medium
Error: low	Control: very low	Control: low	Control: medium

Die Berechnung der Regeln:

```
float rule1 = fmin(errorHi, dErrorHi);       // Control MID
float rule2 = fmin(errorHi, dErrorMid);      // Control HIGH
float rule3 = fmin(errorHi, dErrorLo);       // Control VERY HIGH
float rule4 = fmin(errorMid,dErrorHi);       // Control MID
float rule5 = fmin(errorMid,dErrorMid);      // Control MID
float rule6 = fmin(errorMid,dErrorLo);       // Control MID
float rule7 = fmin(errorLo, dErrorHi);       // Control VERY LOW
float rule8 = fmin(errorLo, dErrorMid);      // Control LOW
float rule9 = fmin(errorLo, dErrorLo);       // Control MID
```

Festlegen der Stellwerte für die Defuzzifizierung:

```
// Define control values for the rules
const float VERYHIGH = 100.0;
const float HIGH = 60.0;
const float MID = 40.0;
const float LOW = 35.0;
const float VERYLOW = 33.0;
```

Die Defuzzifizierungsmethode, die in diesem Code verwendet wird, ist der gewichtete Durchschnitt der Zugehörigkeiten. Diese Methode erfordert relativ wenig Rechenleistung und ist ideal für die Implementierung auf Mikrocontrollern. Es wird die Summe der gewichteten Werte (Numerator) durch die Summe der Gewichte (Denominator) dividiert berechnet.

```
    // Calculate the weighted average of the rules
    float numerator =   (rule1 * MID) + (rule2 * HIGH) + (rule3 * VERYHIGH) +
                        (rule4 * MID) + (rule5 * MID) + (rule6 * MID) +
                        (rule7 * VERYLOW) + (rule8 * LOW) + (rule9 * MID);
    float denominator = rule1 + rule2 + rule3 + rule4 + rule5 + rule6 + rule7 +
rule8 + rule9;
    float result = 0;
    result = numerator / denominator;
```

Bei einem Regler mit zwei Eingängen lässt sich die Regler-Kennlinie nicht mehr mit einer einfachen XY-Kennlinie darstellen. Hier wird eine 3D-Darstellung benötigt.

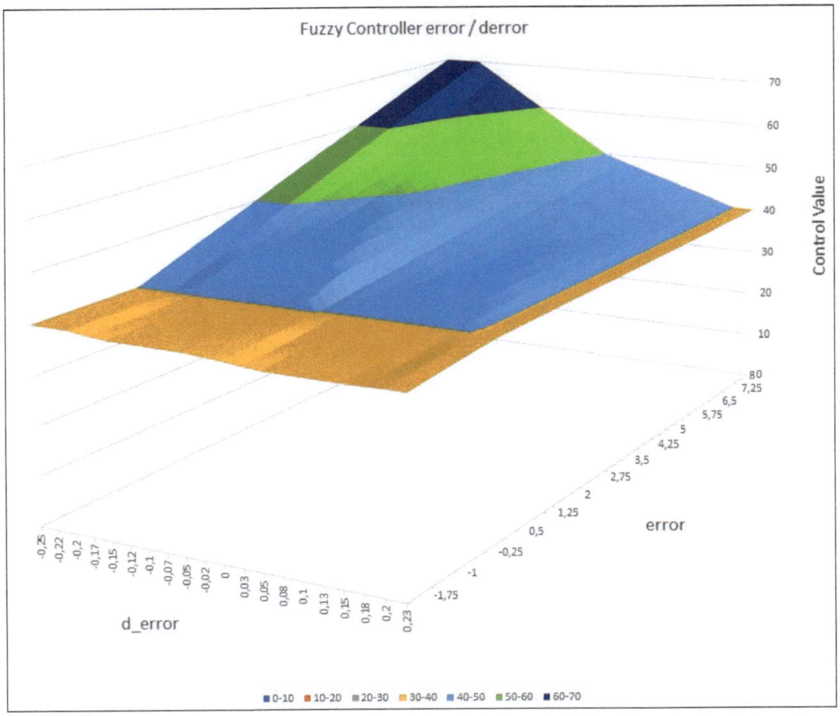

Abbildung 8.4: 3D-Chart Fuzzy Regler

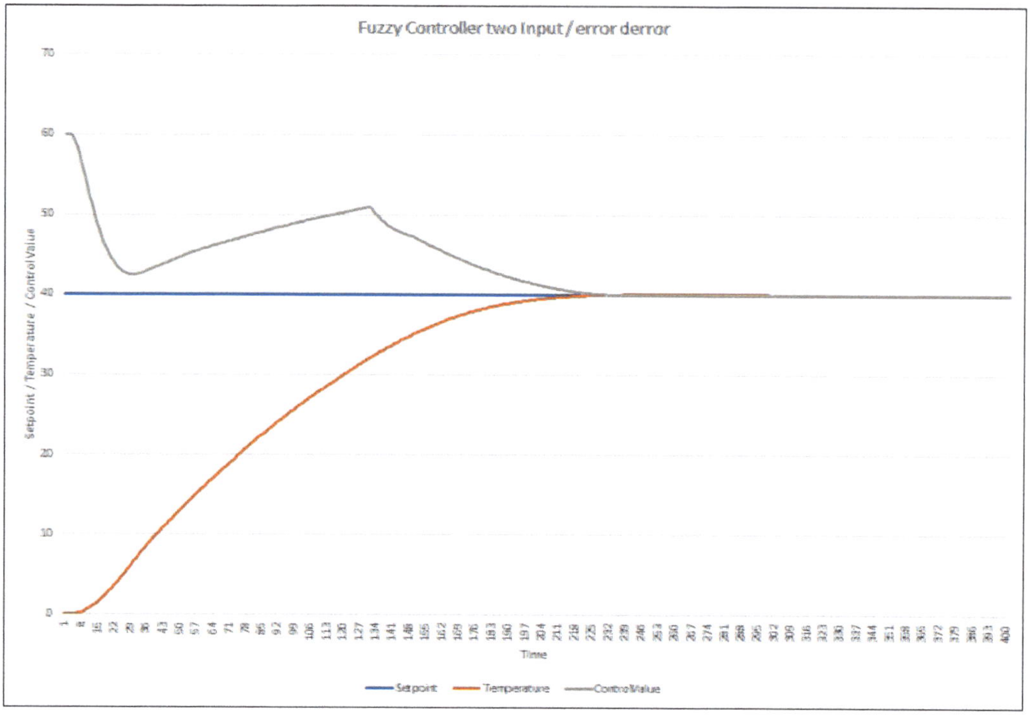

Abbildung 8.4: Fuzzy Regler Simulation

8.2 Fuzzy Control Beispiel für eine Heizungsregelung

Ein weiteres Beispiel ist die Erfassung von zwei Temperaturen für einen Fuzzy Heizungsregler. In diesem Beispiel werden die Außentemperatur und die Raumtemperatur erfasst. In Standard Heizungsreglern erfolgt die Bestimmung der Vorlauftemperatur über eine Tabelle bzw. eine Gleichung.

Die Vorlauftemperatur wird mit folgender Gleichung berechnet:

VT_Soll = RT_Soll + Level – (Slope * DAR * (1,4347 + 0,021 * DAR + 247,9 * 10-6 * DAR^2))

Listing 8.2 Codeblocks C VorlauftemperaturHeizung

```
/*

VT_Soll = RT_Soll + Level - (Slope * DAR * (1.4347 + 0.021 * DAR + 247.9 * 10-6 *
DAR^2))

VTSoll is Flow temperature setpoint
RTSoll is Room setpoint
DAR is Mixed outside temperature - RTSoll
*/
```

```
#include <stdio.h>
#include <math.h>

// Temperature Bad Abbach 7.2.2024  17 o'clock to 15 o'clock every 2 hours
float temperature_profile[] = {8, 6, 5, 5, 3, 2, 1, 4, 7, 8, 8, 9};

double Calculate_Flow_Temperature(double RTSoll, double DAR, double Level, double
Slope)
{
    return RTSoll + Level - (Slope * DAR * (1.4347 + 0.021 * DAR + 247.9e-6 * DAR
* DAR));
}

int main() {
    double RTSoll = 22.0;              // Room setpoint
    double OutsideTemperature = 0;     // Outside temperature
    double DAR =0;                     // Mixed outside temperature - Room setpoint
    double Level = 5.0;                // Level
    double Slope = 1.2;                // Slope

    printf("\nTRoom= 22 K\n");
    for (int i = 0; i < 12; i++)
    {
        OutsideTemperature = temperature_profile[i];
        DAR = OutsideTemperature - RTSoll;
        double VTSoll = Calculate_Flow_Temperature(RTSoll, DAR, Level, Slope);
        printf("Outside Temperature: %.2f Flow Temperature:
%.2f\n",OutsideTemperature, VTSoll);

    }

    printf("\nTRoom= 18 K\n");
    RTSoll = 18.0;
    for (int i = 0; i < 12; i++)
    {
        OutsideTemperature = temperature_profile[i];
        DAR = OutsideTemperature - RTSoll;
        double VTSoll = Calculate_Flow_Temperature(RTSoll, DAR, Level, Slope);
        printf("Outside Temperature: %.2f Flow Temperature:
%.2f\n",OutsideTemperature, VTSoll);

    }
    return 0;
}
```

Im folgenden Beispiel werden die Zugehörigkeitsfunktionen 'OutdoorTemp' und 'IndoorTemp' für den Fuzzy Regler verwendet. Die Memberships für die Heizung sehen wie folgt aus:

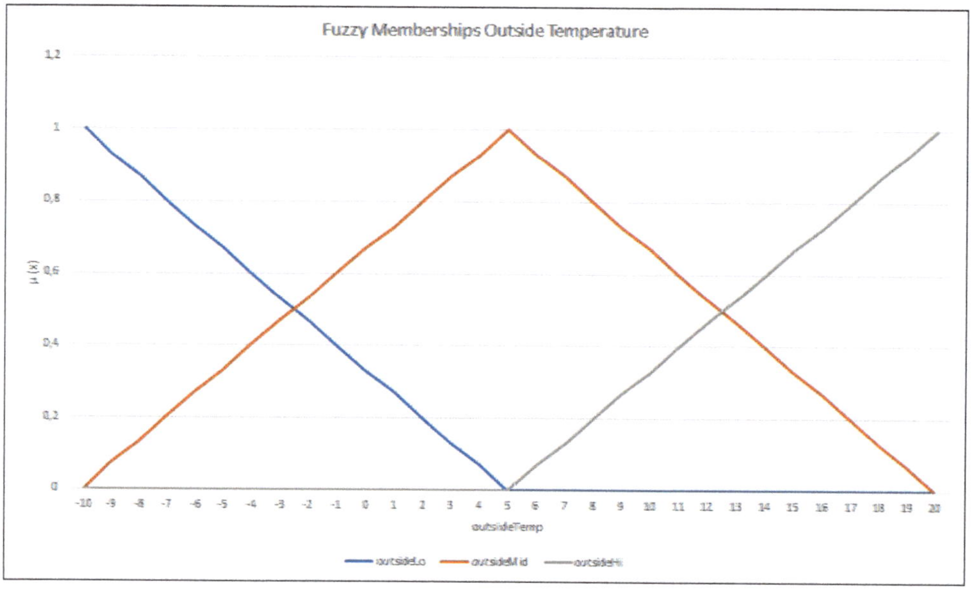

Abbildung 8.5: Fuzzy Membership Aussentemperatur

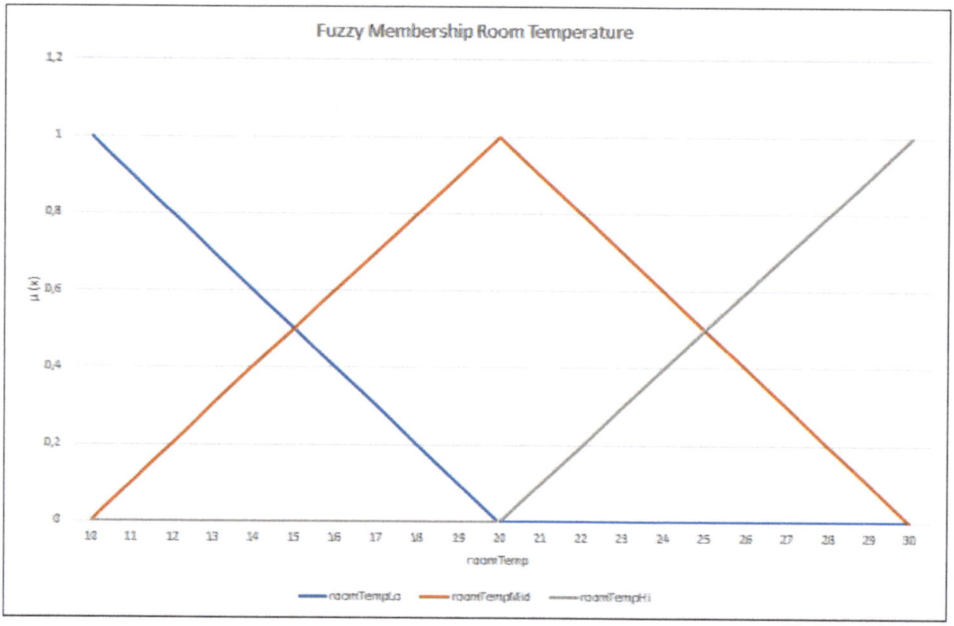

Abbildung 8.6: Fuzzy Membership Raumtemperatur

Aussentemp.	Innentemp.	Heizkörper
kalt	kühl	voll
kalt	angenehm	voll
kalt	warm	halb
normal	kühl	halb
normal	angenehm	halb
normal	warm	aus
heiss	kühl	aus
heiss	angenehm	aus
heiss	warm	aus

Aus den beiden Eingangsgrößen wird hier der Stellwert für die Vorlauftemperatur berechnet.

Wie im vorherigen Programm, ein 3D-Chart zum Darstellen des Stellwertes aus den beiden Eingangsgrößen:

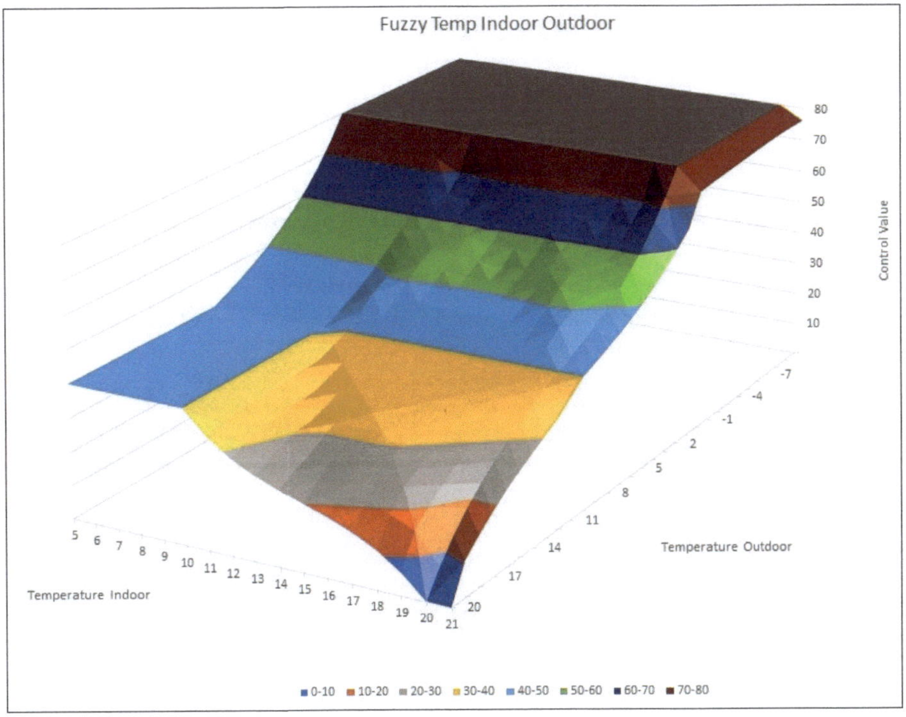

Abbildung 8.7: 3D Chart Fuzzy Regler

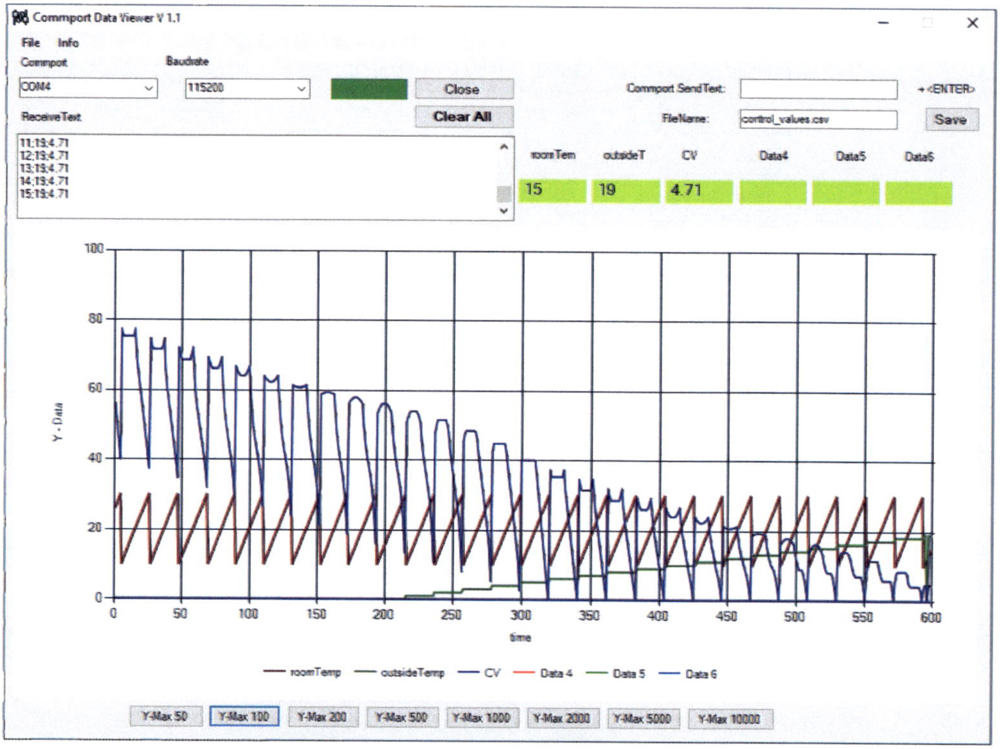

Abbildung 8.8: Arduino Regler Simulation

Listing 8.3: Arduino_PT2_Fuzzy_Triangle_IndoorOutdoor.ino

```
//----------------------------------------------------------------------
//
//              Arduino PT2 Fuzzy Triangle Controller
//              =====================================
//
//        Control Testprogramm for Arduino Boards
//        Fuzzy Triangle Controller Test
//        Two Input Fuzzy Control with Indoor Temp and Outdoor Temp
//
//   Date:      23/07/2024
//   Author:    Josef Bernhardt
//   Hardware: Arduino (ESPRESSIF) ESP32 and Arduino Nano
//
//   File:      Arduino_PT2_Fuzzy_Triangle_InddorOutdoor.ino
//----------------------------------------------------------------------
// Include Arduino Library
#include <Arduino.h>

// Pin-Definition
```

```
#define LED_BUILTIN 2
// LED1
#define LED1 5

// Output
#define FULL 80.0
#define HALF 40.0
#define OFF   0.0

// Fuzzification function - Left open
float fuzzyLeftOpen(float x, float a, float b)
{
   if (x <= a)
  {
   return 1.0;
  }
  else if (x <= b)
  {
   return (b - x) / (b - a);
  }
  else
  {
   return 0.0;
  }
}

// Fuzzification function - Triangle
float fuzzyTriangle(float x, float a, float b, float c)
{
    if (x <= a || x >= c)
    {
      return 0.0;
    }
    else if (x <= b)
    {
      return (x - a) / (b - a);
    } else
    {
      return (c - x) / (c - b);
    }
}

// Fuzzification function - Right open
float fuzzyRightOpen(float x, float a, float b) {
    if (x <= a)
   {
```

```
        return 0.0;
    }
    else if (x <= b)
     {
        return (x - a) / (b - a);
    }
    else
    {
        return 1.0;
    }
}
```

Die Funktion 'FuzzyControl()' implementiert einen Fuzzy-Regler zur Steuerung der Temperatur. Der Regler verwendet zwei Eingangswerte: die Raumtemperatur und die Außentemperatur. Zunächst werden diese Eingangswerte fuzzifiziert, indem sie in drei Fuzzy-Mengen unterteilt werden: niedrig, mittel und hoch. Anschließend werden neun Regeln definiert, die die Abhängigkeit zwischen Raum- und Außentemperatur beschreiben, um den Steuerungswert zu bestimmen. Jede Regel ergibt eine Bewertung (FULL, HALF, OFF), die mit den entsprechenden Fuzzy-Mengen kombiniert wird. Schließlich wird das Ergebnis als gewichteter Durchschnitt der Regelbewertungen berechnet. Der Code behandelt zudem den Sonderfall einer Division durch Null und gibt den Stellwert zurück, der die Heizung ansteuert.

```
// Funktion für die Regeln des Fuzzy-Reglers
float FuzzyControl(float roomTemp, float outsideTemp)
{
    // Fuzzifizierung Innentemperatur
    float roomTempLo = fuzzyLeftOpen(roomTemp, 10, 20);
    float roomTempMid = fuzzyTriangle(roomTemp, 10, 20, 30);
    float roomTempHi = fuzzyRightOpen(roomTemp, 20, 30);

    // Fuzzifizierung Aussentemperatur
    float outsideLo = fuzzyLeftOpen(outsideTemp, -10, 5);
    float outsideMid = fuzzyTriangle(outsideTemp, -10, 5, 20);
    float outsideHi = fuzzyRightOpen(outsideTemp, 5, 20);

    // Regeln definieren
    float rule1 = fmin(outsideLo, roomTempLo);   // FULL
    // Regeln definieren
    float rule2 = fmin(outsideLo, roomTempMid);  // FULL
    // Regeln definieren
    float rule3 = fmin(outsideLo, roomTempHi);   // HALF
    // Regeln definieren
    float rule4 = fmin(outsideMid, roomTempLo);  // HALF
    // Regeln definieren
    float rule5 = fmin(outsideMid, roomTempMid); // HALF
```

```
    // Regeln definieren
    float rule6 = fmin(outsideMid, roomTempHi);  // OFF
    // Regeln definieren
    float rule7 = fmin(outsideHi, roomTempLo);   // OFF
    // Regeln definieren
    float rule8 = fmin(outsideHi, roomTempMid);  // OFF
    // Regeln definieren
    float rule9 = fmin(outsideHi, roomTempHi);   // OFF

      // Berechnung des gewichteten Durchschnitts der Regeln
    float numerator = (rule1 * FULL) + (rule2 * FULL) + (rule3 * HALF) + (rule4 *
HALF) + (rule5 * HALF) + (rule6 * OFF) + (rule7 * OFF) + (rule8 * OFF) + (rule9 *
OFF);
    float denominator = rule1 + rule2 + rule3 + rule4 + rule5 + rule6 + rule7 +
rule8 + rule9;

    float result; //  = numerator / denominator;

    if (denominator != 0)
    {
       result = numerator / denominator;
    }
    else
    {
     // Handle division by zero case
     // Set a default value or handle it as per your requirements
     result = 0;
    }
    return result;
}


// Init Hardware
void setup()
{
  pinMode(LED_BUILTIN, OUTPUT);   // Configure pin as output
  pinMode(LED1, OUTPUT);          // Configure pin as output
  Serial.begin(115200);           // Init UART USB
}

void loop()
{
  // Place your main code here to execute repeatedly:
  float roomTemp = 0;
  float outsideTemp = 0;
```

```
    // toggle LED
    digitalWrite(LED_BUILTIN, !digitalRead(LED_BUILTIN));
    // wait 200 ms
    delay(2000);


    for (outsideTemp = -10; outsideTemp < 21; outsideTemp += 1.0)
    {
      for (roomTemp = 10; roomTemp < 31; roomTemp += 1.0)
      {
        float control_value = FuzzyControl(roomTemp, outsideTemp);
        Serial.print("roomTemp:");
        Serial.print(roomTemp, 1);          // Setpoint with one decimal place
        Serial.print(" outsideTemp:");
        Serial.print(outsideTemp, 1);       // Temperature with one decimal place
        Serial.print(" CV:");
        Serial.print(control_value, 2);     // Control signal with one decimal place
        Serial.println();                   // New line for the next output
        delay(100);
        digitalWrite(LED1, 0);
        delay(100);
      }
    }
}
```

Es gibt noch viele weitere Programmbeispiele mit zwei Eingangsgrößen wie zum Beispiel Temperatur und Druck für Heizungen mit Gas in der Industrie.

Das umgekehrte Pendel mit Winkelabweichung und Änderungsgeschwindigkeit der Abweichung.

Kapitel 9 • Fuzzy-Regler Beispiele mit einem DC-Motor

9.1 DC-Motoren Grundlagen

DC-Motoren mit Impulsausgang finden als Stellglied weite Verbreitung in der Robotik und in industriellen Steuerungssystemen. Diese Motoren ermöglichen eine präzise und dynamische Bewegungssteuerung durch die Verwendung digitaler Impulse zur Regelung der Drehzahl. In der Robotik werden DC-Motoren häufig für die Antriebe von Gelenken und Greifern eingesetzt, wo sie es ermöglichen, Bewegungen mit hoher Präzision und Geschwindigkeit auszuführen.

Industrielle Steuerungen nutzen diese Technologie ebenfalls für Förderbänder, automatische Türsysteme und andere Anwendungen, bei denen eine schnelle und zuverlässige Positionierung erforderlich ist. Durch die präzise Erfassung der Impulse können diese Motoren genau auf die Anforderungen einer bestimmten Aufgabe abgestimmt werden, was sie ideal für Anwendungen macht, die sowohl Genauigkeit als auch Effizienz erfordern.

In diesem Buch kommen diese Motoren für eine Drehzahlregelung sowie für eine Positionssteuerung zum Einsatz.

Abbildung 9.1: DC Motor mit Hallsensor

Technische Daten des Motors:

Beschreibung	Wert
Spannung	12 V
Hersteller	Hililand
Typ	JGA25-371
Leerlaufdrehzahl	10000 1/min
Untersetzung	1:50
Impulse / Umdrehung	11
Impulse / Umdrehung an der Achse	550

Drehmoment	16 kg / cm
Länge der Anschlussleitungen	20 cm
Länge der Antriebswelle	15 mm
Durchmesser der Antriebswelle	5 mm
Maße (ohne Schaft)	40 x 36 x 125 mm (1,57 x 1,41 x 4,92 Zoll)
Gewicht	100 g

Anschlussleitungen:

Beschreibung	Farbe
Positive Stromversorgung des Motors (+)	Rot
Negative Stromversorgung des Motors (-)	Weiss
Positive Spannungsversorgung des Drehgebers (+)	Blau
Negative Spannungsversorgung des Drehgebers (-)	Schwarz
Impulse 1	Gelb (11 Impulse pro Umdrehung)
Impulse 2	Grün (11 Impulse pro Umdrehung)

Hallgeber, auch Hall-Sensoren genannt, messen die Drehzahl eines Motors durch die Detektion seiner Magnetfelder. Diese Sensoren bestehen aus einem dünnen Halbleiterstreifen, der sich an der Motorwelle und im Magnetfeld des Magneten befindet. Im Motor sind Hallgeber häufig zusammen mit Permanentmagneten in der Nähe der Rotorwelle installiert, die sich mit der Welle drehen.

Wenn sich der Magnet an dem Sensor vorbeibewegt, erzeugt der Hall-Effekt in dem Halbleiter einen elektrischen Impuls, der proportional zur Stärke des Magnetfelds ist. Die Sensoren registrieren die Veränderung im Magnetfeld, wenn die Rotorwelle und die daran befestigten Magneten vorbeifahren und wandeln diese Veränderungen in elektrische Impulse um. Diese Impulse werden genutzt, um die Drehzahl des Motors zu messen und die Drehrichtung zu bestimmen.

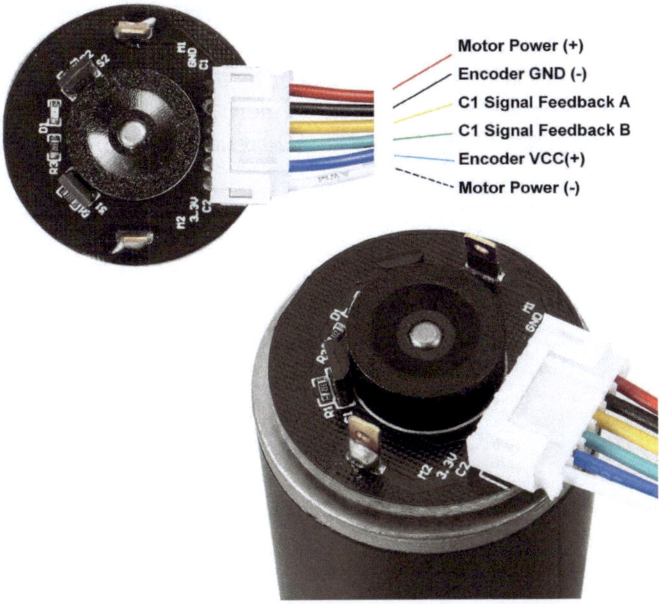

Abbildung 9.2: Hallgeber und Anschlüsse

Abbildung 9.3: Versuchsaufbau des DC Motors

9.2 Ansteuern des Motors mit PWM (Drehzahlsteuerung)

Listing 9.1: Arduino_Motor_PWM_ADC.ino

In diesem ersten Beispiel mit dem DC-Motor geht es um einen ersten Test des DC-Motors. Hier handelt es sich nicht um einen Regler, sondern um eine einfache Ansteuerung mit einem PWM-Signal. Der PWM-Ausgang des ESP32 steuert den BSP 76 mit einem der beiden PWM-Ausgänge an.

Initialisieren der Hardware:

```
// ESP32 ADC Pins
#define ADC1 32
#define ADC2 33

// PWM1 and PWM2 Pins
#define PWM1 12
#define PWM2 13
// use 10 or 12 bit precision for LEDC timer
#define PWM_RESOLUTION 10
// use 1000 Hz as a LEDC base frequency
#define PWM_FREQUENZ 1000

In 'setup()'
  pinMode(ADC1, INPUT);
  pinMode(ADC2, INPUT);

  Nextion_Send_Text_to_Textbox("t1","Voltage 1");
  Nextion_Send_Text_to_Textbox("t2"," PWM Value 1 ");
  Nextion_Send_Text_to_Textbox("t3"," ");
  Nextion_Send_Text_to_Textbox("t4","Voltage 2");
  Nextion_Send_Text_to_Textbox("t5"," PWM Value 2 ");
  Nextion_Send_Text_to_Textbox("t6"," Seconds");

  // Sets up a channel (0-15), a PWM duty cycle frequency, and a PWM resolution
(1 - 16 bits)
  ledcAttach(PWM1, PWM_FREQUENZ, PWM_RESOLUTION);
  ledcAttach(PWM2, PWM_FREQUENZ, PWM_RESOLUTION);
```

Auf der ESP32 Platine wird über ADC1 die Spannung ausgelesen. Der 12 Bit Wert von 0 bis 4095 wird in einen PWM Wert von 0 bis 1023 umgerechnet und ausgegeben.

```
In 'loop()'
  // Read ADC1 value
  int voltage1 = analogRead(ADC1);
  // Read ADC2 value
  int voltage2 = analogRead(ADC2);
  // Interpolate voltage 1
```

```
int scaledValue1 = map(voltage1, 0, 4095, 0, 1023);
int scaledValue2 = map(voltage2, 0, 4095, 0, 1023);

ledcWrite(PWM1, scaledValue1);
ledcWrite(PWM2, scaledValue2);
```

9.3 Ansteuern des Motors mit PWM und Drehzahlmessung

Hardwarebeschreibung

Die magnetische Drehzahlmessung von kleinen Gleichstrommotoren (DC-Motoren) mit zwei Signalausgängen erfolgt typischerweise mit Hilfe eines Hall-Effekt-Sensors oder eines magnetischen Encoder-Systems. Hier ist eine allgemeine Beschreibung des Aufbaus und der Funktionsweise:

Komponenten

1. Magnet: Ein kleiner Magnet ist an der Motorwelle befestigt. Dieser Magnet erzeugt ein magnetisches Feld, das von den Sensoren detektiert wird.

2. Hall-Effekt-Sensoren: Zwei Hall-Effekt-Sensoren sind in der Nähe des Magneten positioniert. Diese Sensoren erkennen Änderungen im magnetischen Feld, wenn sich der Magnet dreht.

3. Signalverarbeitungseinheit: Eine Elektronikeinheit, welche die Signale der Hall-Effekt-Sensoren verarbeitet und die Drehzahl des Motors berechnet.

Funktionsweise

1. Magnetfeldänderung: Wenn sich die Motorwelle dreht, ändert sich das Magnetfeld in der Nähe der Hall-Effekt-Sensoren.

2. Signal-Erzeugung: Jeder Hall-Effekt-Sensor erzeugt ein digitales Signal (normalerweise ein Rechtecksignal), wenn er eine Änderung im Magnetfeld erkennt. Die Frequenz dieser Signale ist proportional zur Drehzahl des Motors.

3. Phasenverschiebung: Da es zwei Hall-Effekt-Sensoren gibt, die in einem bestimmten Abstand zueinander positioniert sind, gibt es eine Phasenverschiebung zwischen den beiden Signalen. Diese Phasenverschiebung wird genutzt, um die Drehrichtung des Motors zu bestimmen.

4. Signalverarbeitung: Die Signale der beiden Hall-Effekt-Sensoren werden an die Signalverarbeitungseinheit gesendet. Diese Einheit zählt die Anzahl der Impulse pro Zeiteinheit (z.B. Impulse pro Sekunde), um die Drehzahl zu berechnen. Zusätzlich analysiert sie die Phasenverschiebung der beiden Signale, um die Drehrichtung zu ermitteln.

Die Drehzahlerfassung erfolgt mit den beiden Eingängen MOT1 und MOT2. Die Eingänge für die beiden Sensorleitungen des Motors werden als Interrupt-Eingänge konfiguriert. Bei einer steigenden Flanke wird ein Interrupt ausgelöst und die Funktion aufgerufen welche die Variable 'pulseCount' hochzählt.

Listing 9.2: Arduino_Motor_Speed_Measurement.ino

```
#define PWM1 12
#define PWM2 13

#define MOTSENS1 15
#define MOTSENS2 34

// Motor Pulses
volatile int pulseCount = 0;
volatile bool direction = false;
int lastPulseCount = 0;
int pulseDiff = 0;

// Sense Pins from Motor Encoder
pinMode(MOTSENS1, INPUT_PULLUP);
pinMode(MOTSENS2, INPUT_PULLUP);
// Interrupt für die Motor Impulse
attachInterrupt(digitalPinToInterrupt(MOTSENS1), handleSensorInterrupt1, RISING);
```

Die Funktion 'handleSensorInterrupt1()' wird durch eine positive Flanke des Eingangspins MOTSENS1 aufgerufen, und läuft parallel zum Hauptprogramm. Sie bestimmt die Drehrichtung des Motors, indem sie den Zustand des Pins MOTSENS2 im Vergleich zu MOTSENS1 überprüft: Wenn der Zustand von MOTSENS2 unterschiedlich zu dem von MOTSENS1 ist, wird die Drehrichtung als 1 (im Uhrzeigersinn) festgelegt; andernfalls wird sie als -1 (gegen den Uhrzeigersinn) interpretiert. Die Funktion erhöht zudem die Variable 'pulseCount', um die Anzahl der gemessenen Impulse zu zählen. Diese Impulse werden verwendet, um die Drehzahl oder Position des Motors zu berechnen. Da diese Funktion durch ein Interrupt-Signal ausgelöst wird, ist sie als IRAM_ATTR markiert, um sicherzustellen, dass sie im schnellen RAM ausgeführt wird und somit schnell auf Interrupts reagieren kann.

```
// This function is called when the state of the input pin MOTSENS1 changes.
// It is triggered by an interrupt and runs concurrently with the main program
void IRAM_ATTR handleSensorInterrupt1() {
  // Determine rotation direction based on the state of MOTSENS2.
  direction = (digitalRead(MOTSENS2) != digitalRead(MOTSENS1)) ? 1 : -1;
  // Increase pulse count.
  pulseCount++;
}
```

In der 'loop()'-Funktion wird alle 100 Millisekunden die Drehzahl des Motors berechnet und seriell ausgegeben. Wenn das Flag 'flag100ms' gesetzt ist, wird es auf 'false' zurückgesetzt, und der Unterschied der Impulsanzahl seit dem letzten Zyklus ('pulseDiff') wird berechnet, indem der aktuelle Impulszählerstand ('pulseCount') vom vorherigen Stand ('lastPulseCount') subtrahiert wird. Dieser Unterschied wird verwendet, um die Drehzahl des Motors in Umdrehungen pro Minute (RPM) zu berechnen, wobei die Umrechnung auf Basis der Impulsanzahl und der Zeit erfolgt. Der berechnete Steuerwert ('controlvalue') wird dann über das PWM-Signal auf den Motor ausgegeben, um die Geschwindigkeit einzustellen. Zusätzlich werden die aktuellen Sollwerte ('setpoint'), die berechnete Drehzahl ('rpm') und der Steuerwert ('controlvalue') auf der seriellen Schnittstelle ausgegeben und eine LED wird umgeschaltet, um visuell den Status der Schleife anzuzeigen.

```
// Control Loop 100ms rpm calculating
if (flag100ms)
{
    flag100ms=false;
    // Pulse count difference since the last cycle
    pulseDiff = pulseCount - lastPulseCount;
    // Update the variables for the next cycle
    lastPulseCount = pulseCount;
    // pulseDiff = movingAverageFilter(pulseDiff);
    // Motor Speed in revolutions per minute (RPM)
    rpm = (pulseDiff * 600) / 11;

    ledcWrite(PWM2, controlvalue);

    Serial.print("SP:");  Serial.print(setpoint);
    Serial.print(" RPM:");Serial.print(rpm);
    Serial.print(" CV:"); Serial.println(controlvalue);  // 0.. 1023
    digitalWrite(LED1,!digitalRead(LED1));
}
```

Die Ausgabe auf das Nextion Display erfolgt jede Sekunde.

```
// Update Nextion Display
if (flag1sec)
{
    flag1sec=false;

    Nextion_Send_Text_to_Textbox("txtT1",String(pulseDiff));
    Nextion_Send_Text_to_Textbox("txtT2",String(rpm));
    Nextion_Send_Text_to_Textbox("txtT3",String(controlvalue));
    Nextion_Send_Text_to_Textbox("txtT4",String(adcValue2));
    Nextion_Send_Text_to_Textbox("txtT5",String(setpoint));
    Nextion_Send_Text_to_Textbox("txtT6",String(pulseCount));
```

```
        digitalWrite(LED_BUILTIN,!digitalRead(LED_BUILTIN));
    }
```

Nachfolgend die Tabelle mit dem Stellwert von 0 bis 1023 und der Drehzahl. Man sieht sofort, dass sich der Motor erst ab einem PWM-Wert von ca. 200 anfängt zu drehen.

Stellwert	Drehzahl
0	0
100	0
150	0
200	763
250	1800
300	2509
400	3545
500	4200
600	4520
700	4850
800	5018
900	5236
1023	5618

Tabelle: PWM – Drehzahl Werte

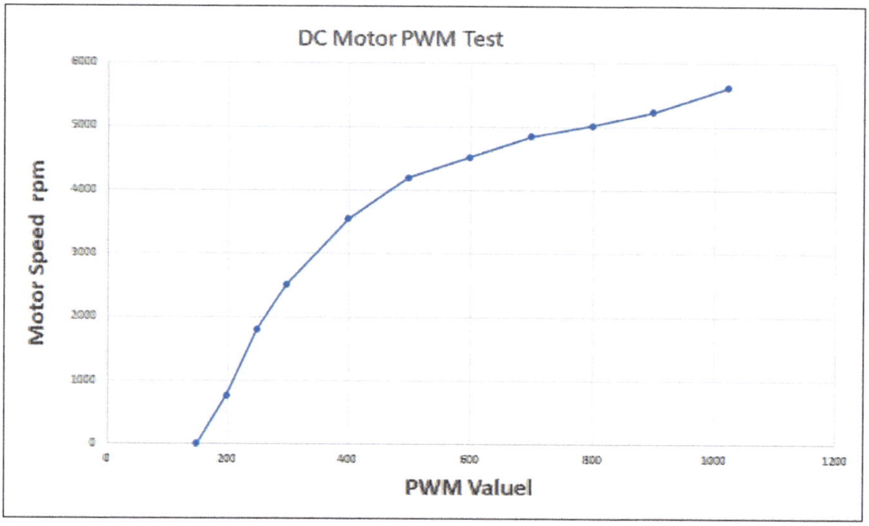

Abbildung 9.4: Motor Kennlinie des DC Motors

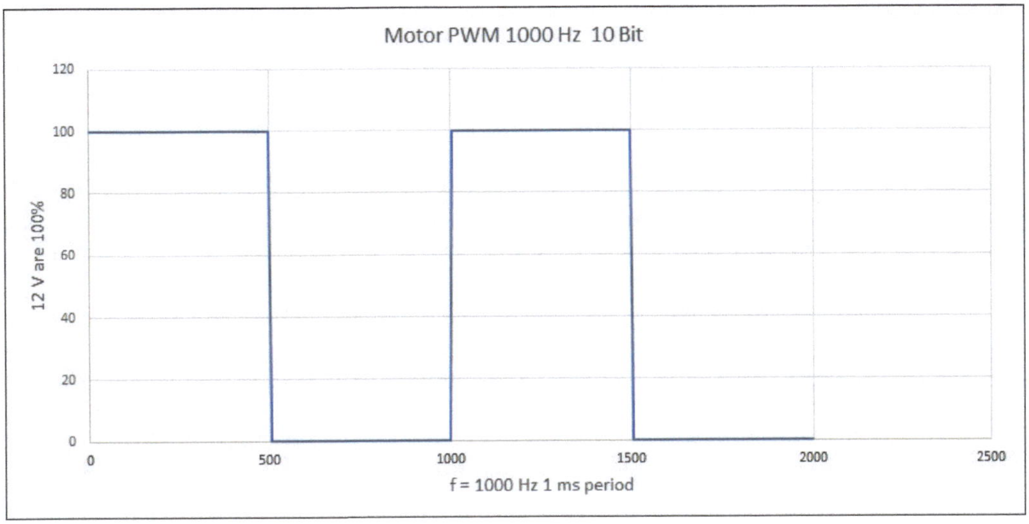

Abbildung 9.5: PWM Ausgang

Im nächsten Abschnitt geht es um die genaue Drehzahlregelung des Motors.

9.4 Motor Drehzahlregelung mit Fuzzy Logic

Die Regelungs-Software für den Gleichstrommotor (DC-Motor) basiert auf dem Fuzzy-Logik-Prinzip, die eine präzise und sanfte Anpassung der Motordrehzahl an den gewünschten Sollwert ermöglicht. Diese Steuerung ist besonders nützlich für Anwendungen, bei denen eine gleichmäßige und stabile Drehzahl erforderlich ist, selbst bei wechselnden Lastbedingungen.

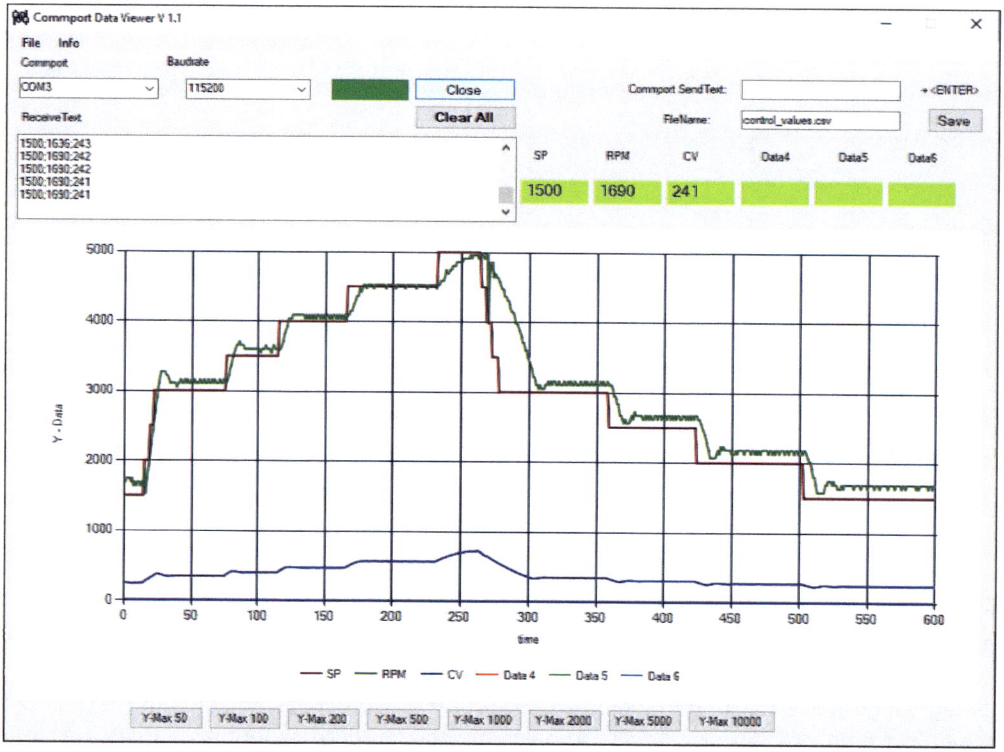

Abbildung 9.6: Drehzahlverlauf der Motorregelung

Funktionsweise des Fuzzy-Logik-Reglers

Die folgende Methode verwendet das Schwerpunktverfahren zur Defuzzifizierung. Bei der Defuzzifizierung wird eine gewichtete Summe der Zugehörigkeitswerte, der linguistischen Variablen, berechnet. Die Gewichtung erfolgt durch die Werte der Zugehörigkeitsfunktionen und die zugehörigen Ausgabewerte. Hier ist eine Erläuterung, wie dieses Verfahren funktioniert:

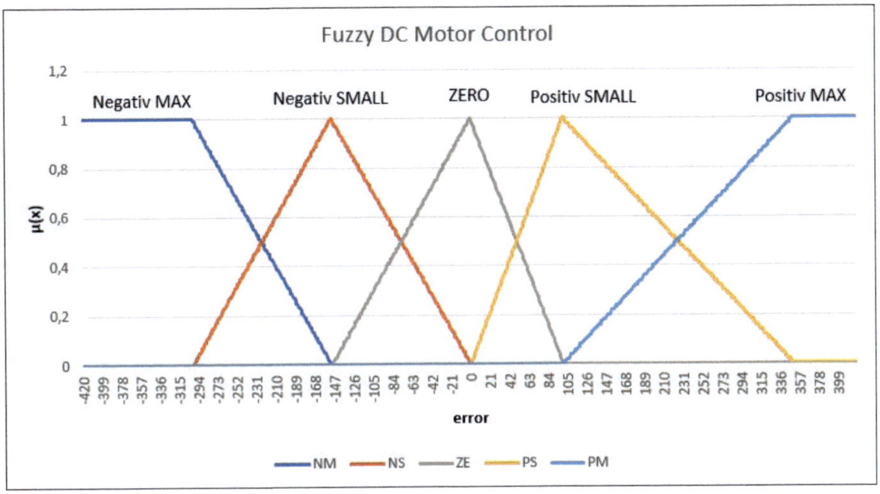

Abbildung 9.7: Fuzzy Memberships des Motor Reglers

1. Zunächst werden die Zugehörigkeitsgrade für die linguistischen Variablen (Links, Mitte, Rechts) berechnet, indem die entsprechenden Fuzzy-Funktionen auf den Fehler e angewendet werden.

2. Danach werden die gewichteten Summen dieser Zugehörigkeitsgrade berechnet. Jede Summe wird mit dem entsprechenden Ausgabewert U[x] multipliziert.

3. Die gewichteten Summen werden addiert, um den Zähler für den Mittelwert zu erhalten.

4. Die Summe der Zugehörigkeitsgrade wird im Nenner verwendet.

5. Schließlich wird der Mittelwert y berechnet, indem der Zähler durch den Nenner geteilt wird.

Der Mittelwert dient als finales Steuersignal. Hier ist eine Übersicht der Berechnung:

- Zähler: links * U[0] + mitte * U[1] + rechts * U[2]
- Nenner: links + mitte + rechts
- Mittelwert: Zähler : Nenner

Diese Methode berechnet das Steuersignal **y** basierend auf dem Fehlersignal **e** unter Verwendung der Fuzzy-Logik.

Die Einstellung der Drehzahl erfolgt hier über die Tasten BTN1 und BTN2. BTN1 für erhöhen des Sollwertes und BTN2 für verkleinern des Sollwertes. Durch Drücken der beiden Tasten wird der Wert auf 0 gesetzt.

Listing 9.3: Arduino_Motor_Speed_Control.ino

```
//----------------------------------------------------------------------
//
//              Arduino ESP32 DC Motor Example with PWM
//              ===========================================
//
//        Motor Control Software for Arduino ESP32 PID Fuzzy Control Board
//
//        Setpoint with POT 2 Value
//
//        Read Pulses per 100 ms and RPM
//
//        Outputting PWM2 to Motor // Getriebe 1 : 50
//
//   Date:      25/5/2024 11.03
//   Author:    Josef Bernhardt
//   Hardware: Arduino (ESPRESSIF) ESP32
//
//   File:      Arduino_Motor_Speed_Control.ino
//----------------------------------------------------------------------
#include <Arduino.h>
#include <Ticker.h>

// ESP32 UART 2 Pins
#define RXD2 16
#define TXD2 17

// ESP32 ADC Pins
#define ADC1 32
#define ADC2 33

#define LED_BUILTIN 2

#define RELAIS1 18
#define RELAIS2 19

#define PWM1 12
#define PWM2 13

#define MOTSENS1 15
#define MOTSENS2 34

// Buttons
#define BTN1 14
#define BTN2 27
```

```
// LED1
#define LED1 5
/*
float Kp = 0.24;
float Ki = 1.2;
float Kd = 0.012;
*/
/*
float Kp = 2.6;
float Ki = 0.0;
float Kd = 0.00;

float Kp = 0.0;
float Ki = 0.0;
float Kd = 0.0;
*/

float Kp = 0.34;
float Ki = 1.2;
float Kd = 0.012;

// use 10 or 12 bit precision for LEDC timer
#define PWM_RESOLUTION 10
// use 1000 Hz as a LEDC base frequency
#define PWM_FREQUENZ 1000

// Definiere die Zeitdauer zwischen den Timer-Aufrufen (in Millisekunden)
const unsigned long timerInterval = 10;  // 10 ms Intervall
volatile int counter1s = 0;
volatile bool flag1sec = false;

volatile int counter100ms = 0;
volatile bool flag100ms = false;

// Motor Pulses
volatile int pulseCount = 0;
int lastPulseCount = 0;
int pulseDiff = 0;

int setpoint = 0;

#define MIN(a, b) ((a) > (b) ? (b) : (a))
#define MAX(a, b) ((a) > (b) ? (a) : (b))

volatile int direction = 0;  // 0 für Stopp, 1 für Vorwärts, -1 für Rückwärts
```

```
// Ticker-Objekt für die Timer-Funktion
Ticker timer;

// These arrays are used to represent the degrees of membership
// of an input value in different regions of a fuzzy set.

float left[] = { -300, -150 };            // leftopen
float middle1[] = { -300, -150, 0 };  // negativ small
float middle2[] = { -150, 0, 100 };   // zero
float middle3[] = { 0, 100, 350 };    // positiv small
float right[] = { 100, 350 };           // right open

float U[] = { 0, 300, 600, 900, 1023 };  // Anpassung der Ausgangswerte
```

Diese Funktion berechnet den Zugehörigkeitsgrad eines gegebenen Eingabewerts x in einer links offenen Dreiecks-Zugehörigkeitsfunktion. Die links offene Zugehörigkeitsfunktion gibt einen Wert von 1,0 zurück, wenn der Eingabewert kleiner als der Wert a ist. Für Werte, die größer oder gleich diesem Wert sind, wird der Wert nach der Standardform der Dreiecks-Zugehörigkeitsfunktion berechnet.

```
float fuzzyLeftOpen(float x, float a, float b)
{
  if (x <= a)
  {
    return 1.0;
  }
  else if (x <= b)
  {
    return (b - x) / (b - a);
  }
  else
  {
    return 0.0;
  }
}
```

Diese Funktion berechnet den Zugehörigkeitsgrad eines gegebenen Eingabewerts x in einer Standard-Dreiecks-Zugehörigkeitsfunktion. Die Standard-Dreiecks-Zugehörigkeitsfunktion ist kontinuierlich und liefert einen Wert basierend auf dem Eingabewert.

Wenn x kleiner oder gleich a oder größer oder gleich c ist, gibt die Funktion einen Zugehörigkeitsgrad von 0.0 zurück.

Wenn x zwischen a und b liegt, steigt der Zugehörigkeitsgrad linear von 0,0 auf 1,0 an.

Wenn x zwischen b und c liegt, sinkt der Zugehörigkeitsgrad linear von 1,0 auf 0,0.

```
float fuzzyTriangle(float x, float a, float b, float c)
{
  if (x <= a || x >= c)
  {
    return 0.0;
  }
  else if (x <= b)
  {
    return (x - a) / (b - a);
  }
  else
  {
    return (c - x) / (c - b);
  }
}
```

Diese Funktion berechnet den Zugehörigkeitsgrad eines gegebenen Eingabewerts 'x' in einer rechts offenen Dreiecks-Zugehörigkeitsfunktion. Die rechts offene Dreiecks-Zugehörigkeitsfunktion gibt für Eingabewerte, die größer als der Mittelwert sind, stets 1,0 zurück.

Wenn x kleiner oder gleich a ist, gibt die Funktion einen Zugehörigkeitsgrad von 0,0 zurück.
Wenn x zwischen a und b liegt, steigt der Zugehörigkeitsgrad linear von 0,0 auf 1,0 an.
Wenn x größer als b ist, bleibt der Zugehörigkeitsgrad konstant bei 1,0.

```
float fuzzyRightOpen(float x, float a, float b)
{
  if (x <= a)
  {
    return 0.0;
  }
  else if (x <= b)
  {
    return (x - a) / (b - a);
  }
  else
  {
    return 1.0;
  }
}
```

Der Exponentiell Gleitende Durchschnitt (Exponential Moving Average, EMA) ist ein Filter, der einen gewichteten Durchschnitt von aktuellen und vorherigen Werten berechnet, wobei die neueren Werte stärker gewichtet werden. Im Gegensatz zum einfachen gleitenden

Durchschnitt (Simple Moving Average, SMA), bei dem alle Werte gleich gewichtet werden, berücksichtigt der EMA neuere Daten exponentiell stärker. Der Dämpfungsfaktor ('dampingFactor') steuert, wie stark der aktuelle Wert den geglätteten Wert beeinflusst: Ein kleiner Dämpfungsfaktor führt zu einer langsameren Anpassung, während ein großer Dämpfungsfaktor eine schnellere Reaktion ermöglicht. Der vorherige Wert wird statisch gespeichert, um eine kontinuierliche Glättung über mehrere Funktionsaufrufe hinweg zu gewährleisten. Die Funktion gibt schließlich den gedämpften Wert zurück, der ein Mittelwert aus dem aktuellen und dem vorherigen Wert ist.

```
float applyDamping(float currentValue)
{
  // Variable declarations
  float result;
  float dampingFactor = 0.02;      // Damping factor
  static float previousValue = 0; // Previous value, stored statically
  // Calculation of the damped value
  result = previousValue * (1.0 - dampingFactor) + currentValue * dampingFactor;
  // Update the previous value
  previousValue = result;
  // Return the damped value
  return result;
}
```

Die Funktion 'FuzzyControl(float w, float x)' verwendet die Methode des Schwerpunkts (Center of Gravity) zur Defuzzifizierung, um ein Steuerungssignal basierend auf der Regelabweichung zu berechnen. Zuerst wird der Fehler e als Differenz zwischen dem Sollwert w und dem Istwert x berechnet.

Anschließend werden die Zugehörigkeitsgrade für verschiedene Fuzzy Sets berechnet, welche die unterschiedlichen Regionen des Fehlerbereichs repräsentieren. Diese Zugehörigkeitsgrade werden verwendet, um gewichtete Summen für den Stellwert zu berechnen. Der Zähler der Berechnung wird durch die gewichtete Summe der Zugehörigkeitsgrade multipliziert mit den entsprechenden Steuerwerten gebildet, während der Nenner die Summe der Zugehörigkeitsgrade ist.

Die Berechnung des Steuersignals erfolgt durch Division des Zählers durch den Nenner. Dabei wird sichergestellt, dass der Wert innerhalb des zulässigen Bereichs von 0 bis 1023 liegt. Schließlich wird der Stellwert durch eine Dämpfungsfunktion verarbeitet und zurückgegeben.

```
int FuzzyControl(float w, float x) {
  // Calculate the membership values for the error signal in different regions of
the fuzzy sets.
  float e = w - x;
  float y;                    // Control signal
```

```
  float left_degree = fuzzyLeftOpen(e, left[0], left[1]);                    //
Membership value for the right region
  float middle_degree1 = fuzzyTriangle(e, middle1[0], middle1[1], middle1[2]);
// Membership value for the middle1 region
  float middle_degree2 = fuzzyTriangle(e, middle2[0], middle2[1], middle2[2]);
// Membership value for the middle2 region
  float middle_degree3 = fuzzyTriangle(e, middle3[0], middle3[1], middle3[2]);
// Membership value for the middle3 region
  float right_degree = fuzzyRightOpen(e, right[0], right[1]);                //
Membership value for the right region

  // Calculate the weighted sum of membership values to determine the control
signal.
  float numerator = left_degree * U[0] + middle_degree1 * U[1] + middle_degree2
* U[2] + middle_degree3 * U[3] + right_degree * U[4];  // Weighted sum of
membership values
  float denominator = left_degree + middle_degree1 + middle_degree2 + middle_
degree3 + right_degree;                          // Sum of membership
values
  // Avoid division by zero by checking if the denominator is zero.
  if (denominator != 0) {
    // Calculate the control signal as the ratio of the weighted sum to the sum
of membership values.
    y = numerator / denominator;
  } else {
    // If the denominator is zero, set the control signal to zero to avoid
undefined behavior.
    y = 0;
  }
  if (y > 1023) y = 1023;
  if (y < 0) y = 0;
  y = applyDamping(y);
  return (int)y;  // Return the control signal.
}
```

Die Funktion 'FuzzyControlMotor()' verwendet eine Fuzzy-Logik zur Steuerung des Motors und passt den Steuerwert ('controlvalue') basierend auf der Differenz zwischen dem Sollwert ('setpoint') und der aktuellen Drehzahl ('rpm') an. Zunächst berechnet die Funktion die Differenz zwischen dem Sollwert und der tatsächlichen Drehzahl. Mit einem definierten Dämpfungsfaktor von 0,5 wird der Sollwert sanft angepasst, wenn sich der Sollwert signifikant ändert, um plötzliche Änderungen zu vermeiden. Die Funktion berechnet dann die Zugehörigkeitsgrade für kleine und große Fehler, um festzustellen, wie stark die Anpassung des Steuerwerts sein sollte. Die Anpassung wird auf Grundlage dieser Zugehörigkeitsgrade und eines maximalen Anpassungswerts durchgeführt. Der berechnete Steuerwert wird auf einen gültigen Bereich von 0 bis 1023 begrenzt, um sicherzustellen, dass er im akzeptablen Bereich bleibt. Schließlich wird der aktuelle Sollwert gespeichert, um ihn im nächsten Zyklus als Referenz zu verwenden.

```
int FuzzyControlMotor(int setpoint, int rpm)
{
  static int controlvalue = 0;
  static int previous_setpoint = 0;
  int error = setpoint - rpm;
  // Dämpfungsfaktor für sanfte Anpassung des Sollwerts
  float dampingFactor = 0.5;
  // Fuzzy Logic Parameter
  float maxError = 1000.0;
  float maxAdjustment = 30.0;
  // Berechnung der Zugehörigkeitsgrade
  float smallErrorMembership = fmin(1.0, fabs(error) / 100.0);
  float largeErrorMembership = fmin(1.0, (fabs(error) - 100.0) / (maxError
- 100.0));
  // Aggregation der Regelbasis
  float adjustment = smallErrorMembership * maxAdjustment * 0.02 +
largeErrorMembership * maxAdjustment;
  if (error < 0) {
    adjustment = -adjustment;
  }
  // Sanfte Anpassung des Sollwerts
  int setpointChange = setpoint - previous_setpoint;
  if (abs(setpointChange) > 10) {
    setpoint = previous_setpoint + (setpointChange * dampingFactor);
  }
  // Anpassung des Steuerwerts
  controlvalue += (int)adjustment;
  // Begrenzen des Steuerwerts auf den gültigen Bereich
  if (controlvalue > 1023) {
    controlvalue = 1023;
  } else if (controlvalue < 0) {
    controlvalue = 0;
  }
  // Speichern des aktuellen Sollwerts
  previous_setpoint = setpoint;
  return controlvalue;
}

// Timer-Funktion
void timerCallback() {
  // Timer Period is 10ms
  counter1s++;
  if (counter1s >= 100) {
    flag1sec = true;
```

```
    counter1s = 0;
  }
  counter100ms++;
  if (counter100ms == 10) {
    flag100ms = true;
    counter100ms = 0;
  }
}

void IRAM_ATTR handleSensorInterrupt1() {
  // Determine rotation direction based on the state of MOTSENS2.
  direction = (digitalRead(MOTSENS2) != digitalRead(MOTSENS1)) ? 1 : -1;
  // Increase pulse count.
  pulseCount++;
}

// Send Values ti Nextion Display
void Nextion_Send_Text_to_Textbox(char *textbox, String sfloat) {
  Serial2.write(textbox);
  Serial2.write(".txt=\"");
  Serial2.print(sfloat);
  Serial2.write("\"");
  Serial2.write(0xFF);
  Serial2.write(0xFF);
  Serial2.write(0xFF);
}

unsigned char read_btn1() {
  unsigned char key = 0;
  unsigned char btn;
  static unsigned char btn_old = 0;  // Set initial value to 0 since the default
state of the button is not pressed (logically inverted)
  btn = digitalRead(BTN1);           // Using digitalRead to read the state of
the button
                                     // Start of button check Detect rising edge
  if (btn && (!btn_old))             // If the current state of the button is
HIGH and the previous state was LOW
  {
    // Debouncing
    delay(20);
    // Read again
    btn = digitalRead(BTN1);
    // If still HIGH, return 1
    if (btn) {
      key = 1;
    }
```

```
  }
  // Remember old value
  btn_old = btn;
  return key;
}

unsigned char read_btn2() {
  unsigned char key = 0;
  unsigned char btn;
  static unsigned char btn_old = 0;  // Set initial value to 0 since the default
state of the button is not pressed (logically inverted)
  btn = digitalRead(BTN2);           // Using digitalRead to read the state of
the button
                                     // Start of button check Detect rising edge
  if (btn && (!btn_old))             // If the current state of the button is
HIGH and the previous state was LOW
  {
    // Debouncing
    delay(20);
    // Read again
    btn = digitalRead(BTN2);
    // If still HIGH, return 1
    if (btn) {
      key = 1;
    }
  }
  // Remember old value
  btn_old = btn;
  return key;
}

void setup() {
  // USB Port
  Serial.begin(115200);
  // Nextion Display
  Serial2.begin(9600, SERIAL_8N1, RXD2, TXD2);

  pinMode(BTN1, INPUT);
  pinMode(BTN2, INPUT);

  Nextion_Send_Text_to_Textbox("t1", "Pulses");
  Nextion_Send_Text_to_Textbox("t2", "RPM 1/min");
  Nextion_Send_Text_to_Textbox("t3", "ControlValue");
  Nextion_Send_Text_to_Textbox("t4", "ADC2 ");
  Nextion_Send_Text_to_Textbox("t5", "Setpoint ");
  Nextion_Send_Text_to_Textbox("t6", " ");
```

```
  // Setup timer and attach timer to a led pin
  ledcAttach(PWM1, PWM_FREQUENZ, PWM_RESOLUTION);
  ledcAttach(PWM2, PWM_FREQUENZ, PWM_RESOLUTION);

  // Setze die Timer-Funktion mit der gewünschten Zeitdauer von 10ms
  timer.attach_ms(timerInterval, timerCallback);
  // Blink LED
  pinMode(LED_BUILTIN, OUTPUT);
  pinMode(LED1, OUTPUT);
  // Pins für die Impulse vom Motor
  pinMode(MOTSENS1, INPUT_PULLUP);
  pinMode(MOTSENS2, INPUT_PULLUP);
  // Interrupt für die Motor Impulse
  attachInterrupt(digitalPinToInterrupt(MOTSENS1), handleSensorInterrupt1,
RISING);
}

void loop()
{

  int controlvalue = 0;
  int setpointold = 0;
  int rpm = 0;

  int adcValue1 = analogRead(ADC1);  // Read Voltage from GPIO 32
  int adcValue2 = analogRead(ADC2);  // Read Voltage from GPIO 33

  // scale voltage to 0..50
  // setpoint = map(adcValue2, 0, 4095, 0, 50);
  // setpoint steps of 100
  // setpoint *= 100;

  if (read_btn1())
  {
    if (setpoint < 5000 ) setpoint +=500;
  }

  if (read_btn2())
  {
    if (setpoint > 500 ) setpoint -=500;
  }

  if (digitalRead(BTN1) && digitalRead(BTN2))
  {
    setpoint = 0;
```

```
}

// Control Loop 100ms
if (flag100ms)
{
  flag100ms = false;
  // Pulse count difference since last cycle
  pulseDiff = pulseCount - lastPulseCount;
  // Update the variables for the next cycle
  lastPulseCount = pulseCount;

  // Motor Speed in revolutions per minute (RPM)
  rpm = (pulseDiff * 600) / 11;

  if (setpoint > 50)
  {
    // Standard Fuzzy Control with triangles
    controlvalue = FuzzyControl((float)setpoint,(float)rpm);
    // New Fuzzy Example
    // controlvalue = FuzzyControlMotor(setpoint, rpm);
    ledcWrite(PWM2, controlvalue);
  }
  else
  {
    ledcWrite(PWM2, 0);
  }

  Serial.print("SP:");
  Serial.print(setpoint);
  Serial.print(" RPM:");
  Serial.print(rpm);
  Serial.print(" CV:");
  Serial.println(controlvalue);  // 0.. 1023
  digitalWrite(LED1, !digitalRead(LED1));
}

// Update Nextion Display
if (flag1sec) {
  flag1sec = false;

  Nextion_Send_Text_to_Textbox("txtT1", String(pulseDiff * 10));
  Nextion_Send_Text_to_Textbox("txtT2", String(rpm));
  Nextion_Send_Text_to_Textbox("txtT3", String(controlvalue));
  Nextion_Send_Text_to_Textbox("txtT4", String(adcValue2));
  Nextion_Send_Text_to_Textbox("txtT5", String(setpoint));
  Nextion_Send_Text_to_Textbox("txtT6", "");
```

```
    digitalWrite(LED_BUILTIN, !digitalRead(LED_BUILTIN));
  }
}
```

9.5 Motor Positionssteuerung

Ein Gleichstrommotor (DC-Motor) kann zur präzisen Positionsregelung verwendet werden, indem Drehzahlimpulse als Rückmeldung zur Bestimmung der aktuellen Position des Motors genutzt werden.

1. Grundprinzip der Positionsregelung

Die Positionsregelung zielt darauf ab, die Rotationsposition des Motors auf einen vorgegebenen Sollwert zu bringen und dort zu halten. Dies wird durch kontinuierliche Anpassung der Motorbewegung erreicht, um Abweichungen vom Sollwert zu korrigieren.

2. Drehzahlimpulse als Rückmeldung

Drehgeber (Encoder): Ein Drehgeber ist an der Motorwelle angebracht und erzeugt Impulse, wenn sich die Welle dreht. Diese Impulse sind proportional zur Drehzahl des Motors und können zur Berechnung der zurückgelegten Winkelposition verwendet werden.

Zählung der Impulse: Die Anzahl der erzeugten Impulse wird gezählt, um die zurückgelegte Drehung des Motors zu bestimmen. Jeder Impuls entspricht einem bestimmten Winkel, abhängig von der Auflösung des Encoders.

3. Ermittlung der aktuellen Position

Durch Integration der gezählten Impulse über die Zeit kann die aktuelle Position des Motors ermittelt werden.

Beispiel: Wenn der Encoder 1000 Impulse pro Umdrehung erzeugt, bedeutet jeder Impuls eine Drehung von 0,36 Grad. Wenn 500 Impulse gezählt wurden, hat sich die Welle um 180 Grad gedreht.

4. Regelkreis zur Positionsregelung

Sollwert (Zielposition): Die gewünschte Position, auf die der Motor bewegt werden soll.

Istwert (Aktuelle Position): Die aktuelle Position des Motors, bestimmt durch die gezählten Impulse.

Regelabweichung: Die Differenz zwischen Sollwert und Istwert.

Regler: Der Regler berechnet basierend auf der Regelabweichung ein Steuersignal, das an den Motor gesendet wird.

5. Motorsteuerung

Das vom Regler berechnete Steuersignal wird verwendet, um die Spannung und Stromzufuhr zum Motor anzupassen. Dadurch wird die Drehzahl und Drehrichtung des Motors gesteuert.

Beispiel: Wenn die aktuelle Position hinter dem Sollwert zurückbleibt, erhöht der Regler die Motorleistung, um den Motor schneller in die gewünschte Position zu bringen.

6. Feedback-Schleife
Die Motorbewegung erzeugt neue Impulse am Encoder, die erneut gezählt und ausgewertet werden.

Dieser kontinuierliche Prozess sorgt dafür, dass der Motor stets in Richtung der Sollposition korrigiert wird.

Zusammenfassend ermöglicht die Positionsregelung eines DC-Motors mit Drehzahlimpulsen eine präzise Steuerung durch die kontinuierliche Rückmeldung und Anpassung der Motorbewegung. Die Kombination aus Drehgeber, Impulszählung und Regelkreis gewährleistet, dass der Motor die gewünschte Position erreicht und beibehält.

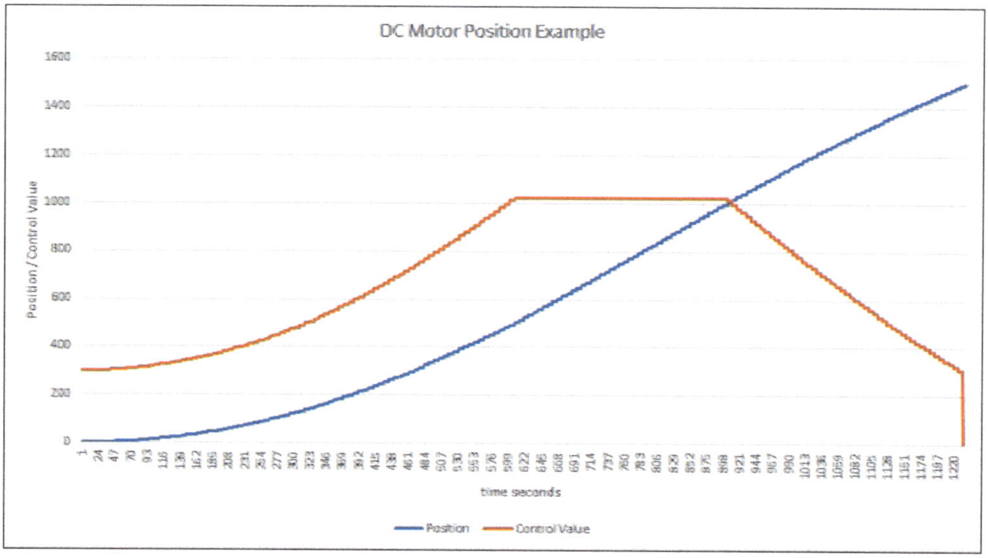

Abbildung 9.8: DC Motor Positionssteuerung

Beschreibung der Software
Die einfache Funktion '`void MotorPositionControlSimple(int setpoint)`' steuert den Motor mit voller Leistung an. Die Funktion '`void MotorPositionControlFuzzy(int setpoint)` ' verwendet ein Fuzzy Dreieck zur Berechnung des Stellwertes basierend auf dem aktuellen '`pulseCount`' und '`error`'.

Mit diesen Anpassungen wird der Stellwert für den Anstieg und Abfall mit Hilfe einer externen Fuzzy-Dreieck-Funktion berechnet.

Listing 9.4: Arduino_Motor_Position_Control.ino

```
//-------------------------------------------------------------------------
//
//            Arduino ESP32 DC Motor Example with PWM
//            ===========================================
//
//       Control Software for Arduino ESP32 PID Fuzzy Control Board
//
//       Control Motor Position with values from POT 2
//
//       Read Pulses with Motsens1
//
//       Outputting PWM2 to Motor BTN1 is the Start Button
//
//   Date:     15/07/2024
//   Author:   Josef Bernhardt
//   Hardware: Arduino (ESPRESSIF) ESP32
//
//   File:    Arduino_Motor_Position_Control.ino
//-------------------------------------------------------------------------
#include <Arduino.h>
#include <Ticker.h>

// ESP32 UART 2 Pins
#define RXD2 16
#define TXD2 17

// ESP32 ADC Pins
#define ADC1 32
#define ADC2 33

#define LED_BUILTIN  2

#define RELAIS1 18
#define RELAIS2 19

#define PWM1 12
#define PWM2 13

#define MOTSENS1 15
#define MOTSENS2 34

// Buttons
#define BTN1 14
#define BTN2 27
```

```
// LED1
#define LED1 5

// use 10 or 12 bit precision for LEDC timer
#define PWM_RESOLUTION 10
// use 1000 Hz as a LEDC base frequency
#define PWM_FREQUENZ 1000

// Definiere die Zeitdauer zwischen den Timer-Aufrufen (in Millisekunden)
const unsigned long timerInterval = 10; // 10 ms Intervall
volatile int counter5s = 0;
volatile bool flag5sec = false;

// Motor Pulses
volatile int pulseCount = 0;

// Ticker-Objekt für die Timer-Funktion
Ticker timer;

unsigned char read_btn1()
{
    unsigned char key = 0;
    unsigned char btn;
    static unsigned char btn_old = 0; // Set initial value to 0 since the default
state of the button is not pressed (logically inverted)
    btn = digitalRead(BTN1);          // Using digitalRead to read the state of
the button
                                      // Start of button check Detect rising edge
    if (btn && (!btn_old))            // If the current state of the button is
HIGH and the previous state was LOW
    {
        // Debouncing 30ms
        delay(30);
        // Read again
        btn = digitalRead(BTN1);
        // If still HIGH, return 1
        if (btn)
        {
            key = 1;
        }
    }
    // Remember old value
    btn_old = btn;
    return key;
}
```

```
// Timer-Funktion
void timerCallback()
{
  // Timer Period is 10ms
  counter5s++;
  if (counter5s >= 500)
  {
    flag5sec = true;
    counter5s = 0;
  }
}

// This function is called when the state of the input pin MOTSENS1 changes.
// It is triggered by an interrupt and runs concurrently with the main program
void IRAM_ATTR handleSensorInterrupt1() {
  // Determine rotation direction based on the state of MOTSENS2.
  // Increase pulse count.
  if (digitalRead(MOTSENS2)==true) pulseCount++;
}

void MotorPositionControlSimple(int setpoint)
{
    int error;
    int controlvalue = 500;
    digitalWrite(LED1,1);
    while (true)
    {
      error = setpoint - pulseCount;
      ledcWrite(PWM2, controlvalue);
      // Serial Print Entfernen, nur für Test
      // Serial.print("Pulse:");  Serial.println(pulseCount);
      // Nextion_Send_Text_to_Textbox("txtT6",String(pulseCount));
      if (error <= 0)
      {
        ledcWrite(PWM2, 0);
        Nextion_Send_Text_to_Textbox("txtT6",String(pulseCount));
        Serial.print("Pulse:");  Serial.println(pulseCount);
        digitalWrite(LED1,0);
        return;
      }
    }
}
```

Die Funktion 'fuzzyTriangle' berechnet einen Ausgabewert basierend auf einer dreieckigen Fuzzy-Logik-Kurve. Wenn der Eingabewert kleiner oder gleich 'inputMin' ist, gibt die Funktion 'outputMin' zurück. Liegt der Eingabewert größer oder gleich 'inputMax', wird 'outputMax' zurückgegeben. Befindet sich der Eingabewert im Intervall zwischen 'inputMin' und 'inputMax', berechnet die Funktion einen interpolierten Ausgangswert.

```
// Fuzzy Triangle
int fuzzyTriangle(int input, int inputMin, int inputMax, int outputMin, int
outputMax) {
    if (input <= inputMin) {
        return outputMin;
    } else if (input >= inputMax) {
        return outputMax;
    } else {
        return outputMin + ((input - inputMin) * (outputMax - outputMin)) /
(inputMax - inputMin);
    }
}
```

Die Funktion 'MotorPositionControlFuzzy()' steuert die Position eines Motors, indem sie den Sollwert ('setpoint') mit dem aktuellen Wert ('pulseCount') vergleicht und den Fehler berechnet. Zu Beginn wird der Stellwert des Motors auf 300 gesetzt, und eine LED wird aktiviert. Im Verlauf der Steuerung wird der Stellwert des Motors dynamisch angepasst, entweder durch die 'fuzzyTriangle'-Funktion für einen Fehlerbereich oder direkt auf 1023, wenn der Fehler größer als 500 ist. Sobald der Fehler null oder negativ ist, wird der Motor gestoppt, die LED ausgeschaltet und der aktuelle Wert wird über eine Schnittstelle ausgegeben. Während des Betriebs werden Debug-Informationen seriell ausgegeben, um die Pulsanzahl und den Stellwert zu überwachen.

```
// Motor Position Control
void MotorPositionControlFuzzy(int setpoint) {
    int error;
    int controlvalue = 300; // Initialer Stellwert
    digitalWrite(LED1, 1);
    while (true) {
        error = setpoint - pulseCount;
        if (pulseCount < 500) {
            // Fuzzy-Dreieck für den Anfangsbereich (Anstieg von 300 auf 1023)
            controlvalue = fuzzyTriangle(pulseCount, 0, 500, 300, 1023);
        } else if (error > 500) {
            controlvalue = 1023;
        } else if (error > 0 && error <= 500) {
            // Fuzzy-Dreieck für den Endbereich (Abfall von 1023 auf 300)
            controlvalue = fuzzyTriangle(error, 0, 500, 300, 1023);
        } else {
            controlvalue = 0;
```

```
        }
        // Stellwert an den Motor senden
        ledcWrite(PWM2, controlvalue);
        // Debug-Informationen (für Testzwecke)
        Serial.print("Pulse:");Serial.print(pulseCount);
        Serial.print(" CV:");  Serial.println(controlvalue);
        // Nextion_Send_Text_to_Textbox("txtT6", String(pulseCount));
        // Wenn der Fehler 0 oder negativ ist, den Motor stoppen
        if (error <= 0) {
            ledcWrite(PWM2, 0);
            Nextion_Send_Text_to_Textbox("txtT6", String(pulseCount));
            Serial.print("Pulse:");  Serial.println(pulseCount);
            digitalWrite(LED1, 0);
            return;
        }
    }
}


// Send Values to Nextion Display
void Nextion_Send_Text_to_Textbox(char *textbox,String sfloat)
{
        Serial2.write(textbox);
        Serial2.write(".txt=\"");
        Serial2.print(sfloat);
        Serial2.write("\"");
        Serial2.write(0xFF);
        Serial2.write(0xFF);
        Serial2.write(0xFF);
}

// Init hardware
void setup()
{
  // USB Port
  Serial.begin(115200);
  // Nextion Display
  Serial2.begin(9600, SERIAL_8N1, RXD2, TXD2);

  Nextion_Send_Text_to_Textbox("t1","");
  Nextion_Send_Text_to_Textbox("t2","");
  Nextion_Send_Text_to_Textbox("t3","ControlValue");
  Nextion_Send_Text_to_Textbox("t4","ADC2 ");
  Nextion_Send_Text_to_Textbox("t5","Setpoint ");
  Nextion_Send_Text_to_Textbox("t6","PulseCount");
```

```
  // Setup timer and attach timer to a led pin
  ledcAttach(PWM1, PWM_FREQUENZ, PWM_RESOLUTION);
  ledcAttach(PWM2, PWM_FREQUENZ, PWM_RESOLUTION);

  ledcWrite(PWM1, 0);
  ledcWrite(PWM2, 0);

  // Setze die Timer-Funktion mit der gewünschten Zeitdauer von 10ms
  timer.attach_ms(timerInterval, timerCallback);
  // Blink LED
  pinMode(LED_BUILTIN, OUTPUT);
  pinMode(LED1, OUTPUT);
  // Pins für die Impulse vom Motor
  pinMode(MOTSENS1, INPUT_PULLUP);
  pinMode(MOTSENS2, INPUT_PULLUP);
  pinMode(BTN1, INPUT);
  pinMode(BTN2, INPUT);
  // Interrupt für die Motor Impulse
  attachInterrupt(digitalPinToInterrupt(MOTSENS1), handleSensorInterrupt1,
CHANGE);

}
```

Im Hauptprogramm wird innerhalb einer Endlosschleife kontinuierlich der analoge Wert eines Pins (ADC2) gelesen und in einen Wert von 0 bis 100 umgerechnet. Dieser Wert wird anschließend auf 0 bis 5000 skaliert, indem er mit 50 multipliziert wird, um den 'setpoint' zu berechnen. Wenn ein Button gedrückt wird (erkannt durch 'read_btn1()'), erfolgt eine Reihe von Aktionen: Der Text in einer Textbox auf dem Nextion-Display wird gelöscht, die Variable 'pulseCount' wird auf 0 zurückgesetzt und die Funktion 'MotorPositionControlExternTriangle()' wird aufgerufen, um den Motor auf die berechnete Position zu bewegen. Mehrere Textboxen auf dem Nextion-Display werden mit aktuellen Werten aktualisiert, darunter der analoge Eingangswert, der berechnete 'setpoint' und ein Steuerwert. Zusätzlich wird eine LED regelmäßig alle 250 Millisekunden ein- und ausgeschaltet, um ein visuelles Feedback zu geben. Der Code sorgt somit für eine fortlaufende Aktualisierung der Anzeige- und Steuerungswerte sowie für die Bewegung des Motors.

```
void loop()
{
  int setpoint = 0;
  int controlvalue = 0;
  int error = 0;
  float controlValueFloat = 0;
  int i = 0;

  // int adcValue1 = analogRead(ADC1); // Lesen des analogen Eingangswerts am
GPIO 32
```

```
  // int adcValue2 = analogRead(ADC2); // Lesen des analogen Eingangswerts am
GPIO 33

  Nextion_Send_Text_to_Textbox("txtT1","");
  Nextion_Send_Text_to_Textbox("txtT2","");
  Nextion_Send_Text_to_Textbox("txtT3","");
  Nextion_Send_Text_to_Textbox("txtT4","");
  Nextion_Send_Text_to_Textbox("txtT5","");
  Nextion_Send_Text_to_Textbox("txtT6","");

  while(true)
  {

      int adcValue2 = analogRead(ADC2); // Lesen des analogen Eingangswerts am
GPIO 33

      // Skalierung der Spannung für den setpoint in 50er Schritten
      setpoint = (int)map(adcValue2, 0, 4095, 0, 100); setpoint *=50;

      // Starte Move to Position
      if (read_btn1())
      {
          // Clear TextBox
          Nextion_Send_Text_to_Textbox("txtT6","");
          pulseCount = 0;
          MotorPositionControlExternTriangle(setpoint);
          // MotorPositionControlSimple(setpoint);
      }

      ledcWrite(PWM2, 0);
      Nextion_Send_Text_to_Textbox("txtT1",String(0));
      Nextion_Send_Text_to_Textbox("txtT2",String(0));
      Nextion_Send_Text_to_Textbox("txtT3",String(controlvalue));
      Nextion_Send_Text_to_Textbox("txtT4",String(adcValue2));
      Nextion_Send_Text_to_Textbox("txtT5",String(setpoint));
      // Nextion_Send_Text_to_Textbox("txtT6",String(pulseCount));

      digitalWrite(LED_BUILTIN,!digitalRead(LED_BUILTIN));
      delay(250);

  }
}
```

Kapitel 10 • Sliding-Mode-Regler

Die Sliding-Mode-Regelung wurde in den 1950er Jahren von Emelyanov und Itkis entwickelt. Diese Methode wurde weiterentwickelt und popularisiert durch die Arbeiten von Vadim Utkin in den 1970er Jahren. Vadim Utkin gilt als einer der Hauptpioniere auf diesem Gebiet und hat wesentlich zur Theorie und Anwendung des Sliding-Mode-Reglers beigetragen.

10.1 Allgemeine Beschreibung des Sliding Mode Reglers

Ein Sliding-Mode-Regler (SMR) ist ein nichtlinearer Regelungsansatz, der besonders in Systemen mit Unsicherheiten und Störungen effektiv ist. Diese Regelungsmethode zwingt das System, auf einer vordefinierten Gleitfläche zu bleiben, wodurch es robust gegen Modellunsicherheiten und äußere Störungen wird.

Die grundlegende Idee des Sliding-Mode-Reglers besteht darin, ein diskontinuierliches Steuerungssignal zu verwenden, welches das System dynamisch zur Gleitfläche hinführt und darauf hält. Dadurch wird eine scharfe Trennung zwischen den Regelphasen erreicht, was eine schnelle und präzise Reaktion auf Änderungen im Systemverhalten ermöglicht.

Ein wesentliches Merkmal des Sliding-Mode-Reglers ist seine Fähigkeit, das Verhalten eines Systems so zu formen, dass es den gewünschten Zustand erreicht und dort verbleibt. Dies wird durch die Gleitfläche erreicht, welche durch eine Linearkombination des Regelungsfehlers und seiner Ableitung definiert ist.

Die Robustheit des Sliding-Mode-Reglers gegenüber Störungen und Unsicherheiten macht ihn besonders attraktiv für Anwendungen in der Automobilindustrie, der Robotik, der Luft- und Raumfahrt sowie in vielen anderen Bereichen, in denen Zuverlässigkeit und Präzision entscheidend sind.

Einfluss von $c1$ und $c2$ auf den Sliding-Mode-Regler

In einem Sliding-Mode-Regler ist die Gleitfläche s eine Funktion des Regelungsfehlers e und seiner Ableitung e'. In diesem Fall ist die Gleitfläche definiert als $s=c1 \cdot e+c2 \cdot e'$. Die Konstanten $c1$ und $c2$ spielen eine entscheidende Rolle in der Gestaltung des Regelverhaltens. Hier sind die Hauptauswirkungen von $c1$ und $c2$:

Stabilität und Dynamik des Systems

$c1$: Dieser Koeffizient bestimmt den Einfluss des Regelungsfehlers e auf die Gleitfläche. Ein höherer Wert von $c1$ führt dazu, dass der Regler stärker auf Abweichungen vom Sollwert reagiert. Dies kann die Konvergenzgeschwindigkeit erhöhen, aber auch zu einer stärkeren Empfindlichkeit gegenüber Messrauschen führen.

$c2$: Dieser Koeffizient bestimmt den Einfluss der Ableitung des Regelungsfehlers e' auf die Gleitfläche. Ein höherer Wert von $c2$ erhöht die Reaktion des Reglers auf schnelle Änderungen des Regelungsfehlers. Dies verbessert die Fähigkeit des Reglers, schnelle Störungen zu dämpfen, kann jedoch auch zu einer höheren Regelamplitude und damit zu einer stärkeren Beanspruchung des Aktuators führen.

Kompromiss zwischen Schnelligkeit und Robustheit
Durch eine geeignete Wahl von $c1$ und $c2$ kann ein Kompromiss zwischen der Regelgeschwindigkeit (wie schnell das System auf Störungen und Änderungen reagiert) und der Robustheit (wie gut das System gegenüber Unsicherheiten und Störungen robust ist) erreicht werden. Ein hoher Wert für $c1$ könnte das System schneller machen, aber weniger robust gegen Rauschen. Ein hoher Wert für $c2$ könnte das System robuster gegen Störungen machen, aber zu einer stärkeren Oszillation führen.

Tracking-Performance
Die Gewichtung von e und e‘ durch $c1$ und $c2$ beeinflusst, wie gut der Regler dem Referenzsignal folgt. Eine gute Wahl von $c1$ und $c2$ sorgt dafür, dass der Regler effizient dem gewünschten Pfad folgt, ohne dabei instabil zu werden oder zu oszillieren.

Robustheit gegen Modellunsicherheiten
In Sliding-Mode-Reglern ist die Robustheit gegen Modellunsicherheiten und externe Störungen eine der Hauptstärken. Die richtige Wahl von $c1$ und $c2$ kann die Fähigkeit des Reglers verbessern, mit solchen Unsicherheiten umzugehen. Eine höhere Gewichtung auf e‘ (durch $c2$) kann beispielsweise dazu beitragen, dass das System schnell auf unvorhergesehene Änderungen reagiert und sich stabilisiert.

Das Steuerungsgesetz: $u=-K$·sign(s)
Der Ausdruck $u=-K$·sign(s) beschreibt das Steuerungsgesetz eines Sliding-Mode-Reglers. Um das besser zu verstehen, sollten wir die einzelnen Bestandteile und ihre Bedeutungen betrachten:

Sliding-Mode-Regler
Ein Sliding Mode Regler ist eine spezielle Art von Regler, die verwendet wird, um die Dynamik eines Systems zu beeinflussen, indem das System gezwungen wird, auf einer bestimmten Gleitfläche (Sliding Surface) zu bleiben.

Gleitfläche (Sliding Surface) s
Die Gleitfläche s ist eine lineare Kombination aus dem Fehler e und seiner Ableitung e‘ und wird durch die Gleichung $s=c1\cdot e+c2\cdot e'$ definiert. Die Konstanten $c1$ und $c2$ bestimmen, wie stark jeder dieser beiden Anteile gewichtet wird.

Steuerungsgesetz $u = -K \cdot$ sign(s)

u: Dies ist das Steuerungssignal, das auf das System angewendet wird, um es zu regeln.

K: Dies ist eine positive Verstärkungskonstante, die die Stärke des Steuerungssignals bestimmt.

sign(s): Dies ist die Signumfunktion von s, die wie folgt definiert ist:

sign(s) = +1, wenn s > 00, wenn s = 0−1, wenn s<0

$-K{\cdot}\text{sign}(s)$: Dieses Steuerungsgesetz bedeutet, dass das Steuerungssignal u proportional zur Verstärkung K und dem Vorzeichen von s ist. Es wird immer in die Richtung wirken, die das System zurück auf die Gleitfläche bringt.

Funktionsweise
Wenn das System sich oberhalb der Gleitfläche ($s>0$) befindet, wird das Steuerungssignal u negativ ($u=-K{\cdot}(+1)=-K$), was das System nach unten in Richtung der Gleitfläche drückt.

Wenn das System sich unterhalb der Gleitfläche ($s<0$) befindet, wird das Steuerungssignal u positiv ($=-K{\cdot}(-1)=+K$), was das System nach oben in Richtung der Gleitfläche drückt.

Wenn das System genau auf der Gleitfläche ist ($s=0$), ist das Steuerungssignal u null ($u=-K{\cdot}0=0$).

Robustheit und Chattering
Ein wesentlicher Vorteil des Sliding Mode Reglers ist seine Robustheit gegenüber Modellunsicherheiten und externen Störungen, da das Steuerungsgesetz stark auf das Vorzeichen des Fehlers reagiert und das System schnell zur Gleitfläche zurückführt.

Ein Nachteil ist das sogenannte "Chattering", ein Phänomen, bei dem das Steuerungssignal sehr schnell zwischen positiven und negativen Werten wechselt, wenn das System nahe an der Gleitfläche ist. Dies kann zu unerwünschten Vibrationen und Verschleiß in realen Systemen führen. Um das Chattering zu reduzieren, werden oft modifizierte Steuerungsgesetze oder Filter verwendet.

Zusammengefasst ist das Steuerungsgesetz $u=-K{\cdot}\text{sign}(s)$ ein einfaches, aber effektives Mittel, um ein System zur gewünschten Gleitfläche zu bringen und dort zu halten, wobei K die Stärke des Steuerungssignals und sign(s) die Richtung der Steuerung bestimmt.

10.2 Sliding Mode Regler Beispiel mit der PT2 Strecken Simulation

Listing 10.1: Arduino_PT2_Sliding_Mode_Controller.ino

```
// c1: Beeinflusst den Einfluss des aktuellen Fehlers auf das Sliding Surface.
// Höhere Werte führen zu einer schnelleren Systemreaktion.
// c2: Beeinflusst den Einfluss der Fehleränderung auf das Sliding Surface.
// Höhere Werte führen zu einer aggressiveren Systemreaktion.
float slidingModeController(float setpoint, float temperature)
{
    float eta = 100.0;
    float c1 = 0.1;
    float c2 = 1.25; // C2 = 3.5 is OK too
    float control_value = 0;
    float sliding_surface;
    static float previous_error = 0;
    float error = setpoint - temperature;
    // Calculate the sliding surface
```

```
    // sliding_surface = lambda * error;
    sliding_surface = c1 * error + c2 * (error - previous_error);
    previous_error = error;
    // Determine the control input based on the sliding surface
    if (sliding_surface > 0)
    {
        control_value = eta; // Heating
    }
    else if (sliding_surface < 0)
    {
        control_value = -eta; // Cooling
    }
    // no negativ Values
    if (control_value < 0) control_value = 0;
    return control_value;
}
```

Das Ergebnis sieht ähnlich aus wie bei einem Zweipunktregler, man sieht aber das der Regler wesentlich genauer arbeitet und beim Hochfahren nicht überschwingt.

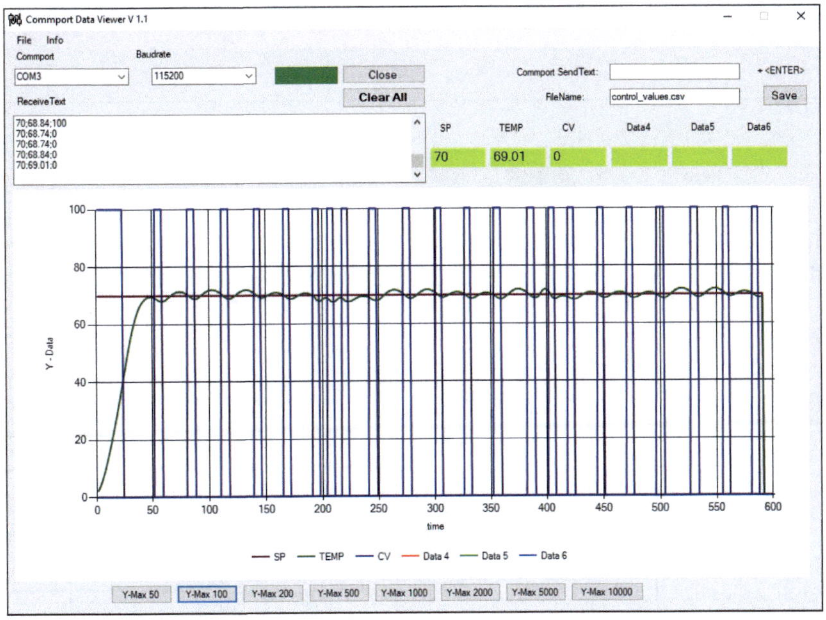

Abbildung 10.1: Simulation des SMC Reglers

Wenn eine stetige Ausgangsgröße gewünscht wird eignet sich diese Version mit der Berechnung des Stellwertes anhand einer EXP Funktion.

```
float slidingModeControllerEXP(float setpoint, float temperature)
{
    float eta = 100.0;
    float c1 = 0.1;
    float c2 = 1.25; // C2 = 3.5 is OK too
    float control_value;
    float sliding_surface;
    static float previous_error = 0;
    float error = setpoint - temperature;
    // Calculate the sliding surface
    sliding_surface = c1 * error + c2 * (error - previous_error);
    previous_error = error;
    // Determine the control input based on the sliding surface
    // Use a continuous control law instead of a binary one
    // Logistic function for smooth output
    control_value = eta * (1.0 / (1.0 + exp(-sliding_surface)));
    // Ensure control value is within bounds
    if (control_value < 0) control_value = 0;
    if (control_value > 100) control_value = 100;
    return control_value; // Returns pulse duration in milliseconds
}
```

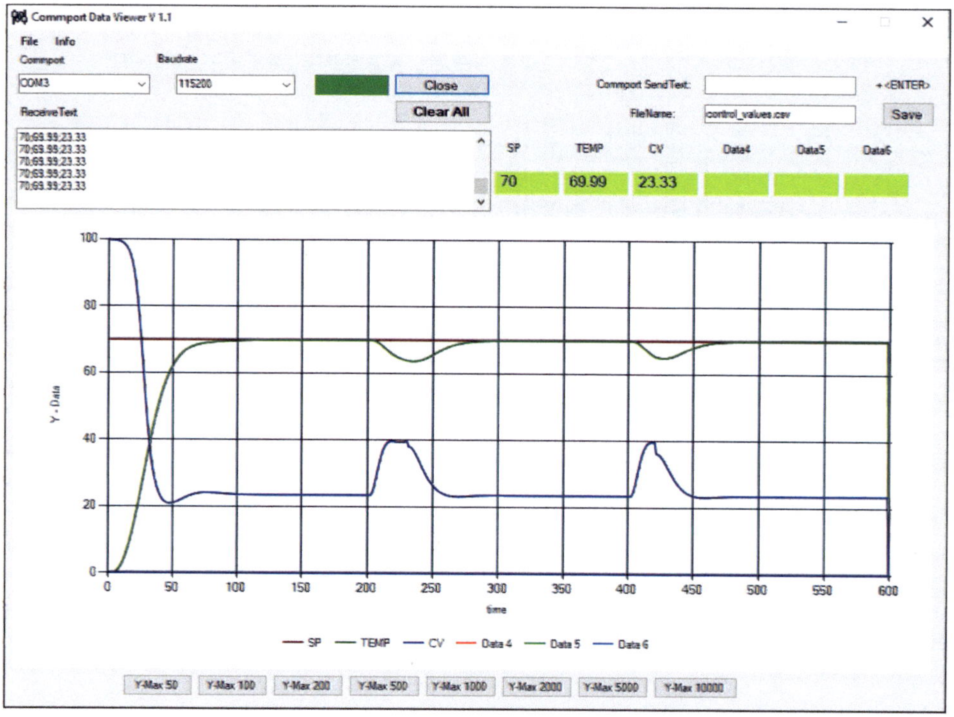

Abbildung 10.2: Simulation von Störungen

Beim Testen dieser Funktion ist aufgefallen das die Temperatur höher war als eingestellt. Der Wert ändert sich je nach gewünschtem Stellwert. Durch einen Testlauf mit den Temperaturen von 50 °C bis 100 °C konnten folgende Werte ermittelt werden. Mit einer Interpolation kann jetzt der genaue Wert auch für Zwischenwerte wie z.B. 74,3 ermittelt werden.

```
float CorrectionValue = 0.0;
// 50 K
// float CorrectionValue = 16.08;
// 60 K
// float CorrectionValue = 13.85;
// 70 K
// float CorrectionValue = 11.88;
// 80 K
// float CorrectionValue = 10.11;
// 90 K
// float CorrectionValue = 8.47;
// 100 K
// float CorrectionValue = 6.93;
```

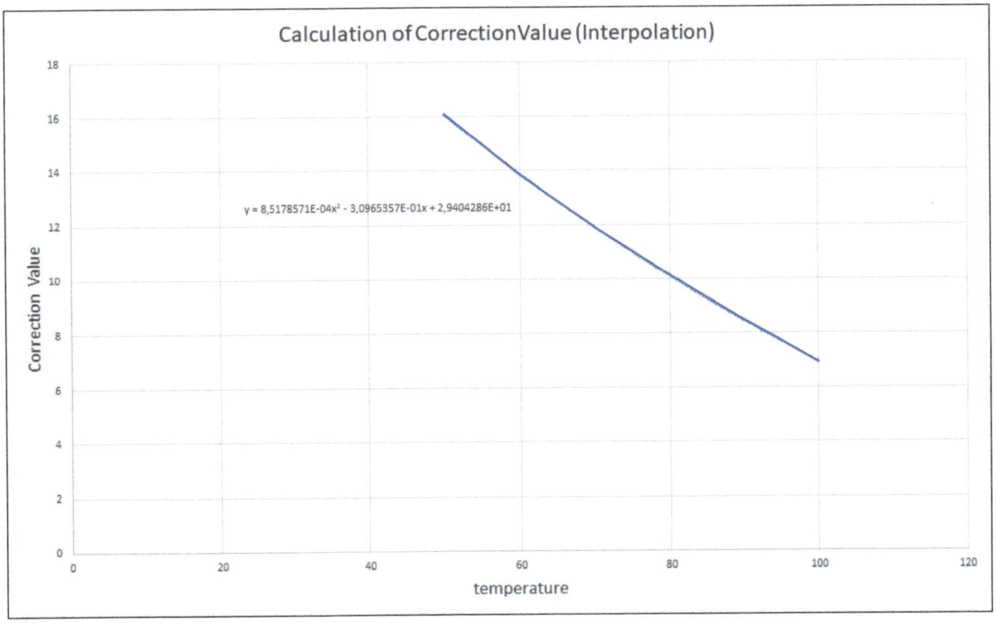

Abbildung 10.3: Korrektur Chart

Hier die Funktion für die Anpassung in Ansi C für den Arduino:

```
// Funktion zur Berechnung von y basierend auf der gegebenen quadratischen
Gleichung
float calculateY(float x) {
    // Koeffizienten der quadratischen Gleichung
    float a = 8.5178571E-04;
    float b = -3.0965357E-01;
    float c = 2.9404286E+01;
    // Berechnung von y
    float y = a * x * x + b * x + c;
    return y;
}
```

Dieser Wert wird beim Aufruf der Regler Funktion mit verwendet. Damit erreicht man eine hohe Genauigkeit von wenigen 1/00 K über den gesamten Bereich.

```
  // uncomment for slidingModeControllerEXP()
  CorrectionValue = calculateY(setpoint);

  for (int i = 0; i < 600; i++)
  {
      // Simulating the temperature control system
      temperature = PT2_Simulation(control_signal,0);

      // Control signal from the two-point controller
      // control_signal = twoPointController(setpoint,temperature,hysteresis);

      // Control signal from the sliding mode controller
      // control_signal = slidingModeController(setpoint,temperature+2.5);
      control_signal =
slidingModeControllerEXP(setpoint,temperature+CorrectionValue);

      Serial.print("SP:");
      Serial.print(setpoint, 1);         // Setpoint with one decimal place
      Serial.print(" TEMP:");
      Serial.print(temperature, 2);      // Temperature with two decimal places
      Serial.print(" CV:");
      Serial.print(control_signal, 2);   // Control signal with two decimal places
      Serial.println();                  // New line for the next output
      delay(150);

      if (i>200 && i<230) temperature = PT2_Simulation(0,0);
      if (i>400 && i<420) temperature = PT2_Simulation(0,0);

  }
```

10.3 Sliding Mode Regler Beispiel mit realer Strecke

Ein weiteres Beispiel findet man unter Arduino_Slide_PhysicalHeater.ino für die reale Heizung des Alu Blocks aus Kapitel 4:

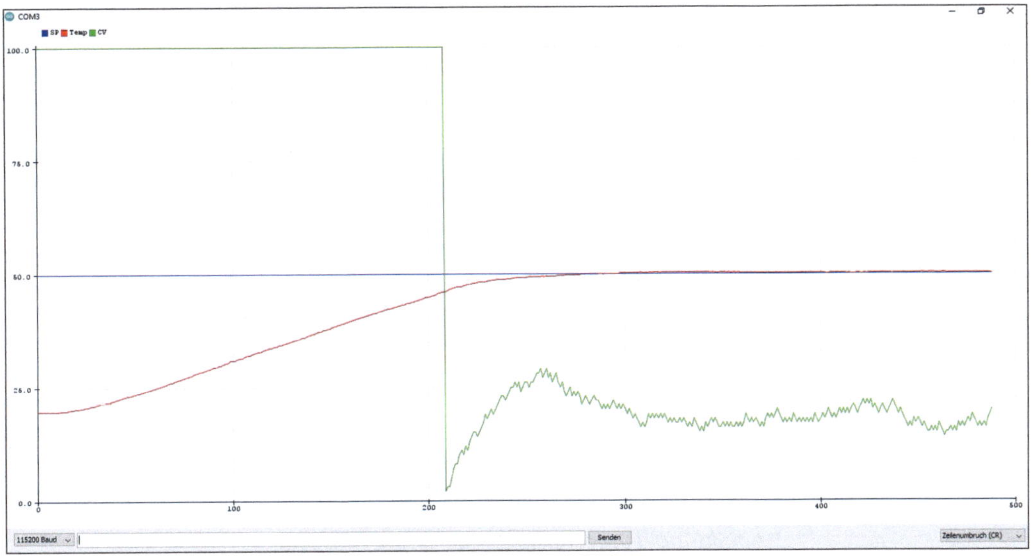

Abbildung 10.4: Temperatur Chart Heizung

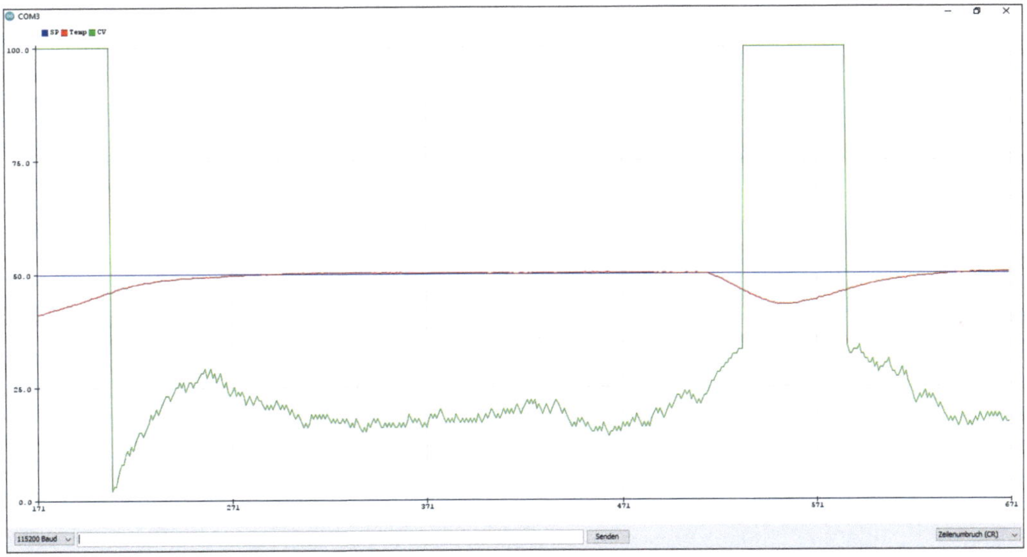

Abbildung 10.5: Temperatur Chart Störungen

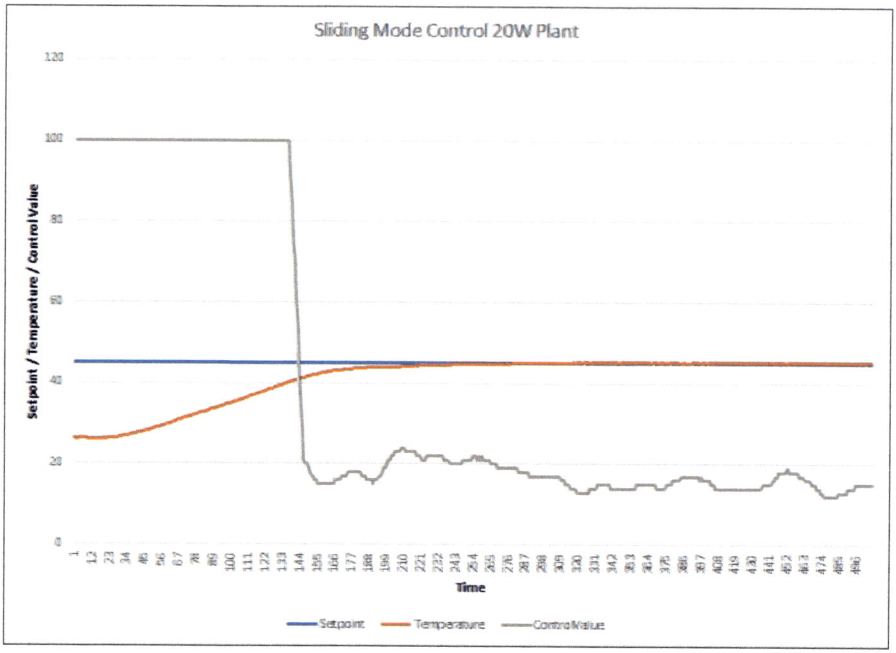

Abbildung 10.6: Temperatur Chart Heizung

Realer Temperatur Regler mit Sliding Mode Programmbeschreibung:

Listing 10.2: Arduino_Slide_PhysicalHeater.ino

```
//----------------------------------------------------------------------
//
//              Arduino Sliding Mode Physical Heater
//              ============_======================
//
//        Control Software for Arduino ESP32 PID Fuzzy Control Board
//        10ms Timer Interrupt Function
//        Init UART2 for Nextion Display
//        Display ADC1 and ADC2 Values on Display NX3224F028_001
//
//        Reading NTC1 Sensor with ADC1 / Set the Setpoint with POT2 on ADC2
//        Sliding Mode Controller Example
//        Outputting the pulses to Pin RELAIS1 for the heater
//
//
//    Date:     05/07/2024
//    Author:   Josef Bernhardt
//    Hardware: Arduino (ESPRESSIF) ESP32
//
//    File:     Arduino_PhysicalHeater_SlidingModeControl.ino
```

```
//------------------------------------------------------------------
#include <Arduino.h>
#include <Ticker.h>

int LED_BUILTIN = 2;

// ESP32 UART 2 Pins
#define RXD2 16
#define TXD2 17

// I2C Pins
#define I2CSCL 22
#define I2CSDA 21

// ESP32 ADC Pins
#define ADC1 32
#define ADC2 33
// Motor Sensor Pins
#define MOTSENS1 15
#define MOTSENS2 34
// Buttons
#define BTN1 14
#define BTN2 27

// Relay and Mosfet (BSP76) Pins
#define RELAIS1 18
#define RELAIS2 19
// LED1
#define LED1 5
// PWM1 and PWM2 Pins
#define PWM1 12
#define PWM2 13
// DAC Outputs 0..5V
#define DAC1 25
#define DAC2 26
// One Wire
#define DS18B20 4

#define FILTER_SIZE 10

// Define 10ms Period
const unsigned long timerInterval = 10;

// Ticker-Objekt for the Timer-Funktion
Ticker timer;
```

```
// Counter
int counter10ms=0;

int counterRelais1 = 0;

// When 1 second is elapsed
bool OneSecond = false;

// Counter for seconds
int CounterSeconds = 0;

float surface = 0;

// Arrays for NTC10K calculation
float Voltages[18] = {0};
float Temperatures[18] = {0};
int n_ntc = 18;

float VoltageESP32 = 3.3;
```

Um die Kalibrierung des ADCs zu überprüfen, wird die Spannung am ADC1 mit einem Potentiometer auf z.B. 1 Volt eingestellt und der angezeigte Wert von 'voltage1' im Display für den entsprechenden Wert in ADC[7] eingetragen. Dies wird für andere Spannungen von 100 mV bis 3,3 V wiederholt. Die 12-Bit-ADC-Werte reichen von 0 bis 4095 und sind in dem Array 'ADC[]' gespeichert. Das Array 'Ua[]' enthält die dazugehörigen Spannungswerte in Volt. Die Anzahl der Messpunkte ist durch 'n_adc' auf 15 festgelegt.

```
float ADC[] = {0,   0,   123,   249, 496,  817,  1141, 1456, 1778, 2416, 3067,
3922, 4095, 4095, 4095};
// (Ua) in volts values applied to ADC by calibrator
float Ua[] = {0.00, 0.10, 0.20, 0.30, 0.50, 0.75, 1.00, 1.25, 1.50, 2.00, 2.50,
3.00, 3.07, 3.15, 3.30};
int n_adc = 15;

void Heat1_ON(int value)
{
  //Serial.println("ON");
  if (value > 0)
  {
    counterRelais1 = value;
    digitalWrite(RELAIS1,1);
    digitalWrite(LED1,1);
  }
}

void Heat1_OFF()
```

```
{
  //Serial.println("OFF");
  digitalWrite(RELAIS1,0);
  digitalWrite(LED1,0);
}

int mapInteger(int value, int fromLow, int fromHigh, int toLow, int toHigh) {
    return (value - fromLow) * (toHigh - toLow) / (fromHigh - fromLow) + toLow;
}

float mapFloat(float x, float in_min, float in_max, float out_min, float out_max)
{
  return (x - in_min) * (out_max - out_min) / (in_max - in_min) + out_min;
}
```

Die Funktion 'readvalue_linear(int n, float *x, float *y, float xn)' führt eine lineare Interpolation durch, um den y-Wert für einen gegebenen x-Wert 'xn' zu berechnen. Zunächst wird das Intervall ermittelt, in dem 'xn' liegt, indem die Werte im Array 'x' durchsucht werden. Danach wird die lineare Interpolation innerhalb dieses Intervalls durchgeführt, um den entsprechenden y-Wert zu berechnen. Das Ergebnis basiert auf der Steigung zwischen den benachbarten Punkten im Array. Die berechnete y-Koordinate wird dann zurückgegeben.

```
// Linear interpolation
// Input Parameters:
// n = Number of values -1
// x = x Array
// y = y Array
// xn = Value to be calculated
float readvalue_linear(int n,float *x,float *y, float xn)
{
    int j = 0;
    // Determine interval of xn
    while (j < n-1 && xn > x[j+1]) j++;
    // interpolate xn
    return ((y[j+1]-y[j]) / (x[j+1]-x[j])) * (xn-x[j]) + y[j];
}
```

Die Funktion 'filter_NTC1(float value)' implementiert einen gleitenden Mittelwertfilter für den NTC1-Sensor. Sie verschiebt alle Werte im Array 'values' um eine Position nach links, um Platz für den neuen Wert am Ende des Arrays zu schaffen. Der neue Wert wird dann an die letzte Position des Arrays eingefügt. Danach wird die Summe aller Werte im Array berechnet. Schließlich wird der Durchschnitt der Werte ermittelt und als gefiltertes Ergebnis zurückgegeben.

```
// Moving Average Filter
float filter_NTC1(float value)
{
    static float values[FILTER_SIZE] = {0};
    float sum = 0;
    int i;
    for (i=0; i<FILTER_SIZE-1;i++)
    {
      values[i] = values[i+1];
    }
    values[FILTER_SIZE-1] = value;
    for (i=0; i<FILTER_SIZE;i++)
    {
      sum +=values[i];
    }
    return sum / (float)FILTER_SIZE;
}
```

Die Funktion 'filterControlValue(int newValue)' implementiert einen gleitenden Mittelwertfilter für den NTC1-Sensor. Sie speichert die letzten 'FILTER_SIZE' Werte in einem statischen Array 'values' und aktualisiert dieses bei jedem Aufruf mit dem neuen Wert an der aktuellen Indexposition. Der Index wird zyklisch erhöht, um immer den ältesten Wert im Array zu überschreiben. Anschließend wird der Durchschnitt aller Werte im Array berechnet. Die Funktion gibt diesen Durchschnitt zurück, um das gefilterte Ergebnis zu liefern.

```
// Filter des NTC1 Sensors
int filterControlValue(int newValue) {
    // Array zum Speichern der letzten FILTER_SIZE Werte
    static int values[FILTER_SIZE] = {0};
    static int index = 0;
    int sum = 0;
    // Aktualisieren des Werts an der aktuellen Indexposition
    values[index] = newValue;
    // Inkrementieren des Index für den nächsten Wert
    index = (index + 1) % FILTER_SIZE;
    // Berechnung des Durchschnitts der Werte im Array
    for (int i = 0; i < FILTER_SIZE; ++i) {
        sum += values[i];
    }
    return sum / FILTER_SIZE;
}
```

Die Funktion 'calculateResistance(float T)' berechnet den Widerstand eines NTC-Thermistors basierend auf der Temperatur 'T'. Sie verwendet die Steinhart-Hart-Gleichung, wobei der Nennwiderstand 'R0' bei 25 °C und der B-Wert des Thermistors berücksichtigt werden. Das Ergebnis ist der Widerstand des Thermistors bei der gegebenen Temperatur.

```
// Function to calculate the resistance of an NTC thermistor based on temperature
float calculateResistance(float T)
{
    // Konstanten
    const float R0 = 10000.0; // Nennwiderstand des Thermistors bei 25°C
    const float B = 3950.0;   // B-Wert des Thermistors siehe Datenblatt
    return R0 * exp(B * ((1.0 / (T + 273.15)) - (1.0 / (25 + 273.15))));
}
```

Die Funktion 'calulateVoltage(float Rt)' berechnet die Spannung über einem Spannungsteiler, bei dem der NTC-Widerstand 'Rt' mit einem festen Widerstand von 10k Ohm in Serie geschaltet ist. Die Spannung 'Ua' wird anhand der Eingangsspannung 'UE' (VoltageESP32) und des Widerstands 'Rt' berechnet. Das Ergebnis ist die Spannung, die am NTC-Widerstand abfällt.

```
// Voltage from voltage divider 10k input NTC resistor
float calulateVoltage(float Rt)
{
    float R25 = 10000;
    float UE = VoltageESP32;
    float Ua=(UE*Rt)/(Rt+R25);
    return Ua;
}
```

Die Funktion 'initArrayNTC()' initialisiert zwei Arrays, die Widerstandswerte eines NTC-Thermistors und die entsprechenden Temperaturen speichern. Sie durchläuft den Temperaturbereich von -35 °C bis 135 °C in Schritten von 10 °C und berechnet für jede Temperatur den entsprechenden Widerstand und die Spannung. Diese berechneten Werte werden dann in den Arrays 'Temperatures' und 'Voltages' gespeichert. Der Zähler 'loop' sorgt dafür, dass die Werte rückwärts in den Arrays abgelegt werden.

```
// Init Array with NTC Resist and Temperature
void initArrayNTC()
{
    // Temperaturbereich von -35°C bis 135°C
    int min_temp = -35;
    int max_temp = 135;
    float voltage;
    int loop = sizeof(Voltages) / sizeof(Voltages[0]) - 1;
    // Schleife über den Temperaturbereich
    for (float temp = min_temp; temp <= max_temp; temp+=10)
```

```
        {
            // Berechnen des Widerstands für die aktuelle Temperatur
            float resistance = calculateResistance(temp);
            float voltage = calulateVoltage(resistance);
            // Speichern der Werte für Temperatur und Spannung in Arrays
            Temperatures[loop] = temp;
            Voltages[loop] = voltage;
            loop--;
        }
}

// Timer-Funktion
// Called every 10 ms
void timerCallback()
{
  // Inc 10ms Counter
  counter10ms++;
  counterRelais1--;
  // If one Second
  if(counter10ms==100)
  {
     counter10ms = 0;
     // One Second
     OneSecond = true;
  }
  if(counterRelais1==0)
  {
     Heat1_OFF();
  }
}

// Sends Data to Nextion Display in a textbox
void Nextion_Send_Text_to_Textbox(char *textbox,String sfloat)
{
        Serial2.write(textbox);
        Serial2.write(".txt=\"");
        Serial2.print(sfloat);
        Serial2.write("\"");
        Serial2.write(0xFF);
        Serial2.write(0xFF);
        Serial2.write(0xFF);
}
```

Der Exponentielle Gleitende Durchschnitt (EMA) ist ein Filter, der einen gewichteten Durchschnitt von aktuellen und vorherigen Werten berechnet, wobei die neueren Werte stärker gewichtet werden. Im Gegensatz zum einfachen gleitenden Durchschnitt (SMA), bei dem alle Werte gleich gewichtet werden, berücksichtigt der EMA neuere Daten exponentiell stärker. Der Dämpfungsfaktor (dampingFactor) steuert, wie stark der aktuelle Wert den geglätteten Wert beeinflusst: Ein kleiner Dämpfungsfaktor führt zu einer langsameren Anpassung, während ein großer Dämpfungsfaktor eine schnellere Reaktion ermöglicht. Der vorherige Wert wird statisch gespeichert, um eine kontinuierliche Glättung über mehrere Funktionsaufrufe hinweg zu gewährleisten. Die Funktion gibt schließlich den gefilterten Wert zurück, der eine Mischung aus dem aktuellen und dem vorherigen Wert ist.

```
float applyDamping(float currentValue)
{
  // Variable declarations
  float result;
  float dampingFactor = 0.05;      // Damping factor
  static float previousValue = 0; // Previous value, stored statically
  // Calculation of the damped value
  result = previousValue * (1.0 - dampingFactor) + currentValue * dampingFactor;
  // Update the previous value
  previousValue = result;
  // Return the damped value
  return result;
}
```

Die Funktion 'slidingModeController()' implementiert einen Sliding-Mode-Controller zur Regelung der Temperatur. Sie berechnet den Fehler zwischen dem Sollwert und der aktuellen Temperatur und ermittelt die Gleitfläche anhand der Parameter c1 und c2. Basierend auf der Gleitfläche wird entschieden, ob die Heizung eingeschaltet wird (wenn die Gleitfläche positiv ist) oder keine Aktion (wenn die Gleitfläche negativ ist). Der berechnete Steuerwert wird durch eine Dämpfungsfunktion weiter angepasst, und bei einem Fehler größer als 5,0 wird dieser auf 100 gesetzt. Schließlich wird der angepasste Wert zurückgegeben.

```
float slidingModeController(float setpoint, float temperature)
{
    float eta = 40.0;
    float c1 = 0.025;
    float c2 = 1.0;
    float control_value = 0;
    float sliding_surface = 0;
    static float previous_error = 0;

    float error = setpoint - temperature;
    // Calculate the sliding surface
    sliding_surface = c1 * error + c2 * (error - previous_error);
    // Monitoring sliding surface
    surface = sliding_surface*100.0;
    // Determine the control input based on the sliding surface
    if (sliding_surface > 0)
```

```
    {
        control_value = eta;        // Heating
    }
    else
    {
        // control_value = -eta;  // Cooling
        control_value = 0;        // No action
    }
    control_value = applyDamping(control_value);
    previous_error = error;
    if (error > 5.0) control_value = 100;
    return control_value;
}

// Initializing the hardware
void setup()
{
  // Init USB UART
  Serial.begin(115200);
  // Nextion Display
  // TFTSerial.begin(9600);
  Serial2.begin(9600, SERIAL_8N1, RXD2, TXD2);
  // Init Hardware
  pinMode(LED_BUILTIN, OUTPUT);
  pinMode(LED1, OUTPUT);
  pinMode(RELAIS1, OUTPUT);
  pinMode(RELAIS2, OUTPUT);
  pinMode(BTN1, INPUT);
  pinMode(BTN2, INPUT);

  pinMode(ADC1, INPUT);
  pinMode(ADC2, INPUT);

  Nextion_Send_Text_to_Textbox("t1","VoltageNTC");
  Nextion_Send_Text_to_Textbox("t2","Temp NTC1");
  Nextion_Send_Text_to_Textbox("t3","ControlValue");
  Nextion_Send_Text_to_Textbox("t4","Voltage POT2");
  Nextion_Send_Text_to_Textbox("t5","Setpoint");
  Nextion_Send_Text_to_Textbox("t6","Surface * 100");

  initArrayNTC();

  // Init Timer with 10ms
  timer.attach_ms(timerInterval, timerCallback);

}
```

Die Funktion 'loop()' führt kontinuierlich die Hauptlogik des Programms aus. Sie liest die analogen Werte von zwei ADC-Kanälen ein und verwendet diese Werte, um den Sollwert ('setpoint') und die aktuelle Temperatur zu berechnen. Die Spannung vom ersten ADC-Kanal wird interpoliert, und die resultierende Temperatur wird unter Berücksichtigung eines gefilterten Wertes berechnet. Wenn eine Sekunde vergangen ist, wird der Steuerwert durch den Sliding-Mode-Controller berechnet und zur Steuerung der Heizung verwendet. Zusätzlich werden Werte über die serielle Schnittstelle ausgegeben und an ein Nextion Display gesendet. Eine LED wird in regelmäßigen Abständen umgeschaltet, um den Betrieb anzuzeigen. Der Code ermöglicht somit eine regelmäßige Aktualisierung und Steuerung basierend auf den gemessenen und berechneten Werten.

```
void loop()
{
  // Place your main code here to execute repeatedly:
  float setpoint = 0;
  float temperature = 0;
  int control_signal = 0;
  float hysteresis = 0.0;

  // Read ADC1 value
  int voltage1 = analogRead(ADC1);
  // Read ADC2 value
  int voltage2 = analogRead(ADC2);
  // setpoint between 25 and 60 K
  int scaledValue = mapInteger(voltage2, 0, 4095, 25, 60);
  setpoint = (float)scaledValue;

  // Interpolate voltage 1
  float u1 = readvalue_linear(n_adc-1,ADC,Ua,(float)voltage1);
  // Interpolate voltage 2
  // float u2 = readvalue_linear_voltage(n_adc-1,ADC,Ua,(float)voltage2);

  // temperature = readvalue_linear(n_ntc-1,Voltages,Temperatures,u1);
  temperature = readvalue_linear(n_ntc-1,Voltages,Temperatures,filter_NTC1(u1));

  // Check if one second has passed
  if (OneSecond)
  {
      // Reset the boolean variable OneSecond
      OneSecond = false;
      CounterSeconds++;

      control_signal = slidingModeController(setpoint,temperature);

      // control_signal = filterControlValue(control_signal);
```

```
        // Heat1 10-1000 ms on step 10ms
        Heat1_ON(control_signal);

        // Sends variable to USB UART and Seriell Monitor
        Serial.print("SP:");
        Serial.print(setpoint, 1);      // Setpoint with one decimal place
        Serial.print(" Temp:");
        Serial.print(temperature, 2); // Temperature with one decimal place
        Serial.print(" CV:");
        Serial.print(control_signal); // Control signal with one decimal place
        Serial.println();              // New line for the next output

        // Sends variable to display
        Nextion_Send_Text_to_Textbox("txtT1",String(voltage1));
        Nextion_Send_Text_to_Textbox("txtT2",String(temperature,3));
        Nextion_Send_Text_to_Textbox("txtT3",String(control_signal));
        // Sends variable to display
        Nextion_Send_Text_to_Textbox("txtT4",String(voltage2));
        Nextion_Send_Text_to_Textbox("txtT5",String(setpoint));
        // Nextion_Send_Text_to_Textbox("txtT6",String(CounterSeconds));
        Nextion_Send_Text_to_Textbox("txtT6",String(surface,3));

        // Switching LED
        digitalWrite(LED_BUILTIN,!digitalRead(LED_BUILTIN));
    }
    // Additional code for the main loop
}
```

10.4 Optimierung der Parameter $c1$ und $c2$ mit Fuzzy Logic

Einführung

Fuzzy Logic Controller (FLC) bieten eine robuste Methode zur Optimierung von Parametern in einem Sliding-Mode-Controller (SMC). Hier diskutieren wir, wie FLC $c1$ und $c2$ basierend auf dem Fehler e und seiner Ableitung e' dynamisch anpassen kann.

Beispiel für Fuzzy-Regeln

Im Folgenden finden Sie ein vereinfachtes Beispiel für Fuzzy-Regeln, die $c1$ und $c2$ basierend auf linguistischen Variablen von e und e' anpassen:

Beispiel für Fuzzy-Regeln			
e	e'	$c1$	$c2$
NB (Negativ groß)	NB (Negativ groß)	L (Groß)	S (Klein)
NB (Negativ groß)	Z (Null)	M (Mittel)	S (Klein)
Z (Null)	Z (Null)	M (Mittel)	M (Mittel)
PB (Positiv groß)	PB (Positiv groß)	L (Groß)	S (Klein)

Implementierung im Sliding Mode Controller

Die Implementierung der optimierten Werte von $c1$ und $c2$ in den Sliding Mode Controller umfasst:

1. Kontinuierliches Überwachen von e und $\dot{e}$.
2. Verwendung von FLC, um basierend auf aktuellen Werten von e und $\dot{e}$ optimale $c1$ und $c2$ zu bestimmen.
3. Aktualisierung der Gleitflächengleichung $s=c1\cdot e+c2\cdot \dot{e}$ mit den neu optimierten Werten.
4. Berechnung des Steuerungssignals $u=-K\cdot\text{sign}(s)$ unter Verwendung der angepassten Parameter.

Zusammenfassung

Die Kombination aus Fuzzy Logic und Sliding-Mode-Control bietet einen robusten und anpassungsfähigen Ansatz zur Verbesserung der Regelungsleistung. Fuzzy Logic ermöglicht die Echtzeitoptimierung von $c1$ und $c2$, wodurch das System effektiv auf Unsicherheiten und Störungen reagieren kann.

Erläuterungen

1. Initialisierung der Fuzzy-Regeln: Die Regeln legen fest, wie c1 und c2 basierend auf den linguistischen Variablen des Fehlers e und seiner Ableitung edot angepasst werden.
2. Initialisierung der Parameter und Variablen: Festlegung der Startwerte für die Variablen und Konstanten.
3. Überwachung von e und e': Messung des aktuellen Fehlers und seiner Ableitung.
4. Anpassung von c1 und c2: Bestimmung der optimalen Werte für c1 und c2 basierend auf den aktuellen Werten von e und e'.
5. Aktualisierung der Gleitflächengleichung: Berechnung der Gleitfläche s mit den neuen optimierten Werten.
6. Berechnung des Steuerungssignals: Bestimmung des Steuerungssignals u unter Verwendung der angepassten Parameter.
7. Anwendung des Steuerungssignals: Implementierung des berechneten Steuerungssignals auf das System.

Dieser Pseudocode beschreibt die grundsätzliche Funktionsweise eines Fuzzy-Logic-Controllers zur dynamischen Anpassung der Parameter in einem Sliding-Mode-Controller und bietet eine robuste Methode zur Regelungsoptimierung.

Listing 10.4: Dynamische Anpassung eines Sliding Mode Reglers (Pseudocode)

```
INITIALIZE FLC rules for c1 and c2 based on linguistic variables of e and e˙
    RULE: IF e == NB AND e˙ == NB THEN c1 = L AND c2 = S
    RULE: IF e == NB AND e˙ == Z THEN c1 = M AND c2 = S
    RULE: IF e == Z AND e˙ == Z THEN c1 = M AND c2 = M
    RULE: IF e == PB AND e˙ == PB THEN c1 = L AND c2 = S

INITIALIZE parameters and variables
    e = 0       // error
    e_dot = 0  // derivative of error
    c1 = 1      // initial value of c1
    c2 = 1      // initial value of c2
    s = 0       // sliding surface
    u = 0       // control signal
    K = some_value  // constant for control signal calculation

LOOP until termination condition is met
    // Step 1: Monitor error and its derivative
    e = measure_error()
    e_dot = measure_error_derivative()

    // Step 2: Use FLC to determine optimal c1 and c2 based on current values of
e and e˙
    IF e == NB AND e_dot == NB THEN
        c1 = L
        c2 = S
    ELSE IF e == NB AND e_dot == Z THEN
        c1 = M
        c2 = S
    ELSE IF e == Z AND e_dot == Z THEN
        c1 = M
        c2 = M
    ELSE IF e == PB AND e_dot == PB THEN
        c1 = L
        c2 = S
    END IF

    // Step 3: Update sliding surface equation s = c1 * e + c2 * e_dot with the
new optimized values
    s = c1 * e + c2 * e_dot

    // Step 4: Calculate control signal u = -K * sign(s) using the adjusted
parameters
    u = -K * sign(s)
```

```
    // Apply control signal to the system
    apply_control_signal(u)

    // Optional: Log or display values for monitoring and debugging
    log_values(e, e_dot, c1, c2, s, u)

END LOOP

FUNCTION measure_error()
    // Code to measure the current error
    RETURN measured_error

FUNCTION measure_error_derivative()
    // Code to measure the derivative of the current error
    RETURN measured_error_derivative

FUNCTION sign(value)
    IF value > 0 THEN
        RETURN 1
    ELSE IF value < 0 THEN
        RETURN -1
    ELSE
        RETURN 0
    END IF

FUNCTION apply_control_signal(u)
    // Code to apply the control signal to the system
END FUNCTION

FUNCTION log_values(e, e_dot, c1, c2, s, u)
    // Code to log or display the values for monitoring and debugging
END FUNCTION
```

Kapitel 11 • Neuronale Netze

11.1 Geschichte der neuronalen Netze

Die Entwicklung neuronaler Netzwerke begann in den 1950er Jahren mit den bahnbrechenden Arbeiten von Wissenschaftlern wie Frank Rosenblatt, der das Perzeptron entwickelte – ein frühes Modell eines künstlichen Neurons. Rosenblatts Perzeptron war in der Lage, einfache Klassifikationsaufgaben zu bewältigen und legte somit den Grundstein für spätere Fortschritte im Bereich der künstlichen Intelligenz. In den folgenden Jahrzehnten wurden diese frühen Modelle jedoch durch die Entdeckung von Limitationen wie der Unfähigkeit, nichtlineare Probleme zu lösen, in Frage gestellt.

Die 1960er Jahre brachten bedeutende Entwicklungen durch Forscher wie Marvin Minsky und Seymour Papert, die in ihrem Buch "Perceptrons" die Grenzen der frühen Perzeptron-Modelle diskutierten. Ihre Arbeiten führten zu einem vorübergehenden Rückgang des Interesses an neuronalen Netzwerken, was als "AI Winter" bekannt wurde, einer Zeit der verringerten Finanzierung und Forschung in der künstlichen Intelligenz.

In den 1980er Jahren wurde die Forschung durch die Wiederentdeckung des Backpropagation-Algorithmus, der von Geoffrey Hinton, Yann LeCun und Ronald J. Williams maßgeblich vorangetrieben wurde, neu belebt. Der Backpropagation-Algorithmus ermöglichte es, die Fehlerfunktion in mehrschichtigen Netzwerken effizient zu minimieren, und eröffnete neue Möglichkeiten für das Training komplexer neuronaler Netzwerke. Hinton und LeCun trugen durch ihre Arbeiten maßgeblich zur Weiterentwicklung von Feedforward-Netzen bei.

Zusätzlich leistete John Hopfield in den 1980er Jahren wichtige Beiträge zur Theorie neuronaler Netzwerke mit seinen Hopfield-Netzen, die als Modell für assoziative Gedächtnisse dienten. Auch die Arbeiten von Judea Pearl zur Entwicklung der Bayesian Networks und die Fortschritte von Yoshua Bengio im Bereich der tiefen neuronalen Netzwerke sind bedeutende Meilensteine, die zur heutigen Leistungsfähigkeit von Feedforward-Netzen beigetragen haben.

Diese Entwicklungen führten zu einer Renaissance im Bereich der künstlichen Intelligenz. Die modernen Feedforward-Netze haben sich seitdem als leistungsstarkes Werkzeug in der Mustererkennung und im maschinellen Lernen etabliert. Ihre Fähigkeit, komplexe nichtlineare Zusammenhänge zu lernen und zu generalisieren, hat sie zu einem zentralen Element in der Forschung und Anwendung von künstlicher Intelligenz gemacht.

Neuronale Feedforward Netze sind eine faszinierende Klasse von künstlichen neuronalen Netzen, die in der Lage sind, komplexe Muster zu erkennen und Vorhersagen zu treffen. Diese Netze bestehen aus mehreren Schichten von Neuronen, wobei jede Schicht nur in eine Richtung verbunden ist – von der Eingabeschicht über eine oder mehrere verborgene Schichten bis hin zur Ausgabeschicht.

Die Verbindung zwischen neuronalen Feedforward-Netzen und Fuzzy Logic in der Regelungstechnik ist besonders spannend. Neuronale Netzwerke können lernen, komplexe Beziehungen in Daten zu erfassen, während Fuzzy Logic flexible und interpretierbare

Entscheidungsregeln bietet. Gemeinsam können diese Ansätze leistungsfähige Steuerungssysteme ermöglichen, die sowohl adaptiv als auch robust gegenüber Unsicherheiten sind. Die Integration von Fuzzy Logic in neuronale Netzwerke eröffnet neue Möglichkeiten für die Entwicklung von intelligenten Regelungssystemen, die in der Lage sind, sich dynamisch an verändernde Bedingungen anzupassen und präzise Entscheidungen zu treffen.

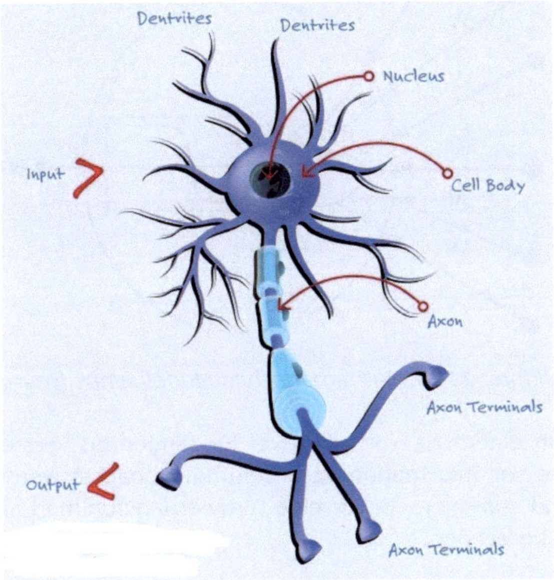

Abbildung 11.1: Biologisches Neuron

11.2 Biologisches Neuron

Neuronale Netze sind von den biologischen Netzwerken im menschlichen Gehirn inspiriert, da sie die grundlegenden Prinzipien der neuronalen Informationsverarbeitung nachahmen. Wie biologische Neuronen empfangen künstliche Neuronen Signale, verarbeiten sie diese und geben sie an andere Neuronen weiter, wobei die Stärke der Verbindungen, oder Gewichtungen, dynamisch angepasst werden. Diese Struktur und Funktionsweise ermöglicht es neuronalen Netzen, komplexe Muster zu lernen und Entscheidungen auf Basis der gelernten Daten zu treffen, ähnlich wie das Gehirn Informationen verarbeitet und speichert.

11.3 Grundlagen

Die Funktionsweise von neuronalen Netzwerken basiert auf präzisen mathematischen Modellen, welche die Anpassung und Berechnung der Netzwerkausgaben ermöglichen. Jedes künstliche Neuron im Netzwerk ist durch mathematische Gleichungen definiert, welche die Eingaben gewichten, summieren und durch eine Aktivierungsfunktion transformieren. Der Trainingsprozess eines Netzwerks, bei dem die Gewichtungen so angepasst werden, dass das Netzwerk optimale Vorhersagen oder Klassifikationen liefert, erfolgt durch iterative Optimierungstechniken wie den Backpropagation-Algorithmus. Diese mathematischen Modelle und Berechnungen sind entscheidend für die Leistungsfähigkeit und Genauigkeit des Netzwerks und ermöglichen eine präzise Steuerung der Informationsverarbeitung innerhalb des Systems.

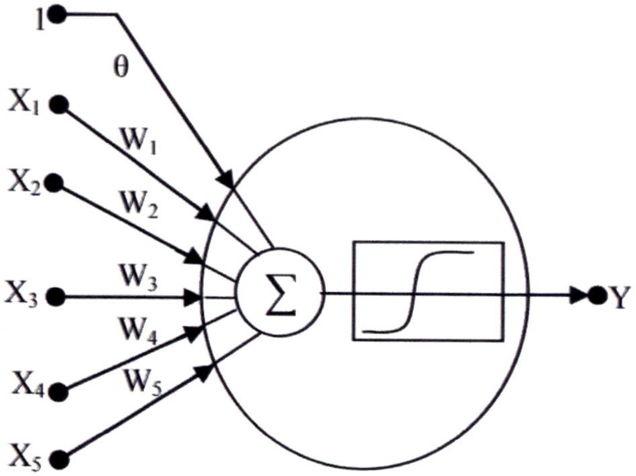

Abbildung 11.2: Mathematisches Modell eines Neurons

Um die Berechnung in einem Neuron mit zwei Eingängen zu verstehen, betrachten wir den gesamten Prozess der Informationsverarbeitung. Zunächst werden die Eingaben des Neurons gewichtet und summiert, bevor eine Aktivierungsfunktion angewendet wird, um die finale Ausgabe zu berechnen.

Die Berechnung beginnt mit der Gewichtung und Addition der Eingaben:

$$z = x1 * w1 + x2 * w2 + b,$$

wobei x1 und x2 die Eingaben, w1 und w2 die Gewichtungen und b der Bias-Term sind.

Der Bias-Wert in einem neuronalen Netzwerk ist ein zusätzlicher Parameter, der zu der gewichteten Summe der Eingaben hinzugefügt wird, um die Flexibilität des Modells zu erhöhen. Er ermöglicht es dem Neuron, eine Verschiebung der Aktivierungsfunktion vorzunehmen und dadurch besser auf die Eingabedaten zu reagieren, insbesondere wenn alle Gewichtungen Null wären. Durch den Bias kann das Neuron auch dann eine Ausgabe generieren, wenn die Eingaben selbst nicht ausreichen, um die Aktivierungsfunktion zu aktivieren. Dies trägt dazu bei, die Leistung des Netzwerks zu verbessern und die Lernfähigkeit zu erhöhen.

11.4 Aktivierungsfunktionen

Anschließend wird das Ergebnis durch die Sigmoid-Aktivierungsfunktion transformiert, die wie folgt aussieht:

$$\sigma(z) = 1 / (1 + e\text{^}(-z)).$$

Diese Funktion wandelt den berechneten Wert in eine Ausgabe zwischen 0 und 1 um.

Hier eine Berechnung der Sigmoid und Tanh Werte für einen Input Wert von -8 bis +8.

Die tanh-Funktion wird verwendet, wenn die Ausgangswerte auch negativ sein sollen.

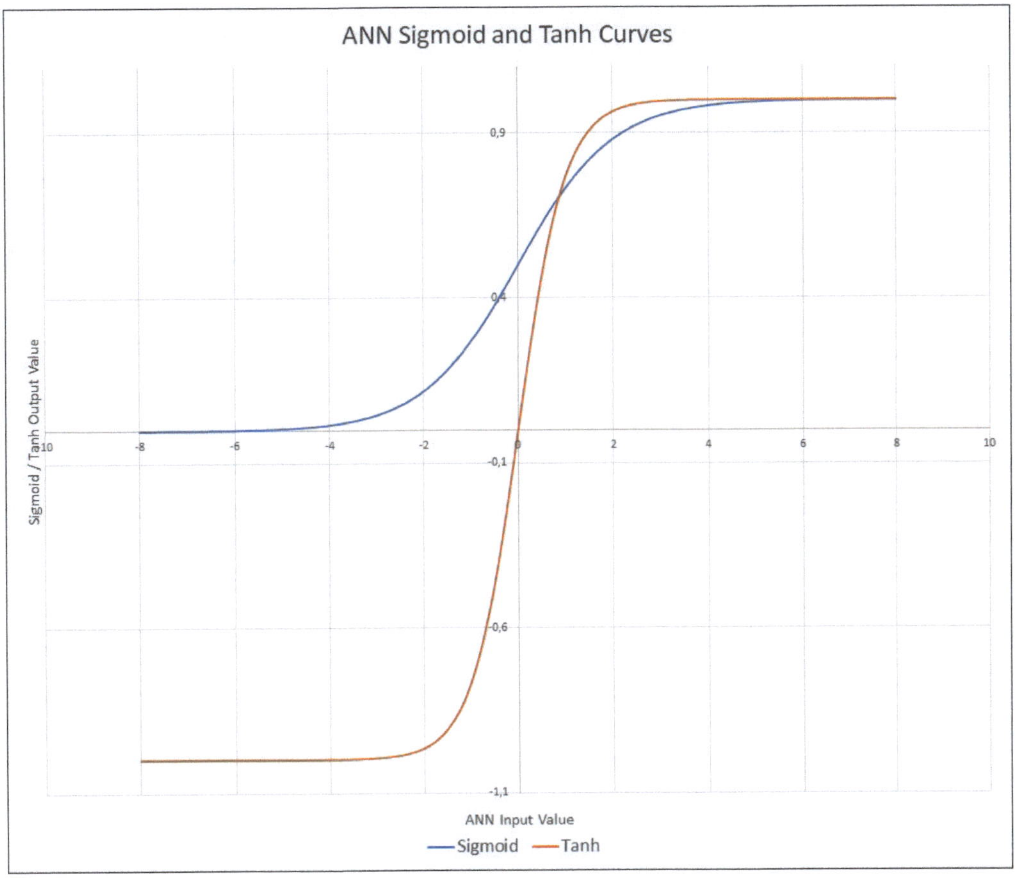

Abbildung 11.3: Sigmoid und Tanh Übertragungsfunktion

Die Berechnung von Sigmoid und Tanh in AnsiC:

```
// Sigmoid-Funktion
double sigmoid(double x)
{
    return 1.0 / (1.0 + exp(-x));
}

// Tanh-Funktion
double tanh_function(double x)
{
```

```
    return tanh(x);
}

// Schleife über Werte von -8 bis +8 in Schritten von 1
for (input = -8.0; input <= 8.0; input += 0.1)
{
    // Sigmoid-Berechnung
    double sigmoid_result = sigmoid(input);
    // Tanh-Berechnung
    double tanh_result = tanh_function(input);

    // Ausgabe der Ergebnisse
    printf("NET: %.3f ", input);
    printf("Sigmoid = %.3f " , sigmoid_result);
    printf("Tanh = %f\n" , tanh_result);

}
```

11.5 Das Perceptron

Das Programm Arduino_GradientDescentPerceptronDE.ino implementiert ein einfaches Perzeptron, das mit Hilfe des Gradienten die AND-Funktion erlernt. Es initialisiert die Gewichte des Perzeptrons und die Trainingsdaten und passt dann iterativ die Gewichte über mehrere Epochen an. Das Perzeptron verwendet eine Sigmoid-Aktivierungsfunktion, um Ausgaben zwischen 0 und 1 basierend auf der gewichteten Summe der Eingaben zu erzeugen. Die Trainingsfunktion aktualisiert die Gewichte basierend auf dem Fehler zwischen den vorhergesagten und den erwarteten Ausgaben für jedes Trainingsbeispiel. Nach dem Training gibt das Programm die trainierten Gewichte aus und testet das Perzeptron mit den Trainingsdaten, wobei die Ergebnisse angezeigt werden.

```
// Gradientenabstieg zur Aktualisierung der Gewichte auf Basis des Fehlers
void gradient_descent(float predicted, float target, float input1, float input2)
{
  float error = target - predicted; // Berechnung des Fehlers
  float gradient_w1 = -error * sigmoid_derivative(predicted) * input1; //
Gradient für Gewicht w1
  float gradient_w2 = -error * sigmoid_derivative(predicted) * input2; //
Gradient für Gewicht w2

  // Aktualisierung der Gewichte mit der berechneten Lernrate
  w1 -= learning_rate * gradient_w1;
  w2 -= learning_rate * gradient_w2;
}
```

11.6 Feedforward Netze

Feedforward-Netze können aus mehreren Eingängen, Ausgängen und mehreren versteckten Schichten (Hidden Layers) bestehen, was ihre Flexibilität und Leistungsfähigkeit erhöht. Jede Schicht im Netzwerk verarbeitet die Daten auf unterschiedliche Weise, wobei die Eingaben durch die versteckten Schichten hindurchgeleitet und letztlich zu den Ausgaben aggregiert werden. Diese Architektur ermöglicht es dem Netzwerk, komplexe Beziehungen und Muster in den Daten zu lernen und präzise Vorhersagen zu treffen.

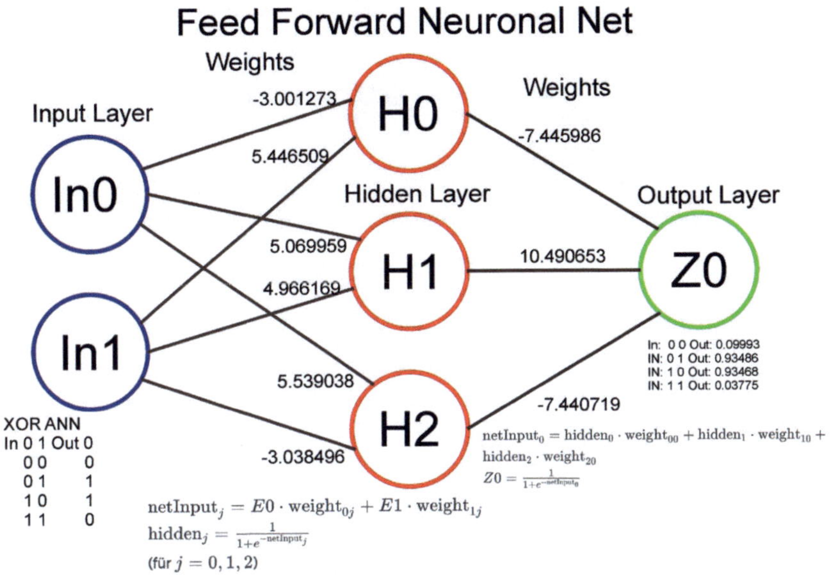

Abbildung 11.4: Feedforward Netzwerk

Um die Berechnungen eines trainierten neuronalen Netzwerks für das XOR-Problem praktisch zu veranschaulichen, nutzen wir eine vorbereitete Excel-Tabelle. Diese Tabelle enthält bereits die Gewichte und Bias-Werte, die durch das Training des Netzwerks ermittelt wurden. Mit diesen Daten können wir nun Schritt für Schritt die Berechnung der Ausgaben basierend auf verschiedenen Eingabewerten durchführen und die Funktionsweise des Netzwerks in einer konkreten Anwendung nachvollziehen.

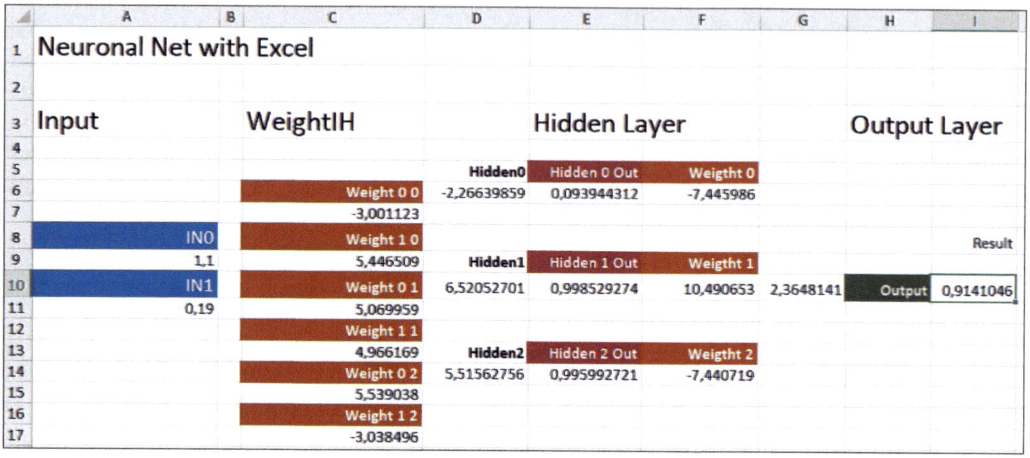

Abbildung 11.5: Berechnung eines ANN mit Excel

IN0	IN1	XOR (OUT)
0	0	0
0	1	1
1	0	1
1	1	0

Erklärung der Tabelle:

- **IN0** und **IN1** sind die Eingabewerte.
- **XOR (OUT)** zeigt das Ergebnis der XOR-Operation für die gegebenen Eingabewerte.

In der XOR-Tabelle:

- Wenn beide Eingaben 0 sind, ist das Ergebnis 0.
- Wenn genau eine der Eingaben 1 ist, ist das Ergebnis 1.
- Wenn beide Eingaben 1 sind, ist das Ergebnis 0.

Wenn die Werte IN0 und IN1, die als Eingaben für das neuronale Netzwerk dienen, verändert werden, beeinflussen diese Änderungen die Berechnungen innerhalb des Netzwerks und somit auch das Ergebnis am Ausgang. Das neuronale Netzwerk verarbeitet die Eingaben durch seine verschiedenen Schichten – beginnend mit der Eingabeschicht, über die verborgenen Schichten, bis hin zur Ausgabeschicht. Jede Eingabe wird mit den zugehörigen Gewichtungen multipliziert und durch die Aktivierungsfunktionen in den versteckten Schichten weiterverarbeitet. Die resultierenden Werte werden schließlich zur Berechnung des Outputs verwendet. Durch die Anpassung der Werte IN0 und IN1 können wir beobachten, wie sich die Ausgabe des Netzwerks verändert, was eine direkte Rückmeldung darüber gibt, wie das Netzwerk auf verschiedene Eingaben reagiert und wie gut es in der Lage ist, das zugrunde liegenden XOR Muster zu erfassen und zu berechnen.

Die Intelligenz eines neuronalen Netzwerks liegt maßgeblich in den Gewichtungen, da diese die Stärke und Richtung der Verbindungen zwischen Neuronen bestimmen. Durch die Anpassung der Gewichtungen während des Trainingsprozesses lernt das Netzwerk, komplexe Muster zu erkennen und präzise Vorhersagen zu treffen.

Hier ein Programmausschnitt für die Berechnung eines Netzes in AnsiC:

```
void forwardPropagation(NeuralNetwork *network, float input[MAX_INPUT_NEURONS],
float hidden[MAX_HIDDEN_NEURONS], float output[MAX_OUTPUT_NEURONS]) {
    for (int j = 0; j < MAX_HIDDEN_NEURONS; ++j)
    {
        float netInput = 0.0;
        for (int i = 0; i < MAX_INPUT_NEURONS; ++i)
        {
            netInput += input[i] * network->inputToHiddenWeights[i][j];
        }
        hidden[j] = sigmoid(netInput);
    }

    for (int k = 0; k < MAX_OUTPUT_NEURONS; ++k)
    {
        float netInput = 0.0;
        for (int j = 0; j < MAX_HIDDEN_NEURONS; ++j)
        {
            netInput += hidden[j] * network->hiddenToOutputWeights[j][k];
        }
        output[k] = sigmoid(netInput);
    }
}
```

11.7 Training des Neuronalen Netzes

Der Backpropagation-Algorithmus, oft als "Backprop" abgekürzt, stellt einen fundamentalen Fortschritt im Bereich der neuronalen Netzwerke und des maschinellen Lernens dar. Die Grundidee dieses Algorithmus wurde erstmals in den 1960er Jahren formuliert, aber es war die Verfeinerung in den 1980er Jahren durch Forscher wie Geoffrey Hinton, Yann LeCun und Ronald J. Williams, die seine Bedeutung für das Training neuronaler Netzwerke etablierte. Backpropagation basiert auf dem Prinzip des Gradienten, um die Fehlerfunktion eines Netzwerks zu minimieren, indem die Gewichtungen in den Neuronen angepasst werden.

Die Funktion des Backpropagation-Algorithmus besteht darin, den Fehler des Netzwerks, der aus der Differenz zwischen den tatsächlichen und den gewünschten Ausgaben resultiert, durch das Netzwerk zurückzuführen. Dabei wird der Fehler schichtweise von der Ausgabeschicht über die verborgenen Schichten bis zur Eingabeschicht propagiert. Der Algorithmus berechnet die Gradienten der Gewichtungen hinsichtlich des Fehlers und verwendet diese Informationen, um die Gewichtungen zu aktualisieren und so die Vorhersagegenauigkeit zu verbessern.

Dieser Prozess erfolgt iterativ und ermöglicht es dem Netzwerk, seine Gewichtungen schrittweise zu optimieren, was zu einer kontinuierlichen Verbesserung der Modellgenauigkeit führt. Backpropagation hat sich als äußerst effektiv erwiesen, insbesondere bei komplexen Feedforward-Netzen mit mehreren Schichten. Durch diese Methode können Netzwerke nicht nur einfache lineare Zusammenhänge lernen, sondern auch komplexe nichtlineare Muster erfassen. Die Einführung und Weiterentwicklung von Backpropagation haben maßgeblich zur heutigen Leistungsfähigkeit neuronaler Netzwerke beigetragen, die in einer Vielzahl von Anwendungen des maschinellen Lernens und der künstlichen Intelligenz eingesetzt werden.

Schritt 1: Initialisierung

Alle Gewichte 'ω' und Schwellwerte 'b' werden auf kleine zufällige Werte gesetzt.

Schritt 2: Berechnung der Netzausgabe 'yk'

Dazu wird erst der Netto-Input 'net' der Neuronen in der Schicht 'j' berechnet:

$$net_j = \Sigma\omega ij * xi$$

Dabei ist 'ω_{ij}' die Gewichtung zwischen Neuron 'i' und Neuron 'j', und 'xi' das Eingangssignal am Eingang 'i'. Der Output der Neuronen in der Schicht 'j' ist somit:

$$y_j = \phi(net_j - b_j)$$

Wobei 'ϕ' die Aktivierungsfunktion ist. Der Netto-Input der Neuronen in der Schicht 'k' ist:

$$net_k = \Sigma\omega_{jk} * y_j$$

Und die Netzausgabe lautet:

$$y_k = \phi(net_k - b_k)$$

Schritt 3: Bestimmung des Fehlers am Netzausgang

$$\delta_k = (t_k - y_k) * \phi'(net_k - b_k)$$

Die Variable 't_k' ist hierbei die Soll-Ausgabe des Ausgabeneurons 'k'.

Schritt 4: Fehlerrückführung

$$\delta_j = \phi'(net_j - b_j) * \Sigma\omega_{jk} * \delta_k$$

Schritt 5: Lernen

Die Gewichte werden wie folgt berechnet:

$$\omega_{jk} = \omega_{jk} + \eta * y_j * \delta_k$$
$$\omega_{ij} = \omega_{ij} + \eta * x_i * \delta_j$$

Die Schwellwerte werden wie folgt berechnet:

$$b_k = b_k - \eta * \delta_k$$
$$b_j = b_j - \eta * \delta_j$$

Schritt 6: Ende Epoche
Solange noch Trainingsmuster vorhanden sind, wird bei Schritt 2 weitergemacht.

Schritt 7: Trainingsende
Der quadratische Fehler wird durch:

$$E = 1/2 * \Sigma(t_k - y_k)^2$$

berechnet. Solange E größer als ein zu Anfang bestimmter Fehler ist und die maximale Anzahl an Epochen noch nicht erreicht ist, wird wieder bei Schritt 2 weitergemacht. Mit Epoche ist ein Durchlauf von einem Trainingsmuster durch das MLP gemeint.

$\omega \rightarrow \omega_{jk}$
$\eta \rightarrow \eta$
$\phi \rightarrow \phi(net_j - b_j)$
$\delta \rightarrow \delta_k, \delta_j$
$t_k \rightarrow t_k$
$\tau \rightarrow \tau_k$

Hier ein Pseudocode zum Backpropagation Algorithmus:

```
while there exists a pattern p in P such that totalError > errorThreshold do
    # Input the pattern p into the network and compute the output y
    float input[MAX_INPUT_NEURONS], hidden[MAX_HIDDEN_NEURONS],
output[MAX_OUTPUT_NEURONS];
    for (int i = 0; i < MAX_INPUT_NEURONS; ++i) {
        input[i] = trainingPatterns[p][i];
    }
    forwardPropagation(network, input, hidden, output);

    # For each output neuron k
    for (int k = 0; k < MAX_OUTPUT_NEURONS; ++k) {
        if output[k] == targetOutput[k] then
            # Output is correct, no weight adjustment needed
            continue; # No weight adjustment
        else
            if output[k] == 0 then
                # Increase weights if the neuron outputs 0
                for (int j = 0; j < MAX_HIDDEN_NEURONS; ++j) {
                    # Increase weight to k by η * hidden[j]
                    network->hiddenToOutputWeights[j][k] += η * hidden[j];
```

```
                }
            end if

            if output[k] == 1 then
                # Decrease weights if the neuron outputs 1
                for (int j = 0; j < MAX_HIDDEN_NEURONS; ++j) {
                    # Decrease weight to k by η * hidden[j]
                    network->hiddenToOutputWeights[j][k] -= η * hidden[j];
                }
            end if
        end if
    end for

    # Compute the totalError for the current pattern
    float patternError = 0.0;
    for (int k = 0; k < MAX_OUTPUT_NEURONS; ++k) {
        patternError += 0.5 * pow(targetOutput[k] - output[k], 2);
    }
    totalError += patternError;

    backPropagation(network, input, hidden, output, targetOutput);
end while
```

11.8 ANN Beispiel XOR

Um die vielseitigen Anwendungen neuronaler Netzwerke zu veranschaulichen, betrachten wir im Folgenden einige konkrete Beispiele, die auf der Arduino-Plattform realisiert werden. Zunächst zeigen wir, wie neuronale Netzwerke zur Lösung des klassischen XOR-Problems eingesetzt werden können, um die grundlegenden Prinzipien der Klassifikation und Mustererkennung zu verdeutlichen. Anschließend demonstrieren wir, wie ein Farbsensor in Kombination mit einem neuronalen Netzwerk zur Auswertung und Klassifizierung von Farben verwendet werden kann. Schließlich widmen wir uns der Funktionsapproximation, bei der ein neuronales Netzwerk dazu verwendet wird, eine Reglerkennlinie zu simulieren und somit das Verhalten eines Regelungssystems präzise nachzubilden. Diese Beispiele bieten einen umfassenden Einblick in die Flexibilität und Leistungsfähigkeit neuronaler Netze und zeigen, wie sie in verschiedenen technischen und wissenschaftlichen Szenarien eingesetzt werden können.

Im Arduino-Beispiel Arduino_ANN_OneHiddenLayer.ino wird ein einfaches neuronales Netzwerk mit einer versteckten Schicht auf einem ESP32-Mikrocontroller implementiert, um logische Operationen wie AND, OR und XOR zu lernen. Zunächst wird das Netzwerk mit zufälligen Gewichtungen initialisiert und die Sigmoid-Aktivierungsfunktion verwendet, um die Neuronen zu aktivieren. Der Code führt sowohl eine Forward- als auch eine Backpropagation durch. Während der Forwardpropagation werden die Netzwerkausgaben berechnet, und während der Backpropagation werden die Gewichtungen angepasst, um die Fehler zu minimieren. Die Trainingsdaten werden für die logischen Operationen (AND, OR, XOR) verwendet, um das Netzwerk zu trainieren. Die Ergebnisse werden vor und nach dem

Training angezeigt. Schließlich werden die Ergebnisse in einer Endlosschleife überwacht, um die Leistung des Netzwerks kontinuierlich zu überprüfen.

```
//-----------------------------------------------------------------------
//
//             Arduino Neuronal Net One Hidden layer
//             ============_=======================
//
//        ANN Software for Arduino ESP32 PID Fuzzy Control Board
//
//   Date:     31/07/2024
//   Author:   Josef Bernhardt
//   Hardware: Arduino (ESPRESSIF) ESP32
//
//   File:     Arduino_ANN_OneHiddenLayer.ino
//-----------------------------------------------------------------------
#include <Arduino.h>

#define MAX_PATTERNS 4
#define MAX_INPUT_NEURONS 2
#define MAX_HIDDEN_NEURONS 5
#define MAX_OUTPUT_NEURONS 1

#define LED 5

typedef struct {
    float inputToHiddenWeights[MAX_INPUT_NEURONS][MAX_HIDDEN_NEURONS];
    float hiddenToOutputWeights[MAX_HIDDEN_NEURONS][MAX_OUTPUT_NEURONS];
} NeuralNetwork;

void initializeNetwork(NeuralNetwork *network) {
    for (int i = 0; i < MAX_INPUT_NEURONS; ++i) {
        for (int j = 0; j < MAX_HIDDEN_NEURONS; ++j) {
            network->inputToHiddenWeights[i][j] = ((float)random(1000) / 1000.0)
- 0.5;
        }
    }

    for (int i = 0; i < MAX_HIDDEN_NEURONS; ++i) {
        for (int j = 0; j < MAX_OUTPUT_NEURONS; ++j) {
            network->hiddenToOutputWeights[i][j] = ((float)random(1000) / 1000.0)
- 0.5;
        }
    }
}
```

```
float sigmoid(float x) {
    return 1.0 / (1.0 + exp(-x));
}

void forwardPropagation(NeuralNetwork *network, float input[MAX_INPUT_NEURONS],
float hidden[MAX_HIDDEN_NEURONS], float output[MAX_OUTPUT_NEURONS]) {
    for (int j = 0; j < MAX_HIDDEN_NEURONS; ++j)
    {
        float netInput = 0.0;
        for (int i = 0; i < MAX_INPUT_NEURONS; ++i)
        {
            netInput += input[i] * network->inputToHiddenWeights[i][j];
        }
        hidden[j] = sigmoid(netInput);
    }

    for (int k = 0; k < MAX_OUTPUT_NEURONS; ++k)
    {
        float netInput = 0.0;
        for (int j = 0; j < MAX_HIDDEN_NEURONS; ++j)
        {
            netInput += hidden[j] * network->hiddenToOutputWeights[j][k];
        }
        output[k] = sigmoid(netInput);
    }
}

void backPropagation(NeuralNetwork *network, float input[MAX_INPUT_NEURONS],
float hidden[MAX_HIDDEN_NEURONS], float output[MAX_OUTPUT_NEURONS], float
targetOutput[MAX_OUTPUT_NEURONS]) {

    // Backpropagation for the output layer
    for (int k = 0; k < MAX_OUTPUT_NEURONS; ++k)
    {
        float error = targetOutput[k] - output[k];
        float outputGradient = output[k] * (1.0 - output[k]);

        for (int j = 0; j < MAX_HIDDEN_NEURONS; ++j)
        {
            network->hiddenToOutputWeights[j][k] += 0.1 * error * outputGradient
* hidden[j];
        }
    }

    // Backpropagation for the hidden layer
```

```
    for (int j = 0; j < MAX_HIDDEN_NEURONS; ++j)
    {
        float hiddenError = 0.0;

        for (int k = 0; k < MAX_OUTPUT_NEURONS; ++k)
        {
            hiddenError += (targetOutput[k] - output[k]) * output[k] * (1.0 -
output[k]) * network->hiddenToOutputWeights[j][k];
        }

        float hiddenGradient = hidden[j] * (1.0 - hidden[j]);

        for (int i = 0; i < MAX_INPUT_NEURONS; ++i)
        {
            network->inputToHiddenWeights[i][j] += 0.1 * hiddenError *
hiddenGradient * input[i];
        }
    }
    // digitalWrite(LED, LOW);
}

void trainNetwork(NeuralNetwork *network, float trainingPatterns[MAX_PATTERNS]
[MAX_INPUT_NEURONS], float targetOutputs[MAX_PATTERNS][MAX_OUTPUT_NEURONS]) {
    int maxEpochs = 50000;
    float errorThreshold = 0.005;

    for (int epoch = 0; epoch < maxEpochs; ++epoch) {
        float totalError = 0.0;

        for (int p = 0; p < MAX_PATTERNS; ++p)
        {
            float input[MAX_INPUT_NEURONS];
            float hidden[MAX_HIDDEN_NEURONS];
            float output[MAX_OUTPUT_NEURONS];

            for (int i = 0; i < MAX_INPUT_NEURONS; ++i)
            {
                input[i] = trainingPatterns[p][i];
            }

            forwardPropagation(network, input, hidden, output);

            float patternError = 0.0;
            for (int k = 0; k < MAX_OUTPUT_NEURONS; ++k)
            {
                patternError += 0.5 * pow(targetOutputs[p][k] - output[k], 2);
```

```
                }
                totalError += patternError;

                backPropagation(network, input, hidden, output, targetOutputs[p]);
            }

            if (totalError < errorThreshold)
            {
                Serial.println("Training successful!");
                break;
            }

            if (epoch % 1000 == 0) {
                Serial.print("Epoch: ");
                Serial.print(epoch + 1);
                Serial.print(", Error: ");
                Serial.println(totalError, 7);
                digitalWrite(LED, !digitalRead(LED));
            }
        }
}

void testNetwork(NeuralNetwork *network, float inputPatterns[MAX_PATTERNS][MAX_
INPUT_NEURONS]) {
    for (int p = 0; p < MAX_PATTERNS; ++p)
    {
        float input[MAX_INPUT_NEURONS];
        float hidden[MAX_HIDDEN_NEURONS];
        float output[MAX_OUTPUT_NEURONS];

        for (int i = 0; i < MAX_INPUT_NEURONS; ++i)
        {
            input[i] = inputPatterns[p][i];
        }

        forwardPropagation(network, input, hidden, output);
        Serial.print("Input: ");
        Serial.print(input[0]);
        Serial.print(" ");
        Serial.print(input[1]);
        Serial.print(", Output: ");
        Serial.println(output[0]);
    }
}

void setup()
```

```
{
    Serial.begin(115200);
    delay(5000);
    pinMode(LED, OUTPUT);
}

void loop()
{

    NeuralNetwork network_and;
    NeuralNetwork network_or;
    NeuralNetwork network_xor;

    float trainingPatterns_and[MAX_PATTERNS][MAX_INPUT_NEURONS] = {{0, 0}, {0,
1}, {1, 0}, {1, 1}};
    float targetOutputs_and[MAX_PATTERNS][MAX_OUTPUT_NEURONS] = {{0}, {0}, {0},
{1}};

    float trainingPatterns_or[MAX_PATTERNS][MAX_INPUT_NEURONS] = {{0, 0}, {0, 1},
{1, 0}, {1, 1}};
    float targetOutputs_or[MAX_PATTERNS][MAX_OUTPUT_NEURONS] = {{0}, {1}, {1},
{1}};

    float trainingPatterns_xor[MAX_PATTERNS][MAX_INPUT_NEURONS] = {{0, 0}, {0,
1}, {1, 0}, {1, 1}};
    float targetOutputs_xor[MAX_PATTERNS][MAX_OUTPUT_NEURONS] = {{0}, {1}, {1},
{0}};

    initializeNetwork(&network_and);
    initializeNetwork(&network_or);
    initializeNetwork(&network_xor);

    Serial.println("Before Training AND:");
    testNetwork(&network_and, trainingPatterns_and);
    trainNetwork(&network_and, trainingPatterns_and, targetOutputs_and);

    Serial.println("Before Training OR:");
    testNetwork(&network_or, trainingPatterns_or);
    trainNetwork(&network_or, trainingPatterns_or, targetOutputs_or);

    Serial.println("Before Training XOR:");
    testNetwork(&network_xor, trainingPatterns_xor);
    trainNetwork(&network_xor, trainingPatterns_xor, targetOutputs_xor);

    while (1)
    {
```

```
        digitalWrite(LED, HIGH);

        Serial.println("\nAfter Training AND:");
        testNetwork(&network_and, trainingPatterns_and);

        Serial.println("\nAfter Training OR:");
        testNetwork(&network_or, trainingPatterns_or);

        Serial.println("\nAfter Training XOR:");
        testNetwork(&network_xor, trainingPatterns_xor);


        digitalWrite(LED, LOW);
        delay(500);


    }

}
```

11.9 Fuzzy Gauss Regler mit Neuronalen Netz

Dieses Projekt beschäftigt sich mit der Entwicklung und dem Testen eines Reglers unter Verwendung der Arduino Software sowie einer PT2-Simulation. Der Fokus liegt auf der Erzeugung einer Regelkennlinie mithilfe eines Fuzzy-Gauss-Reglers und der Nutzung dieser Kennlinie zur Erzeugung von Gewichtungen für ein neuronales Netz. Dieses neuronale Netz verfügt über einen Eingang, fünf versteckte Neuronen und einen Ausgang.

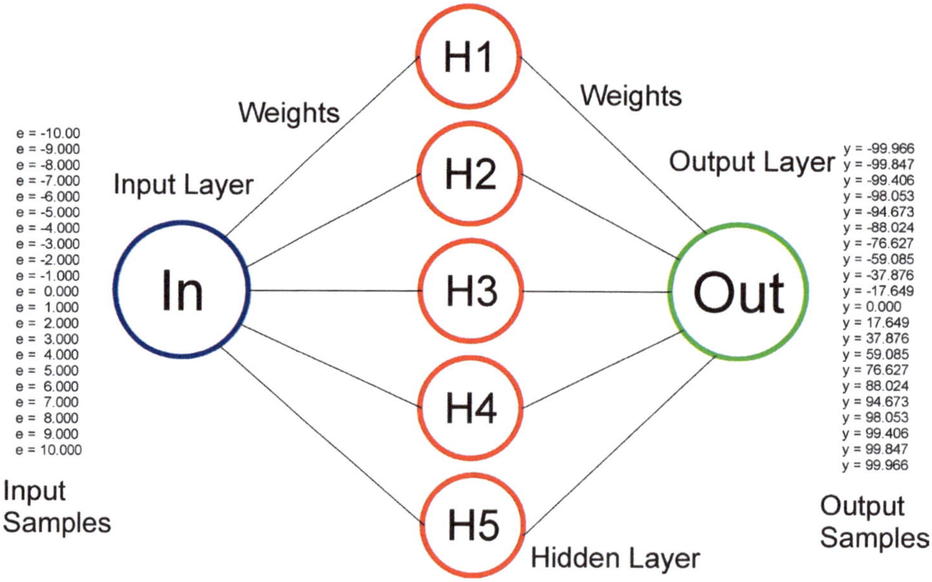

Abbildung 11.6: Simulation einer Funktion

Im ersten Schritt wird die Kennlinie des Fuzzy-Gauss-Reglers mit Hilfe einer PT2 Simulation erstellt. Diese Kennlinie dient als Grundlage zur Generierung der Gewichtungen für das neuronale Netz. Der Prozess der Gewichtungsermittlung wird im Projekt "Codeblocks_C_ FuzzyGauss_TrainNetworkWeights" durchgeführt.

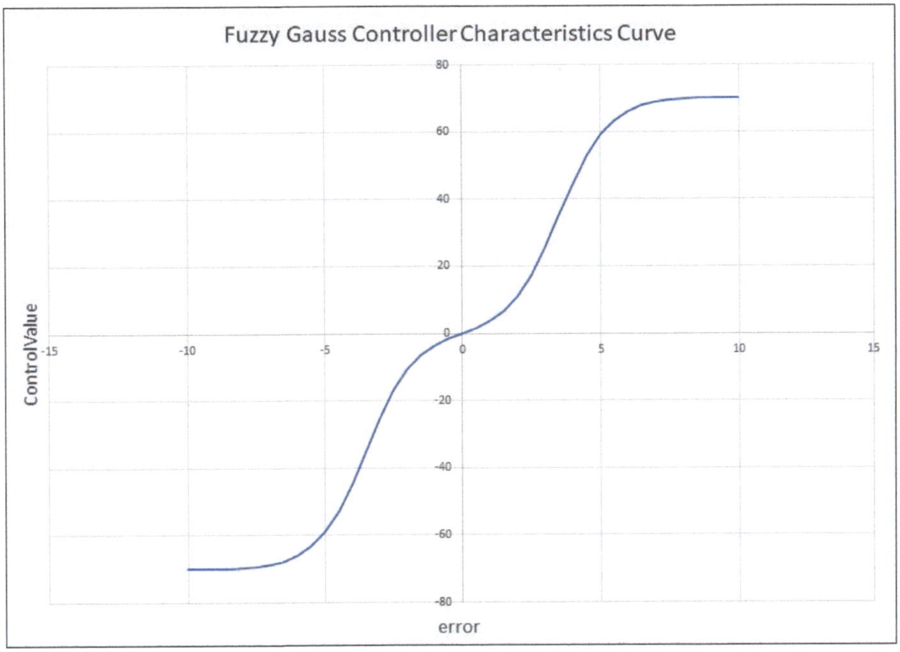

Abbildung 11.7: ANN Fuzzy Gauss Regler

Nach der erfolgreichen Ermittlung der Gewichtungen werden diese in ein Arduino-Programm integriert, das zusammen mit einer PT2-Simulation den Regler testet. Dieses Programm überprüft die Leistungsfähigkeit des neuronalen Netzes mittels Forwardpropagation und analysiert die Reglerleistung im PT2-Umfeld. Die Ergebnisse dieses Tests liefern wertvolle Erkenntnisse über die Effizienz und Genauigkeit der Regelung.

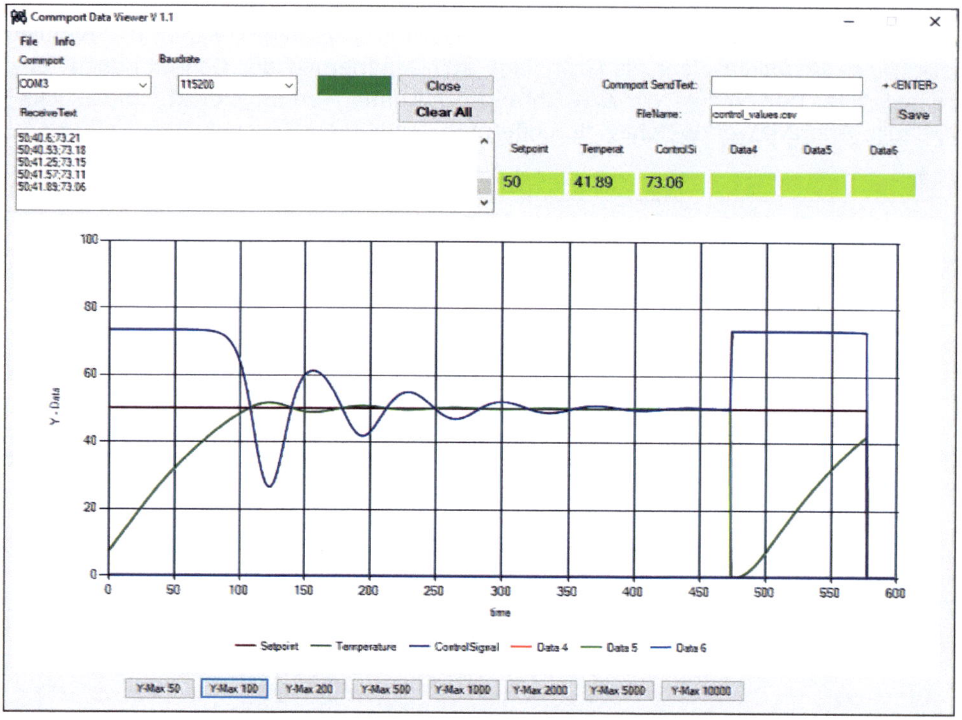

Abbildung 11.8: ANN Regler mit PT2 Strecke

Zusätzlich wird mit dem Projekt "Codeblocks_C_FuzzyGauss_MembershipOutput" die Ausgabe der Membership-Funktionen des Fuzzy-Gauss-Reglers ermöglicht. Dies bietet einen tieferen Einblick in die Funktionsweise des Reglers und dessen Einfluss auf die Regelkennlinie.

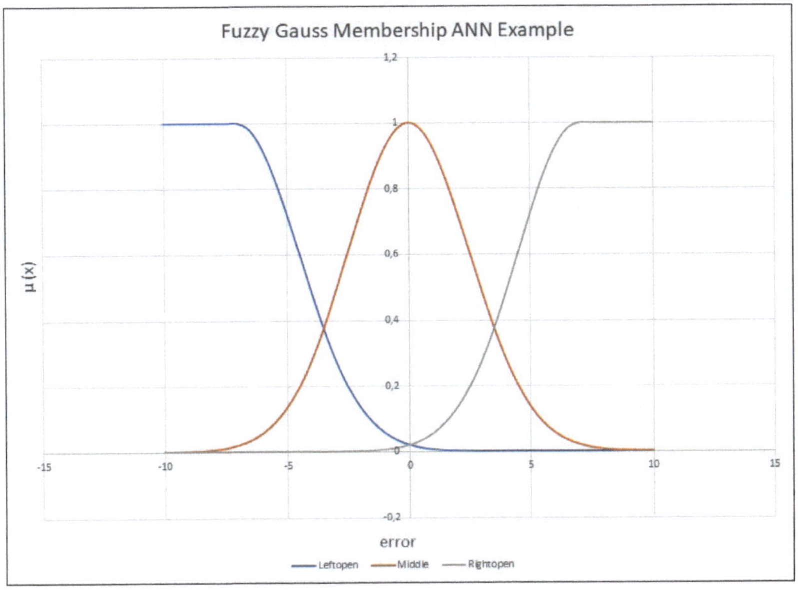

Abbildung 11.9: ANN Fuzzy Gauss Membership

Dieses Projekt kombiniert die Stärken der Fuzzy-Logik mit neuronalen Netzwerken und modernen Simulationsmethoden, um innovative und effiziente Regelungsstrategien zu entwickeln und zu testen. Es bietet eine detaillierte Anleitung zur Erstellung, Anpassung und Prüfung eines Reglersystems und zeigt die praktische Anwendung der erarbeiteten Konzepte in der Arduino-Umgebung.

Listing 11.1: Arduino_ANN_FuzzyGaussExample.ino

```
//----------------------------------------------------------------------
//
//              Arduino Neuronal Net One Hidden layer
//              =====================================
//
//        Control Software for Arduino ESP32 PID Fuzzy Control Board
//        10ms Timer Interrupt Function
//        Fuzzy Gauss Test with weigts from Codeblocks
//
//        Codeblocks_C_FuzzyGauss_ControlCurveAndPT2TestNew
//        Codeblocks_C_FuzzyGauss_TrainNetworkWeights
//
//   Date:     07/08/2024
//   Author:   Josef Bernhardt
//   Hardware: Arduino (ESPRESSIF) ESP32
//
//   File:     Arduino_ANN_FuzzyGaussExample.ino
//----------------------------------------------------------------------
```

```
#include <Arduino.h>

#define MAX_PATTERNS 21
#define MAX_INPUT_NEURONS 1
#define MAX_HIDDEN_NEURONS 5
#define MAX_OUTPUT_NEURONS 1

// Pin-Definitionen
#define LED_BUILTIN 2 // Pin, an dem die LED angeschlossen ist (hier GPIO 2 vom
ESP32 )
// LED1
#define LED1 5

typedef struct {
    float inputToHiddenWeights[MAX_INPUT_NEURONS][MAX_HIDDEN_NEURONS];
    float hiddenToOutputWeights[MAX_HIDDEN_NEURONS][MAX_OUTPUT_NEURONS];
} NeuralNetwork;

NeuralNetwork network;
```

Initialisieren der Gewichte mit den trainierten Werten vom CodeBlocks Programm Codeblocks_C_ANN_Fuzzy_Gauss.

```
// Function to initialize the weights of a neural network
void initializeNetworkWithTrainedValues(NeuralNetwork *network)
{
    // Input to Hidden Layer weights
    network->inputToHiddenWeights[0][0]= -0.4119999;
    network->inputToHiddenWeights[0][1]= -0.2670075;
    network->inputToHiddenWeights[0][2]= -0.4113148;
    network->inputToHiddenWeights[0][3]= 0.2680264;
    network->inputToHiddenWeights[0][4]= 0.2677623;
    // Hidden to Output Layer weights
    network->hiddenToOutputWeights[0][0]= 0.6987867;
    network->hiddenToOutputWeights[1][0]= -0.7752706;
    network->hiddenToOutputWeights[2][0]= 1.1442827;
    network->hiddenToOutputWeights[3][0]= 1.0650208;
    network->hiddenToOutputWeights[4][0]= 0.9391873;
}

// tanh if negativ
float tanh_activation(float x) {
    // Compute the hyperbolic tangent (tanh) activation function for the given
input x
    return tanh(x);
}
```

Die Funktion 'forwardPropagationFloatValue()' arbeitet hier als Fuzzy-Regler. Sie berechnet die Ausgabe eines neuronalen Netzwerks für einen gegebenen Eingabewert. Zunächst wird der Eingabewert (Regelabweichung) mit den Gewichten des Netzwerks multipliziert, um die Aktivierungen im versteckten Layer zu berechnen, wobei die tanh()-Aktivierungsfunktion verwendet wird. Danach werden die Werte aus dem versteckten Layer verwendet, um die Aktivierungen erneut unter Anwendung der tanh()-Aktivierungsfunktion im Ausgabe-Layer zu berechnen. Schließlich wird das Ergebnis des ersten Neurons im Ausgabe-Layer mit 100 multipliziert und zurückgegeben.

```
float forwardPropagationFloatValue(NeuralNetwork *network, float input) {
    float hidden[MAX_HIDDEN_NEURONS];
    float output[MAX_OUTPUT_NEURONS];
    // Berechnung der Werte im Hidden Layer
    for (int j = 0; j < MAX_HIDDEN_NEURONS; ++j)
    {
        float netInput = input * network->inputToHiddenWeights[0][j];
        hidden[j] = tanh_activation(netInput);  // Aktivierungsfunktion anwenden
    }
    // Berechnung der Werte im Output Layer
    for (int k = 0; k < MAX_OUTPUT_NEURONS; ++k)
    {
        float netInput = 0.0;
        for (int j = 0; j < MAX_HIDDEN_NEURONS; ++j)
        {
            netInput += hidden[j] * network->hiddenToOutputWeights[j][k];
        }
        output[k] = tanh_activation(netInput);  // Aktivierungsfunktion anwenden
    }
    return output[0]*100.0;  // Rückgabe des Ergebnisses des Output Layers
}

// Simulating a PT2 control system
float PT2_Simulation(float controlInput, int reset)
{
    // Parameter
    float deltaT = 1.0;
    float ProportionalGain = 1.0;
    float IntegralGain = 1.0;
    float DerivativeGain = 1.0;
    float TimeConstant1 = 100.0;
    float TimeConstant2 = 8.0;
    float TimeConstant3 = 10.0;

    // Zustandsvariablen
    static float output1 = 0;
    static float output2 = 0;
```

```
    static float output3 = 0;

    // Reset static Variabel
    if (reset == 1)
    {
        output1 = 0;
        output2 = 0;
        output3 = 0;
    }
    // Model-Gleichungen, Euler-Integration
    float d_output1 = (ProportionalGain * controlInput - output1) / TimeConstant1;
    float d_output2 = (IntegralGain * output1 - output2) / TimeConstant2;
    float d_output3 = (DerivativeGain * output2 - output3) / TimeConstant3;

    output1 += d_output1 * deltaT;
    output2 += d_output2 * deltaT;
    output3 += d_output3 * deltaT;

    return output3;
}


void setup()
{
    Serial.begin(115200);
    delay(5000);
    pinMode(LED1, OUTPUT);

    initializeNetworkWithTrainedValues(&network);

}
```

In der Hauptschleife 'loop()' wird ein einfacher Temperaturregelungsprozess simuliert. Zunächst wird der Wert des PT2-Systems zurückgesetzt, und die integrierte LED wird umgeschaltet, gefolgt von einer kurzen Verzögerung von 200 Millisekunden. Dann beginnt eine Schleife, die 500 Iterationen durchläuft, wobei in jeder Iteration die simulierte Temperatur des Systems berechnet wird. Das Steuersignal für das System wird, basierend auf der Differenz zwischen dem Sollwert (setpoint) und der aktuellen Temperatur, mit Hilfe der Funktion 'forwardPropagationFloatValue()' berechnet. Während des gesamten Prozesses werden der Sollwert, die Temperatur und das Steuersignal kontinuierlich auf der seriellen Schnittstelle ausgegeben, um den Fortschritt der Simulation zu anzuzeigen.

```
// Main Loop
void loop()
{
  // Place your main code here to execute repeatedly:
  float setpoint = 50;
  float temperature = 0;
  float control_signal = 0.0;
  float hysteresis = 0.0;

  // Reset PT2 System
  temperature = PT2_Simulation(0,1);
  // toggle LED
  digitalWrite(LED_BUILTIN, !digitalRead(LED_BUILTIN));
  // wait 200 ms
  delay(200);
  for (int time = 0; time < 500; time++)
  {
      // Simulating the temperature control system
      temperature = PT2_Simulation(control_signal,0);
      // Control signal from the two-point controller

      control_signal = forwardPropagationFloatValue(&network,
setpoint-temperature+4.5);

      Serial.print("Setpoint:");
      Serial.print(setpoint, 1); // Setpoint with one decimal place
      Serial.print(" Temperature:");
      Serial.print(temperature, 2); // Temperature with one decimal place
      Serial.print(" ControlSignal:");
      Serial.print(control_signal, 2); // Control signal with one decimal place
      Serial.println(); // New line for the next output
      delay(200);
  }
}
```

11.10 Einen Farbsensor mit dem Neuronalen Netz auswerten

Ein Beispiel zur Mustererkennung mit einem Neuronalen Netz: Auslesen eines Color Sensors mit dem Arduino in Arduino_Nano_TCS74725_Example.ino

Der AMS Color Sensor TCS74725 ist ein hochentwickelter Sensor, der über den I2C-Bus (Inter-Integrated Circuit) mit einem Arduino Nano kommuniziert. Auf diesem Mikrocontroller werden die Pins A4 und A5 für die I2C-Verbindung genutzt, die auch als Pins 4 (SDA) und 5 (SCL) auf dem Nano bezeichnet sind. Bei der Verwendung anderer Arduino-Modelle können diese Pins variieren, daher ist es wichtig, die spezifischen I2C-Pins für das jeweilige Modell zu überprüfen. Der Sensor bietet eine präzise Messung der Lichtintensität, die als "clear"-

Wert bekannt ist. Dieser Wert gibt die Gesamtheit des vom Sensor erfassten Lichts an, ohne eine spezifische Filterung nach Farbkanälen wie Rot, Grün oder Blau vorzunehmen. Der "clear"-Wert ist besonders nützlich, um die allgemeine Helligkeit der Umgebung oder die Intensität von Lichtquellen zu bestimmen, und bildet somit die Grundlage für eine Vielzahl von Anwendungen, bei denen Lichtverhältnisse präzise erfasst werden müssen.

Abbildung 11.10: AMS Color Sensor Platine

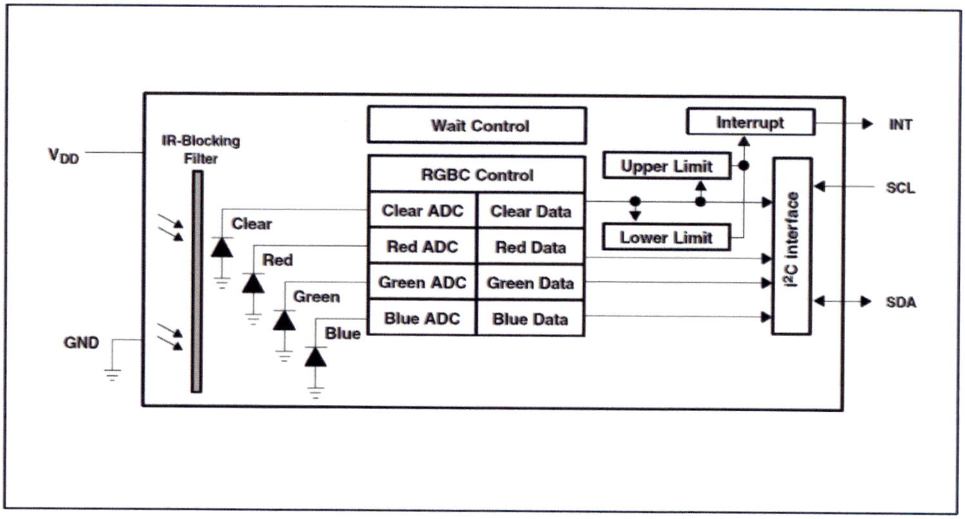

Abbildung 11.11: Sensor Innenschaltung

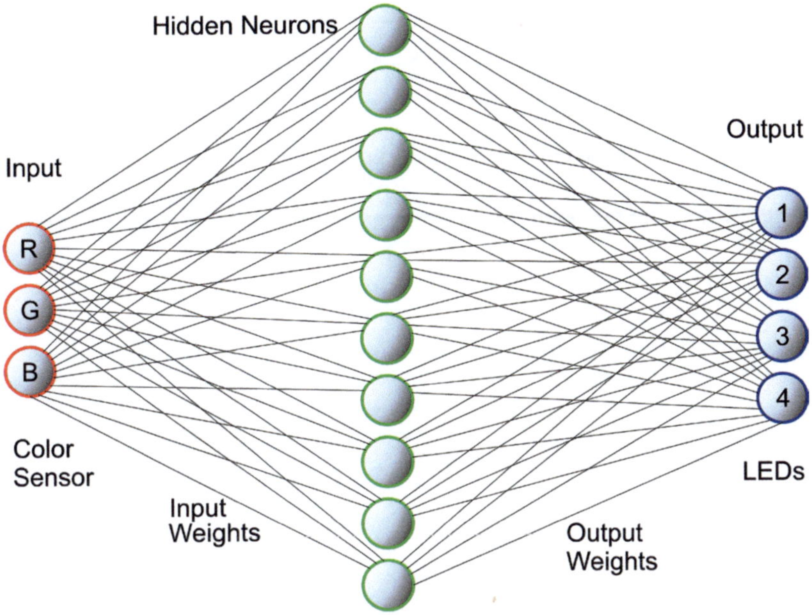

Abbildung 11.12: ANN Netz für den AMS Color

Programmbeschreibung für den Color Sensor TCS34725

Dieses Programm steuert ein Mikrocontroller-System, das einen Farbsensor und ein Nextion Display verwendet, um Farben zu erkennen und anzuzeigen. Es initialisiert die serielle Kommunikation für Debugging und das Nextion Display, konfiguriert LEDs, Relais und Taster, und prüft die Verfügbarkeit des Farbsensors. Anschließend wird der Farbsensor initialisiert und eingeschaltet. Auf dem Display werden Anfangswerte gesetzt.

In der Hauptschleife wird ein neuronales Netzwerk für die Farberkennung initialisiert und mit vordefinierten Farbmustern trainiert. Der Farbsensor liest kontinuierlich die Farbwerte Rot, Grün, Blau. Diese Werte werden an das neuronale Netzwerk übergeben, das die Farbwerte verarbeitet und die Ergebnisse liefert.

Die Farbwerte und Ergebnisse werden sowohl auf dem seriellen Monitor als auch auf dem Nextion Display angezeigt. Wenn keine spezifische Farbe erkannt wird, erscheint die Nachricht "NO MATCH".

Listing 8.5.2: Arduino_ANN_ColorSensorTCS34725.ino

```
//-------------------------------------------------------------------
//
//            Arduino Color Sensor Reader TCS34725
//            ====================================
//
//       ANN Software for Arduino ESP32 PID Fuzzy Control Board
//       10ms Timer Interrupt Function
```

```
//       Init UART2 for Nextion Display
//       Display RGB Values on Display NX3224F028_001
//       Color Sensor on I2C
//
//       Training of a Neuronal Net with 3 Inputs and 4 Outputs
//
//       Calculating Output with forward Propagation
//
//   Date:     04/08/2024
//   Author:   Josef Bernhardt
//   Hardware: Arduino (ESPRESSIF) ESP32
//
//   File:     Arduino_ANN_ColorSensorTCS34725.ino
//-----------------------------------------------------------------------

#include <Arduino.h>
#include <Wire.h>

// Color Sensor
#define TCS34725_ADDRESS 0x29
#define TCS34725_CONTROL 0x0F
#define TCS34725_ATIME 0x01
#define COMMAND_BIT        (0x80)
#define ENABLE_REGISTER    (0x00)
#define ENABLE_PON         (0x01)
#define ENABLE_AEN         (0x02)
#define RGBC_REGISTER      (0x14)

#define I2C_FREQUENCY  400000

// ANN
#define MAX_PATTERNS 4
#define MAX_INPUT_NEURONS 3
#define MAX_HIDDEN_NEURONS 10
#define MAX_OUTPUT_NEURONS 4
#define MAX_EPOCHS 10000
#define LEARNINGRATE 0.5
#define ERRORTHRESHOLD 0.001

int LED_BUILTIN = 2;

// ESP32 UART 2 Pins
#define RXD2 16
#define TXD2 17

// I2C Pins
```

```
#define I2CSDA 21
#define I2CSCL 22

// ESP32 ADC Pins
#define ADC1 32
#define ADC2 33
// Motor Sensor Pins
#define MOTSENS1 15
#define MOTSENS2 34
// Buttons
#define BTN1 14
#define BTN2 27

// Relay and Mosfet (BSP76) Pins
#define RELAIS1 18
#define RELAIS2 19
// LED1
#define LED1 5
// PWM1 and PWM2 Pins
#define PWM1 12
#define PWM2 13
// DAC Outputs 0..5V
#define DAC1 25
#define DAC2 26
// One Wire
#define DS18B20 4

//--------------------------------ANN--------------------------

typedef struct {
    float inputToHiddenWeights[MAX_INPUT_NEURONS][MAX_HIDDEN_NEURONS];
    float hiddenToOutputWeights[MAX_HIDDEN_NEURONS][MAX_OUTPUT_NEURONS];
} NeuralNetwork;

void initializeNetwork(NeuralNetwork *network) {
    for (int i = 0; i < MAX_INPUT_NEURONS; ++i) {
        for (int j = 0; j < MAX_HIDDEN_NEURONS; ++j) {
            network->inputToHiddenWeights[i][j] = ((float)random(1000) / 1000.0)
- 0.5;
        }
    }

    for (int i = 0; i < MAX_HIDDEN_NEURONS; ++i) {
        for (int j = 0; j < MAX_OUTPUT_NEURONS; ++j) {
            network->hiddenToOutputWeights[i][j] = ((float)random(1000) / 1000.0)
- 0.5;
```

```
            }
        }
    }

float sigmoid(float x) {
    return 1.0 / (1.0 + exp(-x));
}
```

Die Funktion 'forwardPropagation()' berechnet die Ausgaben des neuronalen Netzwerks basierend auf den Eingaben. Zuerst wird für jedes Neuron im ersten versteckten Layer der Wert berechnet, indem die Eingaben mit den Gewichtungen des Netzwerks multipliziert und aufsummiert werden. Dieser Wert wird durch die Sigmoid-Aktivierungsfunktion verarbeitet, um die Aktivierung der Neuronen im versteckten Layer zu erhalten. Diese berechneten Aktivierungen dienen dann als Eingaben für den nächsten Layer. Im nächsten Schritt werden die Ausgaben des Netzwerks berechnet, indem die Werte des versteckten Layers wieder mit den Gewichtungen zum Ausgang multipliziert und aufsummiert werden. Auch hier wird die Sigmoid-Funktion angewendet, um die endgültigen Ausgabewerte des Netzwerks zu bestimmen.

```
void forwardPropagation(NeuralNetwork *network, float input[MAX_INPUT_NEURONS],
float hidden[MAX_HIDDEN_NEURONS], float output[MAX_OUTPUT_NEURONS])
{
    for (int j = 0; j < MAX_HIDDEN_NEURONS; ++j) {
        float netInput = 0.0;
        for (int i = 0; i < MAX_INPUT_NEURONS; ++i) {
            netInput += input[i] * network->inputToHiddenWeights[i][j];
        }
        hidden[j] = sigmoid(netInput);
    }

    for (int k = 0; k < MAX_OUTPUT_NEURONS; ++k) {
        float netInput = 0.0;
        for (int j = 0; j < MAX_HIDDEN_NEURONS; ++j) {
            netInput += hidden[j] * network->hiddenToOutputWeights[j][k];
        }
        output[k] = sigmoid(netInput);
    }
}
```

Die Funktion 'backPropagation()' passt die Gewichte eines neuronalen Netzwerks an, um den Unterschied zwischen den tatsächlichen und den gewünschten Ausgaben zu minimieren. Zunächst wird der Fehler für jedes Neuron in der Ausgabeschicht berechnet, indem die Differenz zwischen dem erwarteten Zielwert und der aktuellen Netzwerk-Ausgabe verwendet wird. Der Gradient der Sigmoid-Aktivierungsfunktion wird zur Aktualisierung der Gewichte zwischen dem versteckten Layer und der Ausgabeschicht verwendet, wobei ein festgelegter Lernratefaktor (learningrate) zur Anwendung kommt. Anschließend wird der Fehler in den Neuronen des versteckten Layers berechnet, indem die Fehlerbeträge der Ausgabeschicht summiert werden. Auch hier wird der Gradient der Sigmoid-Funktion verwendet, um die Gewichte zwischen dem Eingabeschicht und dem versteckten Layer anzupassen.

```
void backPropagation(NeuralNetwork *network, float input[MAX_INPUT_NEURONS],
float hidden[MAX_HIDDEN_NEURONS], float output[MAX_OUTPUT_NEURONS], float
targetOutput[MAX_OUTPUT_NEURONS]) {
    // Backpropagation for the output layer
    for (int k = 0; k < MAX_OUTPUT_NEURONS; ++k) {
        float error = targetOutput[k] - output[k];
        // Calculate the error for the output neuron
        float outputGradient = output[k] * (1.0 - output[k]);
        // Update the weights between the hidden layer and the output layer
        for (int j = 0; j < MAX_HIDDEN_NEURONS; ++j) {
            network->hiddenToOutputWeights[j][k] += LEARNINGRATE * error *
outputGradient * hidden[j];
        }
    }
    // Backpropagation for the hidden layer
    for (int j = 0; j < MAX_HIDDEN_NEURONS; ++j) {
        float hiddenError = 0.0;
        // Accumulate the contribution of each output neuron to the hidden layer
error
        for (int k = 0; k < MAX_OUTPUT_NEURONS; ++k) {
            hiddenError += (targetOutput[k] - output[k]) * output[k] * (1.0 -
output[k]) * network->hiddenToOutputWeights[j][k];
        }
        // Calculate the gradient for the hidden neuron using the sigmoid
activation function
        float hiddenGradient = hidden[j] * (1.0 - hidden[j]);
        // Update the weights between the input layer and the hidden layer
        for (int i = 0; i < MAX_INPUT_NEURONS; ++i) {
            network->inputToHiddenWeights[i][j] += LEARNINGRATE * hiddenError *
hiddenGradient * input[i];
        }
    }
}
```

Die Funktion 'trainNetwork()' trainiert ein neuronales Netzwerk mit Hilfe des Backpropagation-Algorithmus. Zu Beginn werden die maximalen Epochen und der Fehlergrenzwert für die Konvergenz festgelegt. In jedem Trainingszyklus wird durch alle Trainingsmuster iteriert, wobei die Eingaben an das Netzwerk weitergegeben werden, um die Ausgaben zu berechnen. Der Fehler für jedes Muster wird als mittlere quadratische Abweichung berechnet und zum Gesamtfehler der Epoche hinzugefügt. Nach der Aktualisierung der Gewichte durch Backpropagation wird überprüft, ob der Gesamtfehler unter dem Schwellenwert liegt; wenn ja, wird das Training als erfolgreich betrachtet und beendet. Während des Trainings werden regelmäßig Fortschrittsberichte über die serielle Schnittstelle gesendet.

```
void trainNetwork(NeuralNetwork *network, float trainingPatterns[MAX_PATTERNS]
[MAX_INPUT_NEURONS], float targetOutputs[MAX_PATTERNS][MAX_OUTPUT_NEURONS]) {
    // Set the maximum number of training epochs and the error threshold for
convergence.
    int maxEpochs = MAX_EPOCHS;
    float errorThreshold = ERRORTHRESHOLD;
    char s[10] = {0};

    // Iterate through training epochs.
    for (int epoch = 0; epoch < maxEpochs; ++epoch) {
        // Initialize the total error for the current epoch.
        float totalError = 0.0;

        // Iterate through each training pattern.
        for (int p = 0; p < MAX_PATTERNS; ++p) {
            // Initialize arrays to store input, hidden, and output values.
            float input[MAX_INPUT_NEURONS];
            float hidden[MAX_HIDDEN_NEURONS];
            float output[MAX_OUTPUT_NEURONS];

            // Copy the input pattern for the current training example.
            for (int i = 0; i < MAX_INPUT_NEURONS; ++i) {
                input[i] = trainingPatterns[p][i];
            }
            // Perform forward propagation to calculate output values.
            forwardPropagation(network, input, hidden, output);

            // Calculate the error for the current pattern using mean squared
error.
            float patternError = 0.0;
            for (int k = 0; k < MAX_OUTPUT_NEURONS; ++k) {
                patternError += 0.5 * pow(targetOutputs[p][k] - output[k], 2);
            }
            // Accumulate the total error for the epoch.
            totalError += patternError;

            // Perform backpropagation to update the weights.
            backPropagation(network, input, hidden, output, targetOutputs[p]);
        }

        // Check if the total error is below the convergence threshold.
        if (totalError < errorThreshold)
        {
```

```
        // printf("Training successful!\n");
        Serial.println("Training successful!\n");

        // Exit the training loop.
        break;
    }

    // Print training progress every 10 epochs.
    if (epoch % 100 == 0)
    {
        // Display epoch and total error on Serial Monitor
        Serial.print("Epoch: ");
        Serial.print(epoch);
        Serial.print("  ");
        Serial.print("Error: ");
        Serial.println(totalError, 5);  // Gibt den Fehler mit 5
Dezimalstellen aus
        Nextion_Send_Text_to_Textbox("txtT4",String(totalError, 6));

    }
  }
}

//-------------TCS34725 Functions-----------------------

// This function writes a single byte to a specific register on the TCS34725
sensor.
void writeRegister(uint8_t address, uint8_t reg, uint8_t value) {
  Wire.beginTransmission(address);  // Begin I2C transmission to the given
address
  Wire.write(reg);                  // Write the register address
  Wire.write(value);                // Write the value to the register
  Wire.endTransmission();           // End I2C transmission
}

// This function initializes the TCS34725 sensor by setting the integration time,
gain, and enabling the sensor.
void initColorSensor() {
  // Set the integration time (e.g., 153ms)
  writeRegister(TCS34725_ADDRESS, TCS34725_ATIME, 0xC0);
  // Set the gain (e.g., 4x gain)
  writeRegister(TCS34725_ADDRESS, TCS34725_CONTROL, ENABLE_PON);
  // Enable the color sensor (Power ON)
  writeRegister(TCS34725_ADDRESS, ENABLE_REGISTER | COMMAND_BIT, ENABLE_PON);
  delay(3); // Waiting time for stabilisation of the sensor
  writeRegister(TCS34725_ADDRESS, ENABLE_REGISTER | COMMAND_BIT, ENABLE_PON |
```

```
ENABLE_AEN);
  delay(10); // Wait for the sensor to stabilize
}
```

Die 'readColor()'-Funktion liest die Farbdaten vom RGBC-Sensor über die I2C-Schnittstelle aus und speichert die Werte in den übergebenen Variablen. Zunächst wird eine I2C-Übertragung zum Sensor eingeleitet und der Befehl zum Lesen der Farbdaten gesendet. Die Verbindung wird geöffnet gehalten, um die benötigten 8 Byte der Sensordaten anzufordern. Die empfangenen Daten werden in einem Puffer gespeichert und anschließend die einzelnen Farbdaten für Rot, Grün, Blau und Clear in 16-Bit-Werte kombiniert. Diese Werte werden schließlich in die übergebenen Variablen r,g,b,c geschrieben.

```
void readColor(uint16_t *r, uint16_t *g, uint16_t *b, uint16_t *c)
{
  Wire.beginTransmission(TCS34725_ADDRESS);                    // Begin I2C
transmission to the sensor
  Wire.write(RGBC_REGISTER | COMMAND_BIT);                     // Write the command
to read the color data
  Wire.endTransmission(false);                                 // End I2C transmission
but keep the connection active
  Wire.requestFrom(TCS34725_ADDRESS, (uint8_t)8, true);        // Request 8 bytes of
data from the sensor

  uint8_t buf[8];                                              // Buffer to hold the
data
  for (uint8_t i = 0; i < 8; i++) {
    buf[i] = Wire.read();                                      // Read the data into
the buffer
  }
  // Combine the two bytes for each color channel into a 16-bit value
  *c = (uint16_t)buf[1] << 8 | buf[0];                             // Clear data
  *r = (uint16_t)buf[3] << 8 | buf[2];                             // Red data
  *g = (uint16_t)buf[5] << 8 | buf[4];                             // Green data
  *b = (uint16_t)buf[7] << 8 | buf[6];                             // Blue data
}

// This function checks if the TCS34725 sensor is available on the I2C bus.
bool isSensorAvailable() {
  Wire.beginTransmission(TCS34725_ADDRESS);  // Begin I2C transmission to the
sensor
  if (Wire.endTransmission() == 0) {         // If the transmission ends with no
error
    return true;                             // The sensor is available
  } else {
    return false;                            // The sensor is not available
  }
```

```
}

void TCS_LED_ON()
{
    digitalWrite(RELAIS1,1);
    digitalWrite(LED1,1);
}

void TCS_LED_OFF()
{
  //Serial.println("OFF");
  digitalWrite(RELAIS1,0);
  digitalWrite(LED1,0);
}

// Sends Data to Nextion Display in a textbox
void Nextion_Send_Text_to_Textbox(char *textbox,String sfloat)
{
        Serial2.write(textbox);
        Serial2.write(".txt=\"");
        Serial2.print(sfloat);
        Serial2.write("\"");
        Serial2.write(0xFF);
        Serial2.write(0xFF);
        Serial2.write(0xFF);
}
```

Die Funktion 'ColorCalcNetwork()' berechnet die Farbe basierend auf den RGB-Werten, die als Eingabemuster an das neuronale Netzwerk übergeben werden. Zuerst werden die Eingabewerte in ein Array kopiert und die Netzwerkberechnung 'forwardPropagation()' durchgeführt, um die Ausgaben zu berechnen. Danach wird überprüft, welcher Wert in der Ausgabeschicht des Netzwerks am höchsten ist. Entsprechend dem höchsten Wert wird ein Farbname (wie "NONE", "RED", "GREEN" oder "BLUE") an eine Textbox auf einem Nextion Display gesendet. Falls keine der Ausgaben den Schwellenwert von 0,9 überschreitet, wird als Fallback "NO MATCH" angezeigt.

```
// Calculate Color from RGB Values
void ColorCalcNetwork(NeuralNetwork *network, float
inputPatterns[MAX_INPUT_NEURONS])
{
      float input[MAX_INPUT_NEURONS];
      float hidden[MAX_HIDDEN_NEURONS];
      float output[MAX_OUTPUT_NEURONS];
      char s[10] = {0};
      for (int i = 0; i < MAX_INPUT_NEURONS; ++i)
```

```
      {
         input[i] = inputPatterns[i];
      }
      forwardPropagation(network, input, hidden, output);

      if (output[0] > 0.9)  {
          Nextion_Send_Text_to_Textbox("txtT6","NONE");
          return;
      }
      if (output[1] > 0.9)  {
          Nextion_Send_Text_to_Textbox("txtT6","RED");
          return;
      }
      if (output[2] > 0.9)  {
          Nextion_Send_Text_to_Textbox("txtT6","GREEN");
          return;
      }
      if (output[3] > 0.9)  {
          Nextion_Send_Text_to_Textbox("txtT6","BLUE");
          return;
      }
      // Fallback
      else {
          Nextion_Send_Text_to_Textbox("txtT6","NO MATCH");
      }
}

// Initializing the hardware
void setup()
{
  // Init USB UART
  Serial.begin(115200);
  // TFT Serial for Nextion Display
  Serial2.begin(9600, SERIAL_8N1, RXD2, TXD2);

  pinMode(LED_BUILTIN, OUTPUT);
  pinMode(LED1, OUTPUT);
  pinMode(RELAIS1, OUTPUT);
  pinMode(RELAIS2, OUTPUT);
  pinMode(BTN1, INPUT);
  pinMode(BTN2, INPUT);
  TCS_LED_OFF();

  // Init Hardware
  Wire.begin(I2CSDA,I2CSCL);
```

```
  // Check Color Sensor
  if (!isSensorAvailable()) {
    Serial.println("Color Sensor not available!\n");
    while (1);
  }

  initColorSensor();
  TCS_LED_ON();

  Nextion_Send_Text_to_Textbox("t1","RED");
  Nextion_Send_Text_to_Textbox("t2","GREEN");
  Nextion_Send_Text_to_Textbox("t3","BLUE");
  Nextion_Send_Text_to_Textbox("t4","CLEAR");
  Nextion_Send_Text_to_Textbox("t5","Color");
  Nextion_Send_Text_to_Textbox("t6","Time");
}
```

Die 'loop()'-Funktion initialisiert zunächst ein neuronales Netzwerk für die Farberkennung und trainiert es mit festgelegten Trainingsmustern und Zielausgaben. In einer kontinuierlichen Schleife werden die aktuellen Farbwerte von einem Sensor eingelesen und in einem Array gespeichert. Diese Farbwerte werden dann durch die neuronale Netzwerkanalyse 'ColorCalcNetwork()' verarbeitet, um die erkannte Farbe zu bestimmen. Gleichzeitig werden die Farbwerte und andere Variablen über die serielle Schnittstelle und auf einem Nextion Display angezeigt. Schließlich wird die eingebaute LED periodisch ein- und ausgeschaltet, um visuelles Feedback zu geben.

```
void loop()
{
  // Place your main code here to execute repeatedly:
  uint16_t clear, red, green, blue;
  //  init Neuronal Net
  NeuralNetwork network_color;
  // Network with Random Numbers
  initializeNetwork(&network_color);

  float ColorPatterns_color[MAX_INPUT_NEURONS] =  {0, 0, 0};

  float trainingPatterns_color[MAX_PATTERNS][MAX_INPUT_NEURONS] = {{1840, 1820,
1760},  {1920, 750, 680}, {1220, 3500, 1560}, {1650, 6020, 8030}};

  float targetOutputs_color[MAX_PATTERNS][MAX_OUTPUT_NEURONS] = {{ 1, 0, 0, 0 },
{ 0, 1, 0, 0 }, { 0, 0, 1, 0}, { 0, 0, 0, 1 }};

  trainNetwork(&network_color, trainingPatterns_color, targetOutputs_color);

  while(true)
```

```
    {
        readColor(&red, &green, &blue, &clear);
        ColorPatterns_color[0] = red;
        ColorPatterns_color[1] = green;
        ColorPatterns_color[2] = blue;
        ColorCalcNetwork(&network_color,ColorPatterns_color);

        // Sends variable to USB UART and Seriell Monitor
        Serial.print("RED:");
        Serial.print(red);              // Display Color
        Serial.print(" GREEN:");
        Serial.print(green);            // Display Color
        Serial.print(" BLUE:");
        Serial.print(blue);             // Display Color
        Serial.println();               // New line for the next output

        // Sends variable to display
        Nextion_Send_Text_to_Textbox("txtT1",String(red));
        Nextion_Send_Text_to_Textbox("txtT2",String(green));
        Nextion_Send_Text_to_Textbox("txtT3",String(blue));
        // Sends variable to display
        Nextion_Send_Text_to_Textbox("txtT4",String(clear));
        Nextion_Send_Text_to_Textbox("txtT5","");
        // Nextion_Send_Text_to_Textbox("txtT6",String(CounterSeconds));
        // Switching LED
        digitalWrite(LED_BUILTIN,!digitalRead(LED_BUILTIN));
        delay(200);
    }
}
```

11.11 Training eines neuronalen Netzwerks mit zwei Hidden Layern

Dieses Kapitel führt in die Implementierung und das Training eines neuronalen Netzwerks mit zwei versteckten Schichten ein, um das XOR-Problem zu lösen. Das neuronale Netzwerk wird dabei auf die Erkennung komplexer Muster in den Eingabedaten trainiert, indem es die Gewichte so anpasst, dass die Ausgabe den gewünschten Zielen entspricht. Der Trainingsprozess umfasst die Initialisierung der Gewichte, die zufällig zwischen -1 und 1 gewählt werden, um optimale Startbedingungen zu gewährleisten. Eine Schlüsselkomponente des Netzwerks ist die Forwardpropagation, bei der die Eingabedaten durch die Schichten des Netzwerks gegeben werden, um die Ausgabe zu berechnen.

Die 'forward_propagation()'-Funktion übernimmt diese Berechnung und wird im Hauptprogramm verwendet, um die Netzwerkausgabe für verschiedene Eingabekombinationen zu ermitteln. Die Sigmoid-Aktivierungsfunktion und ihre Ableitung spielen eine zentrale Rolle bei der Berechnung der Neuronenaktivierungen und der Anpassung der Gewichte während des Trainings. Der Trainingsprozess wird durch die 'train_network()'-Funktion realisiert, die das Netzwerk mit den Eingabe- und Ausgabemustern des XOR-Problems trainiert. Nach Abschluss des Trainings wird die Netzwerkleistung durch die 'test_network()'-Funktion überprüft, welche die berechneten Ausgaben mit den erwarteten Zielen vergleicht. Durch diese Methode wird sichergestellt, dass das Netzwerk in der Lage ist, die zugrunde liegenden Muster korrekt zu erkennen. Das Kapitel bietet eine detaillierte Beschreibung der Implementierung und veranschaulicht die Konzepte durch praktische Beispiele und Code.

Zusätzlich kann das trainierte Netzwerk zur Überprüfung der Ergebnisse in Echtzeit verwendet werden. Dabei werden die Eingaben durch zwei Taster ('BTN1' und 'BTN2') bereitgestellt, deren Status ('HIGH' oder 'LOW') an das Netzwerk übergeben werden. Das Ergebnis der Vorwärtspropagation wird verwendet, um eine LED ('LED1') zu steuern: Wenn das Ergebnis über 0,9 liegt, wird die LED eingeschaltet, andernfalls ausgeschaltet. Diese praktische Überprüfung ermöglicht es, die Leistung des Netzwerks direkt an den Tastern und der LED zu testen und zu visualisieren.

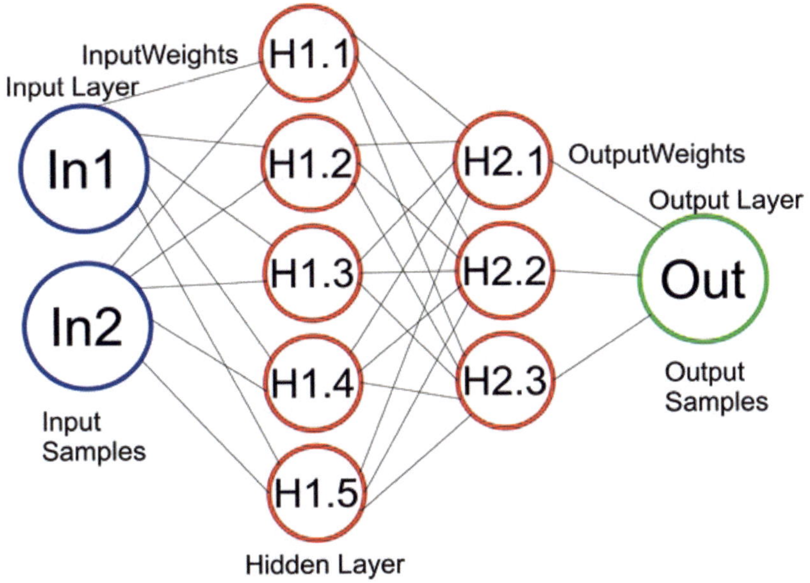

Abbildung 11.13: ANN mit zwei Hidden Layer

Ausgaben des Programmes:

```
40001 epochs 0.0026922 total_error
41001 epochs 0.0026439 total_error
42001 epochs 0.0025982 total_error
43001 epochs 0.0025545 total_error
44001 epochs 0.0025126 total_error
Training completed after 44312 epochs.
```

Testing the trained network:

Input: 0 0, Output: 0.01, Target: 0
Input: 0 1, Output: 0.99, Target: 1
Input: 1 0, Output: 0.99, Target: 1
Input: 1 1, Output: 0.01, Target: 0

Hidden Layer 1 Weights:

	j=0	j=1	j=2
i=0	0.2481614	0.4624176	0.4527809
i=1	0.2111865	-0.3501117	-0.5864201
i=2	-0.5525772	0.2785741	-0.0804271
i=3	4.7717438	-4.9274030	-2.6861346
i=4	4.4282727	-4.1995506	2.2122681

Hidden Layer 2 Weights:

	j=0	j=1	j=2	j=3	j=4	j=5
i=0	0.0198693	0.6823708	0.0334172	4.9224834	-4.2964525	1.5263215
i=1	-0.3436544	0.2543070	0.1580395	0.1180307	-2.0611918	0.6064123
i=2	-1.7025173	0.7684172	-1.1430445	-4.1578183	3.8163869	-0.2331006

Output Layer Weights:

	j=0	j=1	j=2	j=3
i=0	7.0260234	1.6490515	-6.5299678	-0.4783683

Listing 11.3: Arduino_ANN_TwoHiddenLayer.ino

```
//--------------------------------------------------------------------
//
//            Arduino Neuronal Net
//            ====================
//
//      Testprogramm for Arduino ESP32 PID Fuzzy Control Board
//      Neuronal Net with 2 Hidden Layers and XOR
//
//  Date:     29/06/2024
//  Author:   Josef Bernhardt
//  Hardware: Arduino (ESPRESSIF) ESP32
//
//  File:     Arduino_ANN_TwoHiddenLayer.ino
//--------------------------------------------------------------------
```

Dieses Programm für den Arduino implementiert ein neuronales Netzwerk mit zwei Hidden Layer zur Lösung des XOR-Problems.

```
#include <math.h>

#define INPUT_PATTERN 4
#define INPUT_SIZE 2
#define HIDDEN1_SIZE 5
#define HIDDEN2_SIZE 3
#define OUTPUT_SIZE 1
#define LEARNING_RATE 0.1
#define MAX_EPOCHS 50000
#define ERROR_THRESHOLD 0.01

// Buttons
#define BTN1 14
#define BTN2 27

// Relay and Mosfet (BSP76) Pins
#define RELAIS1 18
#define RELAIS2 19
// LED1
#define LED1 5
#define LED_BUILTIN 2
// Neural network weights
float hidden1_weights[HIDDEN1_SIZE][INPUT_SIZE + 1];
float hidden2_weights[HIDDEN2_SIZE][HIDDEN1_SIZE + 1];
float output_weights[OUTPUT_SIZE][HIDDEN2_SIZE + 1];

// Training with XOR example
float inputs[INPUT_PATTERN][INPUT_SIZE] = {{0, 0}, {0, 1}, {1, 0}, {1, 1}};
float targets[INPUT_PATTERN] = {0, 1, 1, 0};

// Function prototypes
float sigmoid(float x);
float sigmoid_derivative(float x);
void initialize_weights();
void train_network(float inputs[INPUT_PATTERN][INPUT_SIZE], float
targets[INPUT_PATTERN]);
float forward_propagation_pins(float input1, float input2);
void test_network(float inputs[INPUT_PATTERN][INPUT_SIZE], float
targets[INPUT_PATTERN]);
void forward_propagation(float input[INPUT_SIZE], float hidden1[HIDDEN1_SIZE],
float hidden2[HIDDEN2_SIZE], float output[OUTPUT_SIZE]);
void backpropagation(float input[INPUT_SIZE], float hidden1[HIDDEN1_SIZE], float
hidden2[HIDDEN2_SIZE], float output[OUTPUT_SIZE], float target);
```

```
void print_weights(float hidden1_weights[HIDDEN1_SIZE][INPUT_SIZE + 1],
                   float hidden2_weights[HIDDEN2_SIZE][HIDDEN1_SIZE + 1],
                   float output_weights[OUTPUT_SIZE][HIDDEN2_SIZE + 1]);
```

Die 'setup()'-Funktion wird einmalig beim Start des Programms ausgeführt, um die notwendige Konfiguration vorzunehmen. Zunächst wird die serielle Kommunikation mit einer Baudrate von 115200 aktiviert, um Debug-Informationen auszugeben. Anschließend werden die Pins für die interne LED, eine zusätzliche LED, zwei Relais und zwei Taster konfiguriert. Danach werden die Gewichte des neuronalen Netzwerks initialisiert und das Netzwerk wird mit den bereitgestellten Eingabedaten und Zielwerten trainiert. Im Anschluß wird das trainierte Netzwerk getestet und die Ergebnisse werden angezeigt. Abschließend werden die Gewichtswerte der verschiedenen Netzwerkschichten auf der seriellen Konsole ausgegeben, um die Konfiguration nach dem Training zu überprüfen.

```
void setup() {
  Serial.begin(115200);
  // Initialize weights

  pinMode(LED_BUILTIN, OUTPUT);
  pinMode(LED1, OUTPUT);
  pinMode(RELAIS1, OUTPUT);
  pinMode(RELAIS2, OUTPUT);
  pinMode(BTN1, INPUT);
  pinMode(BTN2, INPUT);

  initialize_weights();
  train_network(inputs, targets);

  // Testing the trained network
  test_network(inputs, targets);

  // Display Weights
  print_weights(hidden1_weights, hidden2_weights, output_weights);

}
```

Die 'loop()'-Funktion testet kontinuierlich ein neuronales Netzwerk und gibt die Ergebnisse auf der seriellen Konsole aus. Zunächst wird die Funktion 'forward_propagation_pins()' viermal mit den Eingabekombinationen des XOR-Problems (0,0; 0,1; 1,0; 1,1) aufgerufen. Die berechneten Ausgaben des Netzwerks werden zusammen mit den Eingabewerten auf der seriellen Konsole angezeigt. Anschließend werden die Zustände von zwei Tastern (Pins BTN1 und BTN2) gelesen und als Eingaben an das neuronale Netzwerk übergeben. Das Ergebnis des Netzwerks steuert dann eine LED: Wenn der Wert über 0,9 liegt, wird die LED eingeschaltet, andernfalls bleibt sie aus. Am Ende jeder Iteration gibt es eine Verzögerung von 500 Millisekunden, bevor der Zyklus erneut beginnt. Das ermöglicht eine kontinuierliche Überprüfung und Anzeige der Netzwerkausgaben sowie eine einfache Visualisierung der Ergebnisse über die LED.

```
void loop() {

  float result;

  // Testoutput
  result = forward_propagation_pins(0, 0);
  Serial.print("IN1: ");Serial.print(0);Serial.print(" IN2: ");Serial.
print(0);Serial.print(" OUT1: ");Serial.println(result,3);

  result = forward_propagation_pins(0, 1);
  Serial.print("IN1: ");Serial.print(0);Serial.print(" IN2: ");Serial.
print(1);Serial.print(" OUT1: ");Serial.println(result,3);

  result = forward_propagation_pins(1, 0);
  Serial.print("IN1: ");Serial.print(1);Serial.print(" IN2: ");Serial.
print(0);Serial.print(" OUT1: ");Serial.println(result,3);

  result = forward_propagation_pins(1, 1);
  Serial.print("IN1: ");Serial.print(1);Serial.print(" IN2: ");Serial.
print(1);Serial.print(" OUT1: ");Serial.println(result,3);

  bool btn1 = digitalRead(BTN1);
  bool btn2 = digitalRead(BTN2);

  result = forward_propagation_pins(btn1, btn2);

  if (result > 0.9) digitalWrite(LED1,1); else digitalWrite(LED1,0);

  Serial.println();

  delay(500);

}
```

Es wird die Sigmoid-Aktivierungsfunktion sowie deren Ableitung verwendet, um die Ausgaben der Neuronen zu berechnen.

```
// Sigmoid activation function
float sigmoid(float x) {
  return 1 / (1 + exp(-x));
}

// Derivative of sigmoid activation function
float sigmoid_derivative(float x) {
  return x * (1 - x);
}
```

Die Gewichte des neuronalen Netzwerks werden mit Zufallszahlen initialisiert, was eine bewährte Methode ist, um zu verhindern, dass das Netzwerk in einer suboptimalen Lösung stecken bleibt.

```
// Initialize weights with random values between -1 and 1
void initialize_weights() {
  int i, j;
  for (i = 0; i < HIDDEN1_SIZE; i++) {
    for (j = 0; j < INPUT_SIZE + 1; j++) {
      hidden1_weights[i][j] = ((float)rand() / RAND_MAX) * 2 - 1;
    }
  }
  for (i = 0; i < HIDDEN2_SIZE; i++) {
    for (j = 0; j < HIDDEN1_SIZE + 1; j++) {
      hidden2_weights[i][j] = ((float)rand() / RAND_MAX) * 2 - 1;
    }
  }
  for (i = 0; i < OUTPUT_SIZE; i++) {
    for (j = 0; j < HIDDEN2_SIZE + 1; j++) {
      output_weights[i][j] = ((float)rand() / RAND_MAX) * 2 - 1;
    }
  }
}
```

Das Training erfolgt durch die Funktion 'train_network()', die das Netzwerk mit den vorgegebenen Eingangs- und Ausgangsmustern trainiert. Nach dem Training wird das Netzwerk mit der Funktion 'test_network()' getestet, welche die Ausgabe des Netzwerks für die angegebenen Eingabemuster ausgibt.

```
// Train the neural network
void train_network(float inputs[INPUT_PATTERN][INPUT_SIZE], float targets[INPUT_
PATTERN]) {
  int epoch, i;
  for (epoch = 0; epoch < MAX_EPOCHS; epoch++) {
    float total_error = 0;
    for (i = 0; i < INPUT_PATTERN; i++) {
      float hidden1[HIDDEN1_SIZE];
      float hidden2[HIDDEN2_SIZE];
      float output[OUTPUT_SIZE];
      forward_propagation(inputs[i], hidden1, hidden2, output);
      backpropagation(inputs[i], hidden1, hidden2, output, targets[i]);
      total_error += fabs(targets[i] - output[0]);
     }
    total_error /= INPUT_PATTERN; // Average error per example

      if (epoch % 1000 == 0)
```

```
        {
          // Testoutput
          Serial.print(epoch + 1);
          Serial.print(" epochs ");

          Serial.print(total_error / INPUT_PATTERN,7);
          Serial.println(" total_error");
          digitalWrite(LED_BUILTIN,!digitalRead(LED_BUILTIN));
       }

      if (total_error < ERROR_THRESHOLD) {
        Serial.print("Training completed after ");
        Serial.print(epoch + 1);
        Serial.println(" epochs.");
        break;
      }
    }
    digitalWrite(LED_BUILTIN,0);
  }
```

Die Funktion 'forward_propagation_pins()' berechnet die Ausgabe eines neuronalen Netzwerks, indem sie den Vorwärtsdurchlauf (Forward Propagation) implementiert. Zuerst wird der Eingabewert durch das erste versteckte Layer (Hidden Layer 1) propagiert, indem die Eingaben mit den Gewichten multipliziert und dann ein Bias hinzugerechnet wird. Anschließend wird das Ergebnis durch die Sigmoid-Aktivierungsfunktion geschickt, um die Aktivierungen in diesem Layer zu berechnen. Im nächsten Schritt wird das zweite versteckte Layer (Hidden Layer 2) berechnet, indem die Aktivierungen aus dem ersten versteckten Layer mit den Gewichten multipliziert und ein Bias hinzugefügt werden. Auch hier wird die Sigmoid-Funktion auf das Ergebnis angewendet, um die Aktivierungen des zweiten versteckten Layers zu berechnen. Schließlich wird das Ausgabe-Layer (Output Layer) berechnet, indem die Aktivierungen aus dem zweiten versteckten Layer mit den Ausgabegewichten multipliziert und ein Bias hinzugefügt werden. Das Ergebnis des Ausgabe-Layers wird durch die Sigmoid-Funktion verarbeitet und als Ausgabe zurückgegeben. Diese Funktion implementiert den Vorwärtsdurchlauf des neuronalen Netzwerks, um für gegebene Eingaben eine Ausgabe zu berechnen.

```
float forward_propagation_pins(float input1, float input2) {
  int i, j;
  float hidden1[HIDDEN1_SIZE];
  float hidden2[HIDDEN2_SIZE];
  float output[OUTPUT_SIZE];
  float sum = 0;


  // Compute Hidden Layer 1
  for (i = 0; i < HIDDEN1_SIZE; i++) {
```

```
    float sum = input1 * hidden1_weights[i][0] + input2 * hidden1_weights[i][1] +
hidden1_weights[i][2]; // Bias
    hidden1[i] = sigmoid(sum);
  }
  // Compute Hidden Layer 2
  for (i = 0; i < HIDDEN2_SIZE; i++) {
    float sum = 0;
    for (j = 0; j < HIDDEN1_SIZE; j++) {
      sum += hidden1[j] * hidden2_weights[i][j];
    }
    sum += hidden2_weights[i][HIDDEN1_SIZE]; // Bias
    hidden2[i] = sigmoid(sum);
  }
  // Compute Output Layer
  for (i = 0; i < OUTPUT_SIZE; i++) {
    sum = 0;
    for (j = 0; j < HIDDEN2_SIZE; j++) {
      sum += hidden2[j] * output_weights[i][j];
    }
    sum += output_weights[i][HIDDEN2_SIZE]; // Bias
    //output[i] = sigmoid(sum);
  }
  return sigmoid(sum);
}
```

Die Funktion 'test_network()' testet das neuronale Netzwerk anhand einer Reihe von Eingabemustern und Zielwerten (Targets). Zuerst werden die Eingabemuster nacheinander durch das Netzwerk geleitet, indem die Funktion 'forward_propagation()' aufgerufen wird, um die Ausgabe des Netzwerks für jedes Eingabemuster zu berechnen. Dabei werden die Zwischenergebnisse in den versteckten Layern (Hidden Layers) gespeichert, bevor die endgültige Ausgabe generiert wird. Nach der Berechnung der Ausgabe wird das Eingabemuster, die berechnete Ausgabe und der zugehörige Zielwert über die serielle Schnittstelle ausgegeben, um den Vergleich zwischen den tatsächlichen und den erwarteten Werten zu ermöglichen. Diese Funktion ist hilfreich, um zu prüfen, wie gut das Netzwerk nach dem Training auf die gegebenen Eingabemuster reagiert und ob es in der Lage ist, die korrekten Zielwerte vorherzusagen.

```
// Test the neural network
void test_network(float inputs[INPUT_PATTERN][INPUT_SIZE], float targets[INPUT_
PATTERN]) {
  int i;
  Serial.println("Testing the trained network:");
  for (i = 0; i < INPUT_PATTERN; i++) {
    float hidden1[HIDDEN1_SIZE];
    float hidden2[HIDDEN2_SIZE];
    float output[OUTPUT_SIZE];
```

```
    forward_propagation(inputs[i], hidden1, hidden2, output);
    Serial.print("Input: ");
    Serial.print((int)inputs[i][0]);
    Serial.print(" ");
    Serial.print((int)inputs[i][1]);
    Serial.print(", Output: ");
    Serial.print(output[0], 2);
    Serial.print(", Target: ");
    Serial.println((int)targets[i]);
  }
}
```

Zuerst wird das erste versteckte Layer (Hidden Layer 1) berechnet, indem die Eingabewerte mit den entsprechenden Gewichten multipliziert und anschließend ein Bias hinzugefügt wird. Das Ergebnis wird dann durch die Sigmoid-Aktivierungsfunktion geschickt, um die Aktivierung der Neuronen im ersten versteckten Layer zu berechnen. Danach wird das zweite versteckte Layer (Hidden Layer 2) berechnet, wobei die Aktivierungen des ersten versteckten Layers mit den Gewichten zu Hidden Layer 2 multipliziert und ein Bias hinzugefügt werden. Auch hier wird die Sigmoid-Funktion angewendet, um die Aktivierung der Neuronen im zweiten versteckten Layer zu berechnen. Schließlich wird das Ausgabe-Layer (Output Layer) berechnet, indem die Aktivierungen des zweiten versteckten Layers mit den Ausgabegewichten multipliziert und ein Bias hinzugefügt werden. Das Ergebnis wird durch die Sigmoid-Aktivierungsfunktion geschickt, um die endgültigen Ausgabewerte des Netzwerks zu berechnen.

```
// Perform forward propagation through the neural network
void forward_propagation(float input[INPUT_SIZE], float hidden1[HIDDEN1_SIZE],
float hidden2[HIDDEN2_SIZE], float output[OUTPUT_SIZE]) {
  int i, j;
  // Compute Hidden Layer 1
  for (i = 0; i < HIDDEN1_SIZE; i++) {
    float sum = 0;
    for (j = 0; j < INPUT_SIZE; j++) {
      sum += input[j] * hidden1_weights[i][j];
    }
    sum += hidden1_weights[i][INPUT_SIZE]; // Bias
    hidden1[i] = sigmoid(sum);
  }
  // Compute Hidden Layer 2
  for (i = 0; i < HIDDEN2_SIZE; i++) {
    float sum = 0;
    for (j = 0; j < HIDDEN1_SIZE; j++) {
      sum += hidden1[j] * hidden2_weights[i][j];
    }
    sum += hidden2_weights[i][HIDDEN1_SIZE]; // Bias
    hidden2[i] = sigmoid(sum);
```

```
    }
    // Compute Output Layer
    for (i = 0; i < OUTPUT_SIZE; i++) {
      float sum = 0;
      for (j = 0; j < HIDDEN2_SIZE; j++) {
        sum += hidden2[j] * output_weights[i][j];
      }
      sum += output_weights[i][HIDDEN2_SIZE]; // Bias
      output[i] = sigmoid(sum);
    }
}
```

Die Funktion 'backpropagation()' aktualisiert die Gewichte eines neuronalen Netzwerks basierend auf dem Fehler zwischen der berechneten Ausgabe und dem Zielwert. Zuerst wird der Fehler im Ausgabe-Layer berechnet, indem der Unterschied zwischen dem Zielwert und der Ausgabe mit der Ableitung der Sigmoid-Aktivierungsfunktion multipliziert wird. Danach wird der Fehler für das zweite versteckte Layer (Hidden Layer 2) berechnet, indem der Fehler des Ausgabe-Layers auf die Neuronen des zweiten versteckten Layers zurückgeführt wird. Anschließend wird der Fehler für das erste versteckte Layer (Hidden Layer 1) berechnet, indem der Fehler von Hidden Layer 2 auf Hidden Layer 1 übertragen wird. Nachdem die Fehler in allen Layern berechnet wurden, werden die Gewichte für das Ausgabe-Layer aktualisiert, indem sie proportional zum Fehler und den Aktivierungen des vorherigen Layers angepasst werden. Dann werden die Gewichte für Hidden Layer 2 auf ähnliche Weise aktualisiert. Schließlich werden die Gewichte für Hidden Layer 1, basierend auf dem Eingabewert und dem berechneten Fehler des ersten versteckten Layers, aktualisiert. In jedem Layer wird auch das Bias-Gewicht entsprechend angepasst. Die Funktion implementiert damit den Backpropagation-Algorithmus, um das neuronale Netzwerk zu trainieren.

```
// Perform backpropagation to update weights based on error
void backpropagation(float input[INPUT_SIZE], float hidden1[HIDDEN1_SIZE], float
hidden2[HIDDEN2_SIZE], float output[OUTPUT_SIZE], float target) {
  int i, j;
  float output_error[OUTPUT_SIZE];
  float hidden2_error[HIDDEN2_SIZE];
  float hidden1_error[HIDDEN1_SIZE];

  // Compute error in Output Layer
  for (i = 0; i < OUTPUT_SIZE; i++) {
    output_error[i] = (target - output[i]) * sigmoid_derivative(output[i]);
  }

  // Compute error in Hidden Layer 2
  for (i = 0; i < HIDDEN2_SIZE; i++) {
    float sum = 0;
    for (j = 0; j < OUTPUT_SIZE; j++) {
```

```
            sum += output_error[j] * output_weights[j][i];
        }
        hidden2_error[i] = sum * sigmoid_derivative(hidden2[i]);
    }

    // Compute error in Hidden Layer 1
    for (i = 0; i < HIDDEN1_SIZE; i++) {
        float sum = 0;
        for (j = 0; j < HIDDEN2_SIZE; j++) {
            sum += hidden2_error[j] * hidden2_weights[j][i];
        }
        hidden1_error[i] = sum * sigmoid_derivative(hidden1[i]);
    }

    // Update weights for Output Layer
    for (i = 0; i < OUTPUT_SIZE; i++) {
        for (j = 0; j < HIDDEN2_SIZE; j++) {
            output_weights[i][j] += LEARNING_RATE * output_error[i] * hidden2[j];
        }
        output_weights[i][HIDDEN2_SIZE] += LEARNING_RATE * output_error[i]; // Bias
    }

    // Update weights for Hidden Layer 2
    for (i = 0; i < HIDDEN2_SIZE; i++) {
        for (j = 0; j < HIDDEN1_SIZE; j++) {
            hidden2_weights[i][j] += LEARNING_RATE * hidden2_error[i] * hidden1[j];
        }
        hidden2_weights[i][HIDDEN1_SIZE] += LEARNING_RATE * hidden2_error[i]; // Bias
    }

    // Update weights for Hidden Layer 1
    for (i = 0; i < HIDDEN1_SIZE; i++) {
        for (j = 0; j < INPUT_SIZE; j++) {
            hidden1_weights[i][j] += LEARNING_RATE * hidden1_error[i] * input[j];
        }
        hidden1_weights[i][INPUT_SIZE] += LEARNING_RATE * hidden1_error[i]; // Bias
    }
}
```

Die Funktion 'print_weights()' gibt die Gewichte des neuronalen Netzwerks in einer strukturierten Form über die serielle Schnittstelle aus. Zuerst werden die Gewichte des ersten versteckten Layers (Hidden Layer 1) angezeigt. Dabei werden die Indizes der Eingabeneuronen (einschließlich des Bias) in der Kopfzeile ausgegeben, gefolgt von den jeweiligen Gewichtswerten für jedes Neuron in diesem Layer. Der gleiche Prozess wird dann für das zweite versteckte Layer (Hidden Layer 2) durchgeführt. Hier werden ebenfalls die Gewichtswerte für jede Verbindung zwischen den Neuronen des ersten und zweiten versteckten Layers, einschließlich des Bias, ausgegeben. Schließlich werden die Gewichte des Ausgabe-Layers (Output Layer) auf die gleiche Weise angezeigt, wobei die Verbindungen zwischen dem zweiten versteckten Layer und dem Ausgabe-Layer dargestellt werden. Diese Funktion erleichtert das Debugging, indem sie die aktuellen Gewichtswerte des neuronalen Netzwerks in einer lesbaren Form visualisiert.

```
void print_weights(float hidden1_weights[HIDDEN1_SIZE][INPUT_SIZE + 1],
                   float hidden2_weights[HIDDEN2_SIZE][HIDDEN1_SIZE + 1],
                   float output_weights[OUTPUT_SIZE][HIDDEN2_SIZE + 1]) {
  int i, j;

  Serial.println("Hidden Layer 1 Weights:");
  Serial.print("      ");
  for (j = 0; j < INPUT_SIZE + 1; j++) {
    Serial.print("      j=");
    Serial.print(j);
    Serial.print("    |");
  }
  Serial.println();
  for (i = 0; i < HIDDEN1_SIZE; i++) {
    Serial.print("i=");
    Serial.print(i);
    Serial.print("  ");
    for (j = 0; j < INPUT_SIZE + 1; j++) {
      Serial.print(" ");
      Serial.print(hidden1_weights[i][j], 7);
      Serial.print(" |");
    }
    Serial.println();
  }

  Serial.println("\nHidden Layer 2 Weights:");
  Serial.print("      ");
  for (j = 0; j < HIDDEN1_SIZE + 1; j++) {
    Serial.print("      j=");
    Serial.print(j);
    Serial.print("    |");
  }
  Serial.println();
  for (i = 0; i < HIDDEN2_SIZE; i++) {
    Serial.print("i=");
    Serial.print(i);
    Serial.print("  ");
    for (j = 0; j < HIDDEN1_SIZE + 1; j++) {
      Serial.print(" ");
      Serial.print(hidden2_weights[i][j], 7);
```

```
      Serial.print(" |");
    }
    Serial.println();
  }

  Serial.println("\nOutput Layer Weights:");
  Serial.print("        ");
  for (j = 0; j < HIDDEN2_SIZE + 1; j++) {
    Serial.print("       j=");
    Serial.print(j);
    Serial.print("     |");
  }
  Serial.println();
  for (i = 0; i < OUTPUT_SIZE; i++) {
    Serial.print("i=");
    Serial.print(i);
    Serial.print("  ");
    for (j = 0; j < HIDDEN2_SIZE + 1; j++) {
      Serial.print(" ");
      Serial.print(output_weights[i][j], 7);
      Serial.print(" |");
    }
    Serial.println();
  }
}
```

Kapitel 12 • Fuzzy-Regler für die Stromeinspeisung ins Hausnetz

12.1 Einführung

Um den tagsüber erzeugten Solarstrom effizient zu nutzen und auch in der Nacht verfügbar zu machen, wird hier eine kostengünstige Lösung mit Standardkomponenten und einer ESP32 (Arduino) Steuerung vorgestellt. Diese Lösung ermöglicht es, überschüssigen Solarstrom in einem LiFePO4-Akku zu speichern, der dann während der Nachtstunden zur Verfügung steht. Mithilfe eines PID- oder Fuzzy-Reglers wird die Leistung präzise gesteuert und in das Netz eingespeist. Die aktuelle Leistung der drei Phasen wird kontinuierlich überwacht, und der Mikro-Inverter wird entsprechend dem berechneten Stellwert geregelt, um eine optimale Einspeisung sicherzustellen.

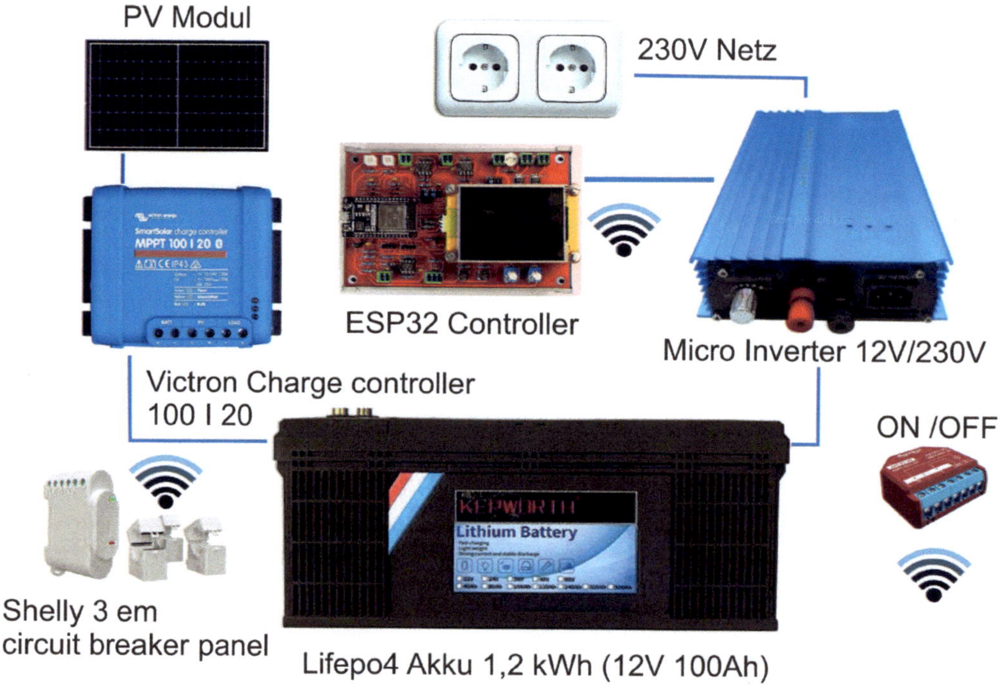

Abbildung 12.1: Anlage zur Nulleinspeisung

12.2 Shelly 3EM Energiemesser

Das Erfassen der aktuellen Leistung erfolgt mit einem Shelly 3EM Leistungsmesser:

Abbildung 12.2: Shelly 3EM WLAN Stromzähler

Der Shelly 3EM ist ein leistungsfähiges Energiemessgerät, das speziell für dreiphasige Stromnetze entwickelt wurde. Es ermöglicht eine Echtzeitüberwachung des Energieverbrauchs in Haushalten und industriellen Anwendungen. Mit der Unterstützung von WLAN kann der Shelly 3EM einfach in das interne Netz integriert werden. Die Messgenauigkeit des Geräts liegt bei 1 %, wodurch eine präzise Erfassung des Stromverbrauchs gewährleistet wird. Es kann bis zu 120 A pro Phase messen, was ideal für verschiedene Einsatzbereiche ist. Der Shelly 3EM unterstützt auch die Überwachung der Energieerzeugung von Solaranlagen. Über die mobile App können Nutzer den aktuellen Verbrauch und historische Daten einsehen. Der Shelly 3EM bietet eine zuverlässige Lösung zur Überwachung des Energieverbrauchs in Echtzeit und ermöglicht eine einfache Integration in moderne Smart Home-Umgebungen. Das Gerät ermöglicht es zudem, Verbraucher zu schalten.

Tabelle 12.1: Technische Daten des Shelly 3EM:

Technische Daten	Werte
Stromversorgung	110-230 V ±10 %, 50/60 Hz
Maximaler Strom pro Phase	120 A
WLAN	802.11 b/g/n @ 2.4 GHz
Genauigkeit	±1 %
Betriebsfeuchtigkeit	30 % - 85 %
Betriebstemperatur	-40 °C bis 40 °C
Maximale Last	3x10 A pro Kanal
Kommunikationsprotokolle	HTTP, MQTT, CoAP, TCP/UDP
App-Unterstützung	Shelly App (iOS, Android)
Abmessungen	73x57x22 mm

Die Abfrage der Messwerte erfolgt über HTTP-Request für die einzelnen drei Phasen:

```
http://192.168.178.40/emeter/0
http://192.168.178.40/emeter/1
http://192.168.178.40/emeter/2
```

Das Shelly 3EM antwortet mit dieser Antwort für Phase 0:


```
{
    "power": 30.98,
    "pf": 0.66,
    "current": 0.2,
    "voltage": 228.99,
    "is_valid": true,
    "total": 661247.1,
    "total_returned": 0
}
```


Mit folgendem http-Request lässt sich der Shelly 3EM komplett auslesen:

```
192.168.178.40/status
```

Hier ein Auszug der Anwort mit den wichtigsten Daten:


```
    "emeters": [
        {
            "power": 21.97,
            "pf": 0.6,
            "current": 0.16,
            "voltage": 230.87,
            "is_valid": true,
            "total": 661262.7,
            "total_returned": 0
        },
        {
            "power": -299.66,
            "pf": -0.97,
            "current": 1.33,
            "voltage": 231.29,
            "is_valid": true,
            "total": 431236.4,
            "total_returned": 569726.4
        },
        {
            "power": -26.34,
            "pf": -0.29,
```

```
            "current": 0.39,
            "voltage": 230.34,
            "is_valid": true,
            "total": 1379409.6,
            "total_returned": 327835.9
        }
    ]
```

12.3 Messungen mit dem Shelly Plus 1PM

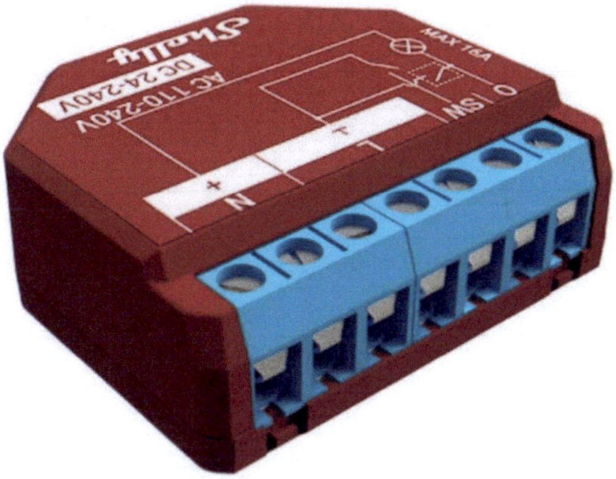

Abbildung 12.3: Shelly Plus 1PM Schalter

Der Shelly Plus 1PM ist ein kompakter, intelligenter Smart-Home-Schalter, der speziell für die Überwachung und Steuerung elektrischer Geräte mit einer Spannung von 230 V entwickelt wurde. Er kann bis zu 16 A Strom schalten und bietet eine präzise Messung von Spannung Strom und Leistung sowie von Arbeit (kWh). Mit der Unterstützung für WLAN-Verbindungen lässt sich der Shelly Plus 1PM einfach in bestehende Smart-Home-Systeme integrieren und kann über eine benutzerfreundliche App oder Weboberfläche gesteuert werden. Der Schalter ist zudem in der Lage, automatische Steuerungen und Zeitpläne zu erstellen, um den Energieverbrauch zu optimieren und den Komfort zu erhöhen. Er bietet Schutzfunktionen wie Überlast- und Überspannungsschutz, um die Sicherheit der angeschlossenen Geräte zu gewährleisten. Durch seine kompakte Bauweise kann er in Standard-EU-Schalterdosen installiert werden, was die Integration in bestehende elektrische Systeme erleichtert. Der Shelly Plus 1PM unterstützt auch HTTP-Request um mit einem ESP32 die Messwerte auszulesen. Ein Beispiel um mehrere Shellys auszulesen findet sich im Verzeichnis Arduino_ESP32_Shelly1PMPlusReader.

Tabelle 11.2: Technische Daten des Shelly Plus 1PM:

Eigenschaften Shelly Plus 1PM	Wert
Modell	Shelly Plus 1PM
Typ	Smart-Schalter mit Energie-Messfunktion
Max. Schaltstrom	16 A
Max. Schaltleistung	3680 W (bei 230 V)
Max. Spannung	110 V bis -230 V AC (Wechselspannung)
Strommessbereich	0 A bis 16 A
Energieverbrauchsmessung	Ja, inklusive kWh- und Leistungsdaten
Leistungsfaktor-Messung	Ja
Energieverbrauch (total)	Bis zu 999.999 kWh
Schaltbare Last	16 A / 3680 W
WLAN	IEEE 802.11 b/g/n
WLAN-Frequenz	2.4 GHz
Betriebsbedingungen	-10°C bis 40°C
Abmessungen	42x42x17 mm
Montageart	Unterputz-Montage
Kompatibilität	iOS, Android (Shelly App)
Steuerung	App, Webinterface, HTML Requests
Verbrauchsüberwachung	Echtzeit- und historische Verbrauchsdaten
Integration	Amazon Alexa, Google Assistant
Konnektivität	WLAN, HTTP, MQTT
Sicherheitsfunktionen	Überlastschutz, Überspannungsschutz
Statusanzeigen	LED-Statusanzeige

Hier ein HTML Aufruf um die Messwerte auszulesen:

```
// URLs für die Shelly Plus 1PM-Geräte
String serverNamePM1 = "http://192.168.178.63/rpc/Shelly.GetStatus";
```

Das lässt sich sehr gut mit einem Browser testen, indem man folgende Zeile als URL eingibt:

```
http://192.168.178.63/rpc/Shelly.GetStatus
```

Als Antwort erhält man einen umfangreichen JSON String der die Messwerte enthält.

Listing 11.1: Shelly Plus 1PM auslesen

```
// Implementierung der handleShellyPlusData-Funktion
void handleShellyPlusData(String serverPath, float* PowerArr, float* byMinuteArr,
String onColor, String offColor)
{
  HTTPClient http;
  // Verbindung mit der angegebenen URL herstellen
  http.begin(serverPath.c_str());
  // HTTP GET-Anfrage senden
  int httpResponseCode = http.GET();
  if (httpResponseCode > 0) {
    // Antwort als String speichern
    String payload = http.getString();
    // JSON-String verarbeiten
    DynamicJsonDocument jsonDoc(2048);
    DeserializationError err = deserializeJson(jsonDoc, payload);
    if (err) {
      Serial.print("Fehler beim Parsen: ");
      Serial.println(err.c_str());
      http.end();  // Ressourcen freigeben
      return;
    }
    // JSON-Werte extrahieren
    JsonObject aenergy = jsonDoc["switch:0"]["aenergy"];
    JsonObject temperatur = jsonDoc["switch:0"]["temperature"];
    // PowerArr mit den relevanten Werten füllen
    PowerArr[0] = jsonDoc["switch:0"]["voltage"];          // Spannung
    PowerArr[1] = jsonDoc["switch:0"]["current"];          // Strom
    PowerArr[2] = jsonDoc["switch:0"]["apower"];           // Leistung
    PowerArr[3] = aenergy["total"];                        // Gesamtenergie
    PowerArr[4] = temperatur["tC"];                        // Temperatur in Celsius
    // by_minute-Array extrahieren und in das übergebene Array byMinuteArr
speichern
    JsonArray byMinute = aenergy["by_minute"];
    for (size_t i = 0; i < byMinute.size() && i < 3; i++) {  // Annahme: max. 3
Elemente im Array
      byMinuteArr[i] = byMinute[i];
    }
    // Hintergrundfarbe basierend auf dem Schalterzustand ändern (nicht relevant
für diese Demo)
    bool StateSW = jsonDoc["switch:0"]["output"];
    if (StateSW) {
      // Nextion_Send_Color_to_Textbox(onColor);   // Wenn der Schalter an ist
    } else {
      // Nextion_Send_Color_to_Textbox(offColor);  // Wenn der Schalter aus ist
```

```
    }
  } else {
    // Fehlerbehandlung bei der HTTP-Anfrage
    Serial.print("Error code: ");
    Serial.println(httpResponseCode);
  }
  // Ressourcen freigeben
  http.end();
}
```

Hier die Ausgabe für ein Shelly:

```
Reading data from PM1 Shelly:
PM1 Shelly Daten:   Spannung: 227.10 V   Strom: 1.307 A   Leistung: 293.00 W
Gesamtenergie: 841.387 kWh   Temperatur: 54.00 °C
  by_minute:     Wert 1: 0.271 Wh     Wert 2: 1.351 Wh     Wert 3: 1.342 Wh
```

12.4 Laderegler Victron Smart Solar 100 I 20

Abbildung 12.4: Victron Smart Solar Laderegler

Der Victron SmartSolar MPPT 100/20 ist ein leistungsstarker und effizienter Laderegler, der für die Steuerung und Optimierung von Solarladevorgängen in Photovoltaikanlagen entwickelt wurde. Hier eine detaillierte Beschreibung seiner Hauptmerkmale und technischen Daten:

Anwendungsbereich: Für den Einsatz in Solarenergiesystemen, insbesondere in Wohnmobilen, Booten und kleinen Off-Grid-Anlagen.

Hauptmerkmale

1. MPPT-Technologie: Der SmartSolar MPPT 100/20 verwendet eine Maximum Power Point Tracking-Technologie, um selbst bei wechselnden Lichtverhältnissen die maximale Energie aus den Solarmodulen herauszuholen. MPPT ist ein Algorithmus, der kontinuierlich den optimalen Punkt für die Energieausbeute ermittelt, wodurch der Laderegler immer die bestmögliche Leistung aus den Solarmodulen zieht. Dies ist besonders wichtig, wenn die Sonneneinstrahlung variiert, etwa bei bewölktem Himmel oder unterschiedlichen Tageszeiten. Durch die effiziente Umwandlung und Maximierung des Solarstroms wird sichergestellt, dass die Batterien schnell und vollständig aufgeladen werden. MPPT-Technologie verbessert somit die Gesamtleistung und Effizienz des Solarsystems erheblich, was zu einer besseren Nutzung der Sonnenenergie führt und die Betriebskosten senkt.

2. Hohe Effizienz: Mit einem Wirkungsgrad von bis zu 98 % optimiert der Regler die Energieumwandlung und minimiert Verluste, was zu einer besseren Leistung des gesamten Solarsystems führt.

3. Bluetooth-Konnektivität: Der integrierte Bluetooth-Empfänger ermöglicht die einfache Überwachung und Konfiguration des Reglers über die VictronConnect-App auf einem Smartphone oder Tablet. Dies ermöglicht eine benutzerfreundliche und detaillierte Überwachung von Ladezustand und Systemleistung.

4. Vielseitige Batteriekompatibilität: Der Regler ist mit verschiedenen Batterietypen kompatibel, einschließlich Blei-Säure, Gel, AGM und Lithium-Batterien, was ihn flexibel und vielseitig in verschiedenen Anwendungen macht.

5. Temperaturkompensation: Um die Lebensdauer der Batterien zu verlängern, wird die Ladung je nach Batterietemperatur angepasst.

6. Einfache Installation: Die Anschlüsse sind für eine einfache und sichere Verdrahtung konzipiert. Die kompakte Bauweise ermöglicht eine einfache Integration in verschiedene Installationsumgebungen.

7. Hohe Eingangsspannung: Der Regler kann Solarstränge mit bis zu 100 V Eingangsspannung unterstützen, was mehr Flexibilität bei der Planung von Solarsystemen bietet.

Der Victron SmartSolar MPPT 100/20 ist eine ausgezeichnete Wahl für alle, die ein zuverlässiges und effizientes Solarladesystem benötigen, das eine einfache Überwachung und Anpassung bietet und gleichzeitig eine hohe Leistung sowie Flexibilität in verschiedenen Anwendungen gewährleistet.

Tabelle 12.4: Technische Daten des Victron Ladereglers:

Eigenschaft	Wert
Max. Eingangsspannung	100 V DC
Max. Ausgangsstrom	20 A
Max. Ladeleistung	260 W bei 12 V, 520 W bei 24 V
MPPT Bereich	15 V bis 100 V
Effizienz	Bis zu 98 %
Batteriespannung	12 V, 24 V und 48 V
Batterietypen	Blei-Säure, Gel, AGM, Lithium (LiFePO4)
Temperaturbereich	-40 °C bis +60 °C
Temperaturkompensation	Ja
Anschlussklemmen	Hochwertige Schraubklemmen
Kommunikation	Bluetooth (SmartSolar App) und UART TTL
Abmessungen	200x130x50 mm
Gewicht	1,5 kg

Der Laderegler lässt sich auch über ein USB TTL Kabel mit dem PC verbinden, die Software Victron Connect für den PC ist kostenlos verfügbar. Mit der UART Schnittstelle wäre auch eine Verbindung zum ESP32 möglich um den aktuellen Ladezustand auszulesen.

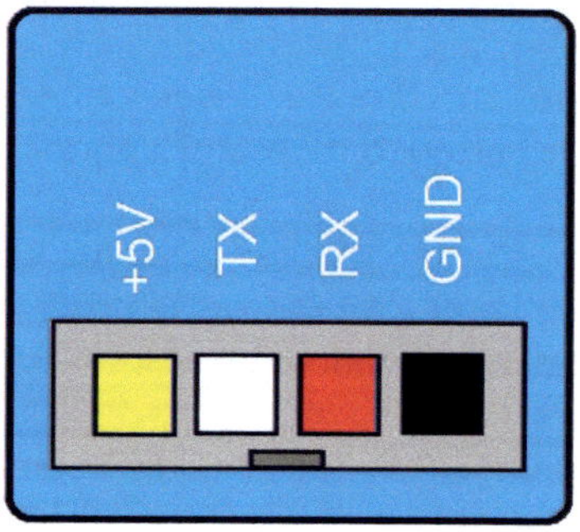

Abbildung 12.5: Victron TTL UART Schnittstelle

Tabelle 12.4: Daten, die ein SmartSolar 75/15 bei der Firmware 1.56 aktuell ausgibt:

PID	Product ID
FW	Firmware Version
SER#	Seriennummer
V	Batteriespannung
I	Batteriestrom (negativ bei Entladung)
VPV	Spannnung Solarpanel
PPV	Leistung Solarmodul
CS	Laderegler Betriebsstatus (siehe Tabelle)
MPPT	MPPT Tracker Status (0=aus, 1= Spannungs- oder Strombegrenzt, 2= aktiv)
OR	Off Reason
ERR	Error Code
LOAD	Lastausgang Status (aktiv, inaktiv)
IL	Strom Lastausgang
H19	Ertrag gesamt
H20	Ertrag heute
H21	Maximale Solarleistung heute
H22	Ertrag gestern
H23	Maximale Solarleistung gestern
HSDS	Tageszähler (0 bis 364)

12.5 Windows Software SharpDevelop_Shelly3emWinform

Für die Überwachung des Shelly 3EM und das Plus PM1 steht auch ein Windows Programm zur Verfügung. Das Programm lässt sich mit Sharp Develop oder Visual Studio ändern und neu übersetzen um die IP-Adressen anzupassen.

Damit lassen sich Daten als CSV für Excel zur späteren Auswertung speichern. Es ist auch möglich, damit Verbraucher oder Wechselrichter die daran angeschlossen sind, zu schalten.

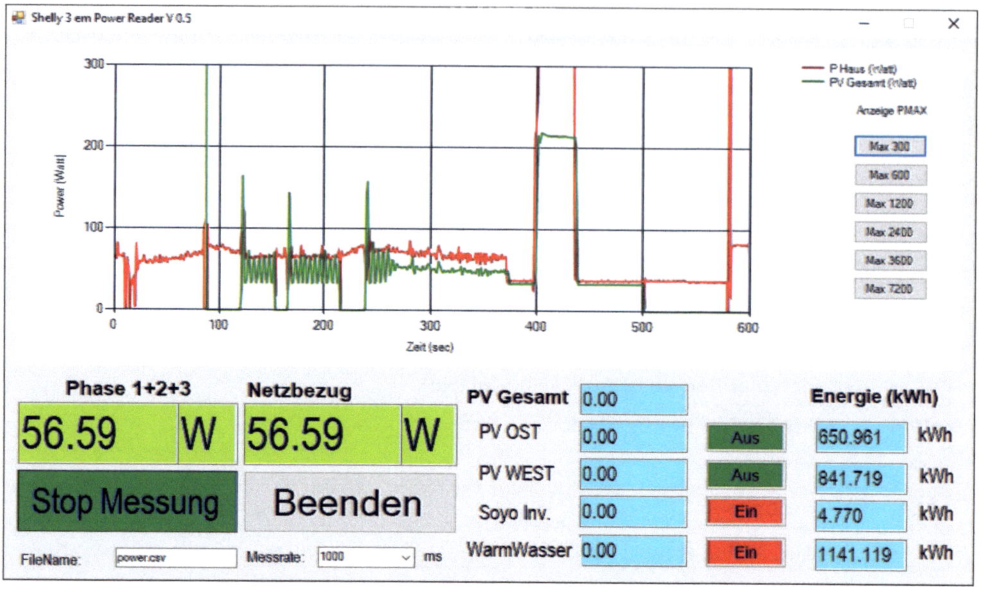

Abbildung 12.6: Windows PV Monitor für die Shellys

12.6 Soyo Micro Inverter für die Netzeinspeisung

Das Einspeisen ins Netz geschieht mit dem Soyo Micro Grid Inverter und einem 12 V / 100 AH LiFePo4 Akku.

Dieser Soyo Wechselrichter ist kompatibel mit 12 V-Batterien und kann direkt an diese angeschlossen werden. Ausführungen mit 24 V sowie 48 V sind ebenfalls erhältlich. Im 12 V Betrieb bietet er eine einstellbare Leistung im Bereich von 30 W bis 250 W. Um die Lebensdauer der Batterie zu schützen, verfügt der Wechselrichter über eine Abschaltung bei niedriger Batteriespannung, wodurch ein vollständiges Entladen der Batterie verhindert wird. Die Effizienz des Wechselrichters hängt von der Eingangsspannung ab, wobei der Wirkungsgrad bei einer Spannung nahe 11 V sinkt. Daher ist es empfehlenswert, die Spannung oberhalb dieses Wertes zu halten, um eine optimale Effizienz zu gewährleisten.

Der Microinverter wandelt die Batteriespannung (DC) in Wechselstrom (AC) um und speist diesen direkt in das Stromnetz ein. Dabei synchronisiert sich der Microinverter automatisch mit der Netzfrequenz und -spannung, um sicherzustellen, dass der erzeugte Strom in Phase mit dem Netzstrom ist. Sobald die Synchronisation abgeschlossen ist, erhöht der Microinverter schrittweise die Ausgangsspannung, bis die Leistung der eingestellten Vorgabe entspricht.

Abbildung 12.7: Soyo Micro Grid Inverter

Um mit diesem Inverter eine Variable Leistung ins Hausnetz einzuspeisen wird das Poti entfernt und an dessen Pins eine Spannung im Bereich von 0 bis 5 V angelegt, was einer Einspeiseleistung von 30 W bis 250 W entspricht.

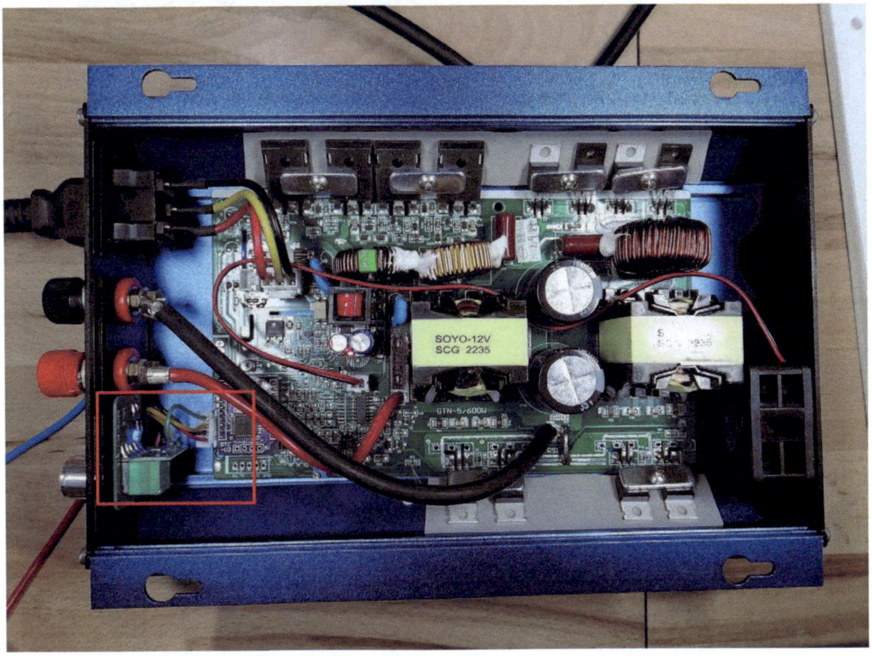

Abbildung 12.8: Anschluss für die externe Einspeisung

Tabelle 12.5: Pinbelegung für Schnittstelle des Potis:

Farbe	Beschreibung
Grün	Off +5 V On 0 V (GND)
Gelb	0 V bis 5 V für die Einspeiseleistung
Schwarz	GND
Rot	+5 V

12.7 ESP32 PID Fuzzy Control Board für die Regelung

Abbildung 12.9: ESP32 Fuzzy PID Board

Das Auslesen der Leistungsdaten vom Shelly 3EM erfolgt über HTTP-Get- Requests an die IP-Adresse des Gerätes.

```
192.168.178.40/emeter/0
```

Die Antwort ist ein String im JSON Format wie in diesem Beispiel:

```
{
    "power": 13.2,
    "pf": 0.49,
    "current": 0.12,
    "voltage": 228.74,
    "is_valid": true,
    "total": 660366.2,
    "total_returned": 0
}
```

Dieser String wird mit Hilfe der Bibliotheken ausgewertet und die wichtigen Werte extrahiert.

```
#include <ArduinoJson.h>
#include <Arduino_JSON.h>
```

Beschreibung der Software
Das Programm in der Funktion 'void loop()' besteht aus mehreren Teilen, die in verschiedenen Abschnitten ausgeführt werden. Hier ist eine detaillierte Erklärung des Ablaufs:

1. Touchscreen-Auswertung (Nextion Display):
Das Programm überprüft, ob Daten über den seriellen Port 'Serial2' empfangen wurden (dies deutet auf eine Benutzereingabe über das Touch-Display hin).

Wenn Daten empfangen wurden, wird das Zeichen gelesen und über einen 'switch'-Befehl ausgewertet. Basierend auf dem empfangenen Zeichen ('P', 'M', 'S') werden entsprechende Nachrichten über 'Serial.println()' ausgegeben. Dies könnte z.B. für die Bedienung von Buttons auf dem Display verwendet werden.

2. Steuerung von Relais und LEDs (Soyo Control):
Das Programm überwacht einen Steuerungszustand ('state_control') und den Status eines Tasters ('read_btn1()').

Je nach aktuellem Zustand (0 oder 1) wird bei Drücken des Tasters das Relais geschaltet um den Soyo Inverter mit der Batterie zu verbinden und die LED ein- oder ausgeschaltet.

Diese Steuerlogik schaltet auch ein Shelly-Gerät per API-Aufruf je nach Relaiszustand ein oder aus.

3. Periodische Aufgaben (Einmal pro Sekunde):
Dieser Block wird einmal pro Sekunde ausgeführt, gesteuert durch eine Timer-Logik ('millis()').

Innerhalb dieses Blocks wird die LED1 (Statusanzeige) umgeschaltet.

Mehrere Shelly-Geräte (Shelly 3EM und Shelly 1PM) werden ausgelesen, um den Energieverbrauch oder die Einspeisung in verschiedenen Phasen (L1, L2, L3) zu überwachen. Diese Daten werden in Variablen gespeichert und zur Berechnung von Leistungswerten verwendet.

Die Leistungswerte aus den Phasen werden summiert und angepasst, um negative Werte zu korrigieren, die das Shelly 3em ausgibt, wenn auf einer oder mehreren Phasen eingespeist wird.

4. Berechnungen:
Basierend auf den ausgelesenen Leistungsdaten wird die Gesamtleistung des Hauses und die Gesamt-PV-Leistung berechnet.

Falls ein Netzbezug vorhanden (positive Leistung im Haus) und der Controller eingeschaltet ist, wird ein Stellwert berechnet, der über eine Regelung (PID oder Fuzzy-Logik) erfolgt und an das System gesendet wird.

Wenn kein Netzbezug vorliegt, wird der Stellwert auf Null gesetzt.

5. Datenanzeige:
Die berechneten Werte (z.B. Leistung in den Phasen, PV-Leistung, Stellwert) werden als Strings formatiert und an das Nextion Display gesendet, um dort angezeigt zu werden.

Gleichzeitig werden diese Werte auch auf dem seriellen Monitor ausgegeben, um eine Rückmeldung über den aktuellen Systemstatus zu geben.

Insgesamt handelt es sich um ein Programm, das sowohl eine Echtzeitüberwachung als auch eine Steuerung der Energieflüsse in einem System ermöglicht, das aus mehreren Solaranlagen, Shelly-Geräten und einem Soyo-Wechselrichter besteht. Das Programm übernimmt die Aufgabe, diese Geräte zu überwachen, die Einspeiseleistung zu regeln und alle relevanten Daten an dem Display und den seriellen Monitor auszugeben.

Listing 12.2: Arduino_ESP32_Shelly3em_SoyoInverter.ino

```
void loop()
{

  // Touch Display Nextion auswerten wenn noetig
  if (Serial2.available())
  {
    char receivedChar = Serial2.read();
    switch (receivedChar)
    {
      case 'P': Serial.println("Button1");break;
      case 'M': Serial.println("Button2");break;
      case 'S': Serial.println("Button3");break;
      default:/*Serial.println("Zeichen ungueltig");*/break;
    }
  }

  // Soyo Control on off
  switch (state_control)
   {
    case 0: if (read_btn1()) { state_control = 1; digitalWrite(LED1, 1);
digitalWrite(RELAIS1, 1); SwitchShellyPlus1pmOnOff(RelaisOnSoyo); } break;
    case 1: if (read_btn1()) { state_control = 0; digitalWrite(LED1, 0);
digitalWrite(RELAIS1, 0); SwitchShellyPlus1pmOnOff(RelaisOffSoyo);} break;
  }
```

```
  // call every second
  if ((millis() - lastTime) > timerDelay)
  {
    lastTime = millis();
    // LED Blink
    digitalWrite(LED_BUILTIN, !digitalRead(LED_BUILTIN));

    // Shelly 3 em auslesen L1 bis L3 und JSON String dekodieren
    ReadShelly3em(0);
    ReadShelly3em(1);
    ReadShelly3em(2);

    // Die drei Shelly 1 pm auslesen und JSON String dekodieren
    ReadShellyPlus1pmGarage();
    ReadShellyPlus1pmHaus();
    ReadShellyPlus1pmSoyo();

    // Negative Werte in den einzelnen Phasen korrigieren
    PowerArr3em[phaseGarage] += PowerArr1pm_Garage[2];
    PowerArr3em[phaseHaus] += PowerArr1pm_Haus[2];
    PowerArr3em[phaseHaus] += PowerArr1pm_Soyo[2];

    // Gesamtleisung vom Shelly 3 em berechnen
    PowerArr3em[3]=PowerArr3em[0]+PowerArr3em[1]+PowerArr3em[2];

    // Gesamt Einspeisung berechnen
    p_power_pv_gesamt = PowerArr1pm_Garage[2] + PowerArr1pm_Haus[2]  +
PowerArr1pm_Soyo[2];

    // Leistung Haus berechnen , die PV Leistung subtrahieren wegen negativer
Werte der einzelnen Phasen vom Shelly 3em
    // Einspeisung mit - Vorzeichen / Bezug + Vorzeichen
    p_power_home = PowerArr3em[3] - p_power_pv_gesamt;

    // Die Werte in Strings wandleln für die Anzeige und Ausgabe
    powerphase1   = String(PowerArr3em[0], 2);
    powerphase2   = String(PowerArr3em[1], 2);
    powerphase3   = String(PowerArr3em[2], 2);
    powerphase123 = String(PowerArr3em[3], 2);

    power_pv_Garage = String(PowerArr1pm_Garage[2]);
    temp_pv_Garage  = String(PowerArr1pm_Garage[4]);

    power_pv_Haus   = String(PowerArr1pm_Haus[2]);
    temp_pv_Haus    = String(PowerArr1pm_Haus[4]);
```

```
    power_pv_Soyo    = String(PowerArr1pm_Soyo[2]);

    power_pv_Gesamt = String(p_power_pv_gesamt,2);

    power_home       = String(p_power_home);

    // Ist Netzbezug vorhanden und Controller ON
    if (p_power_home > 0 && state_control )
    {
      // Stellwert = pid_regler(0, p_power_home);
      Stellwert = fuzzy_control(0, p_power_home);
      SendControlValue(Stellwert);
    }
    else
    {
      Stellwert = 0;
      SendControlValue(Stellwert);
    }

    String strStellwert = String(Stellwert);

    // Send Data to Nextion Display
    Nextion_Send_Text_to_Textbox("txtT1",powerphase123);
    Nextion_Send_Text_to_Textbox("txtT2",power_home);
    Nextion_Send_Text_to_Textbox("txtT3",power_pv_Garage);
    Nextion_Send_Text_to_Textbox("txtT4",power_pv_Haus);
    Nextion_Send_Text_to_Textbox("txtT5",power_pv_Soyo);
    Nextion_Send_Text_to_Textbox("txtT6",strStellwert);

    // Send Data to serial Monitor
    Serial.print("PWR-3EM:");
    Serial.print(powerphase123);
    Serial.print(" PWR-Home:");
    Serial.print(power_home);
    Serial.print(" PV-OST:");
    Serial.print(power_pv_Garage);
    Serial.print(" PV-WEST:");
    Serial.print(power_pv_Haus);
    Serial.print(" PV-Soyo:");
    Serial.print(power_pv_Soyo);
    Serial.print(" ControlValue:");
    Serial.println(strStellwert);
  }
}
```

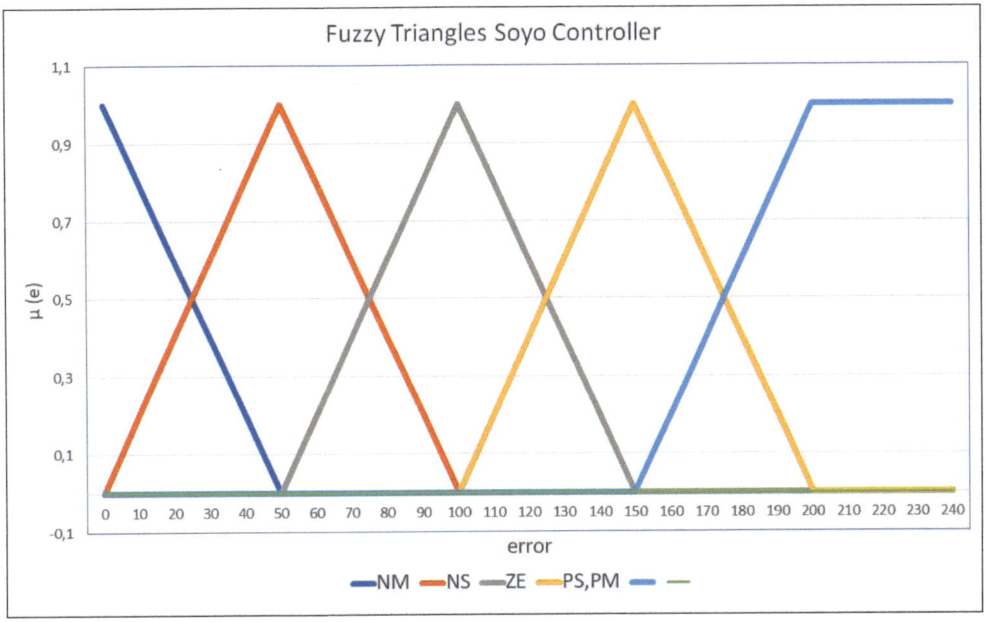

Abbildung 12.10: Fuzzy Dreiecke für den Regler

```
// These arrays are used to represent the degrees of membership
// of an input value in different regions of a fuzzy set.
float Nmax[]  =   {0,50};              // Values for the left region
float Nsmall[]  = {0,50, 100};         // Values for the middle region
float Zero[]  =   {50, 100, 150};      // Values for the middle region
float Psmall[]  = { 100, 150, 200}; // Values for the middle region
float Pmax[]  =   { 150, 200};         // Values for the right region

// Output Values
float U[]         = { 0 , 60, 120 , 170, 255 };
```

12.8 Fuzzy-Regler Funktion

Die Funktion 'fuzzy_control(float w, float x) ' berechnet ein Steuersignal unter Verwendung von Fuzzy Logik. Zunächst wird der Fehler e als Differenz von w und -x ermittelt, das ist die Leistung, die eingespeist werden soll. Auf Basis dieses Fehlers werden die Mitgliedschaftswerte für verschiedene Bereiche (links, NS, ZE, PS, rechts) mit Hilfe der Fuzzy-Funktionen berechnet. Die gewichtete Summe dieser Mitgliedschaftswerte bildet den Zähler, während die Summe aller Mitgliedschaftswerte den Nenner darstellt. Das Steuersignal y wird als Quotient aus Zähler und Nenner berechnet. Sollte der Nenner jedoch null sein, wird y auf null gesetzt, um eine Division durch null zu vermeiden. Schließlich wird y als byte Variable zurückgegeben, um den Stellwert auszugeben.

```
byte fuzzy_control(float w, float x)
{
      // Calculate the error e
    float e = w - (x * -1.0);
// Calculate the membership values for the error signal in different regions of
the
// fuzzy sets.
        // Membership value for the left region
   float left_degree_NM   = fuzzyLeftOpen  (e, Nmax[0],  Nmax[1]);
        // Membership value for the middle region NS
   float middle_degree_NS = fuzzyTriangle  (e, Nsmall[0],Nsmall[1],Nsmall[2]);
        // Membership value for the middle region ZE
   float middle_degree_ZE = fuzzyTriangle  (e, Zero[0],Zero[1],Zero[2]);
        // Membership value for the middle region PS
   float middle_degree_PS = fuzzyTriangle  (e, Psmall[0],Psmall[1],Psmall[2]);
        // Membership value for the right region
   float right_degree_PM  = fuzzyRightOpen (e, Pmax[0], Pmax[1]);

    // Calculate the weighted sum of membership values
    float numerator    = left_degree_NM * U[0] + middle_degree_NS * U[1] +
                             middle_degree_ZE * U[2]  + middle_degree_PS * U[3]
                             + right_degree_PM * U[4];

   // Sum of membership values
    float denominator = left_degree_NM + middle_degree_NS +
                             middle_degree_ZE + middle_degree_PS
                             + right_degree_PM;
   // Control signal
    float y;

    // Avoid division by zero by checking if the denominator is zero.
    if (denominator != 0) {
        // Calculate the control signal as the ratio of the
    // weighted sum to the sum of membership values.
        y = numerator / denominator;
    } else {
        // If the denominator is zero, set the control signal
   // to zero to avoid undefined behavior.
        y = 0;
    }
    return (byte)y; // Return the control signal.
}
```

Anhang A • Schaltungen Layouts und Stückliste

Arduino Nano Test Board Circuit

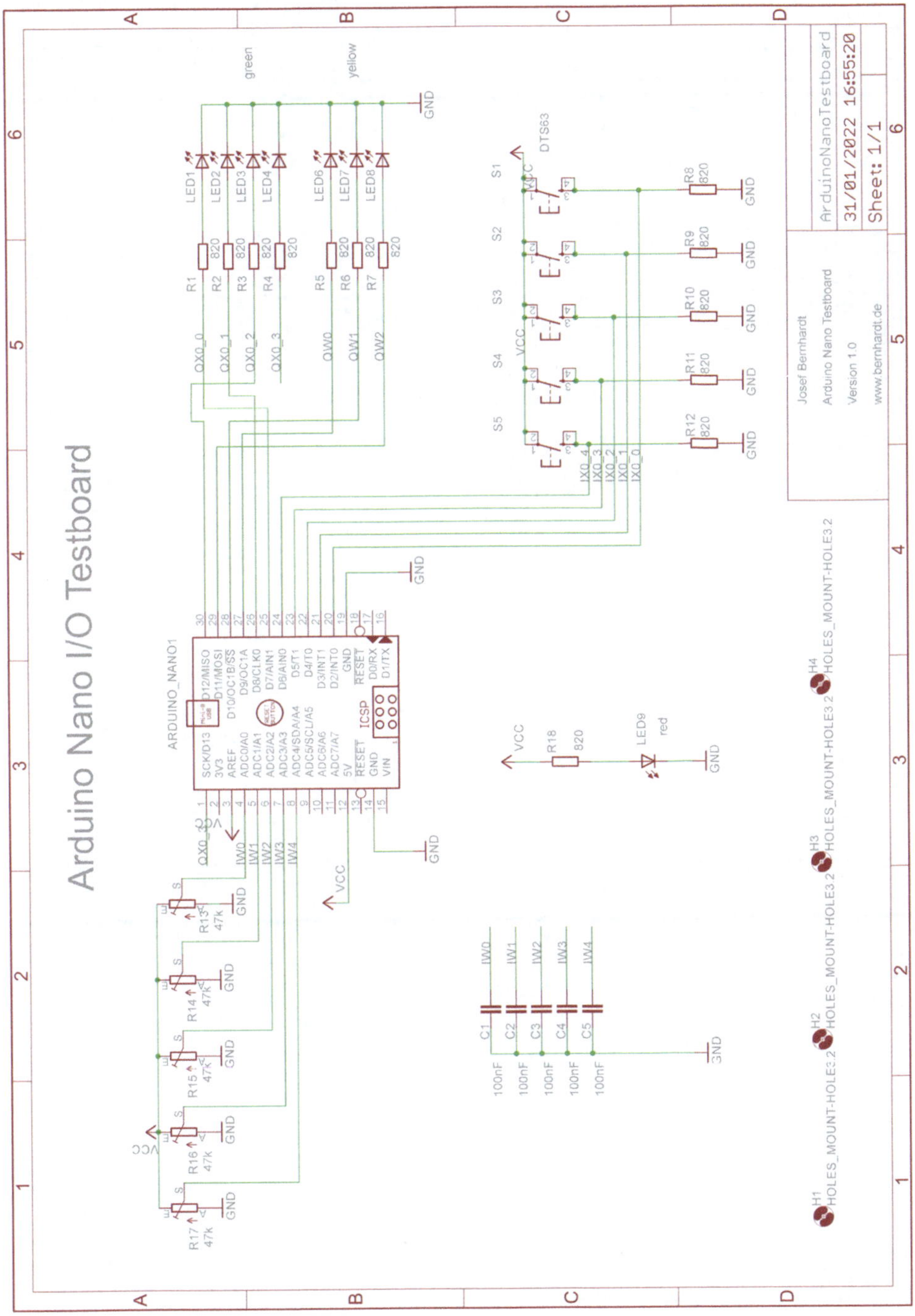

Arduino Nano Test Board Layout

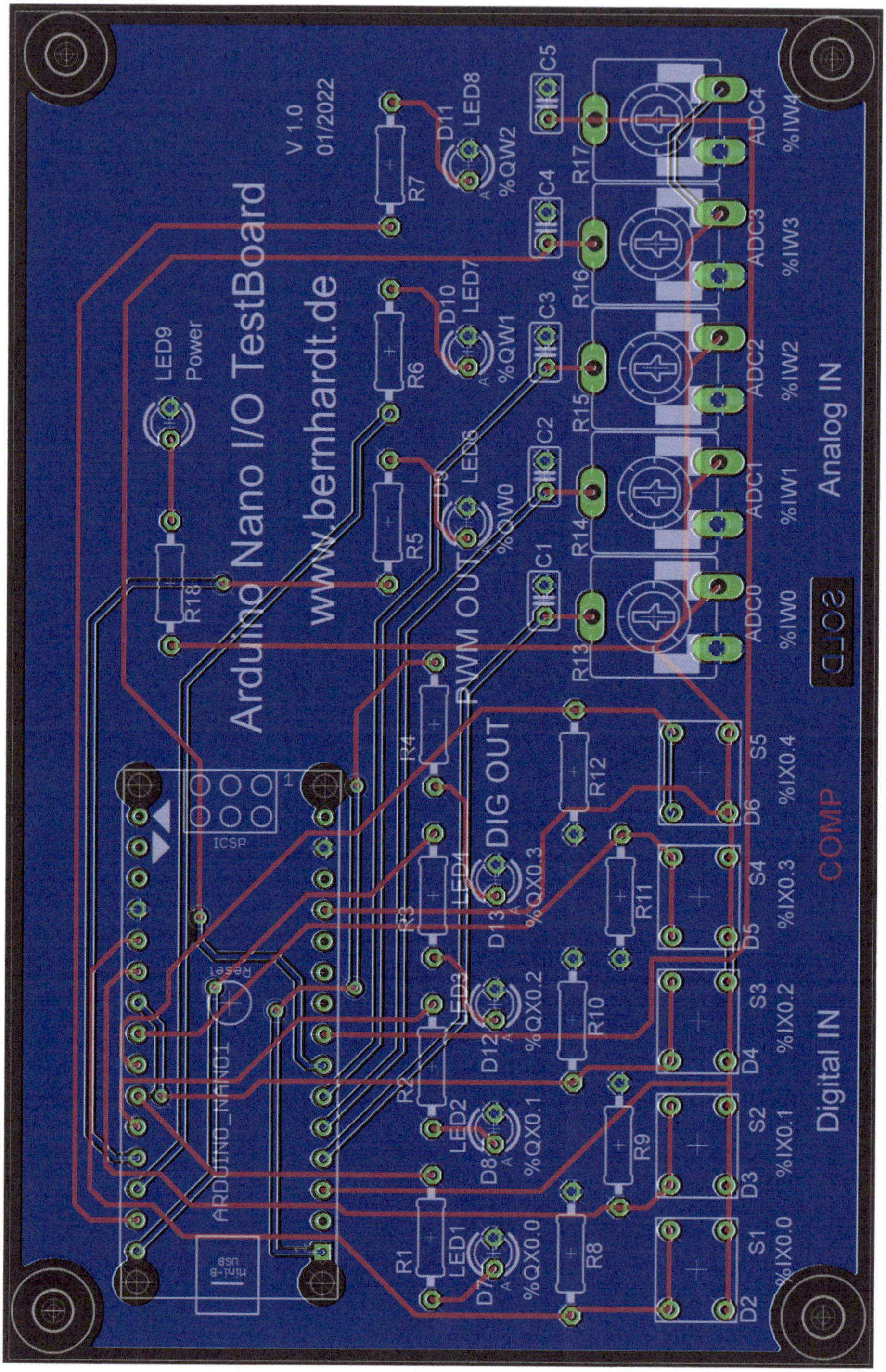

Arduino Mega PLC Board Circuit Page 1

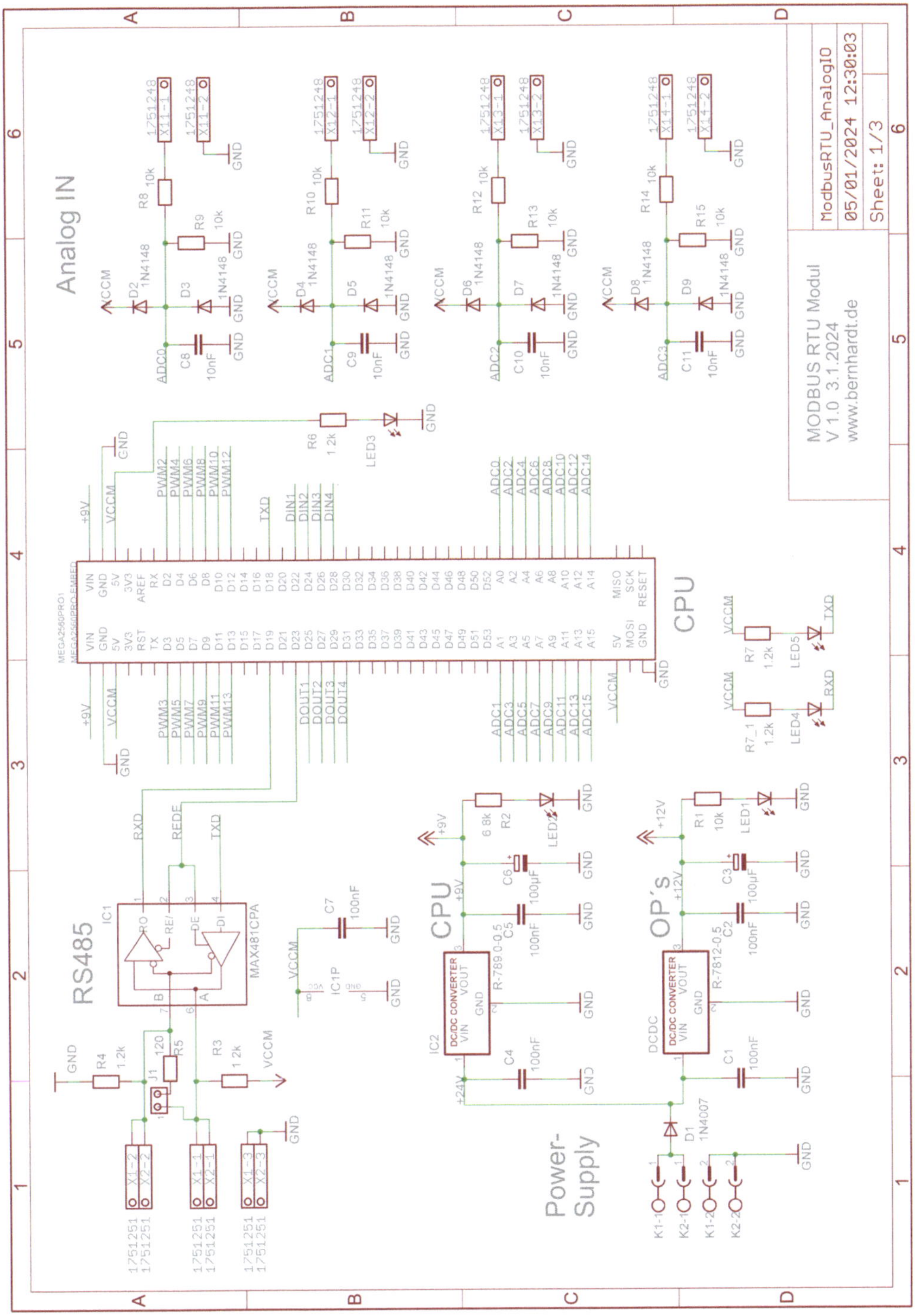

Arduino Mega PLC Board Circuit Page 2

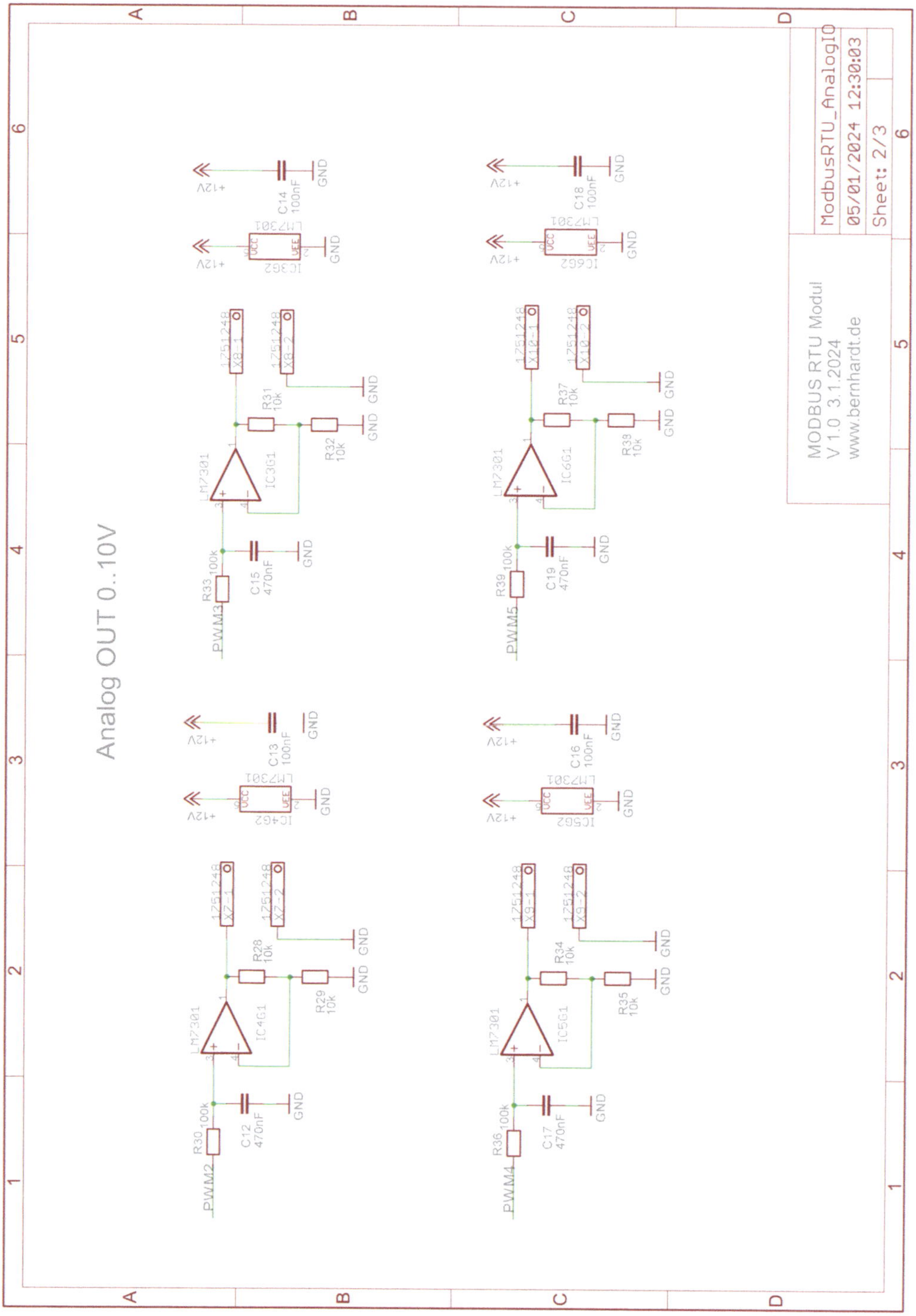

Arduino Mega PLC Board Circuit Page 3

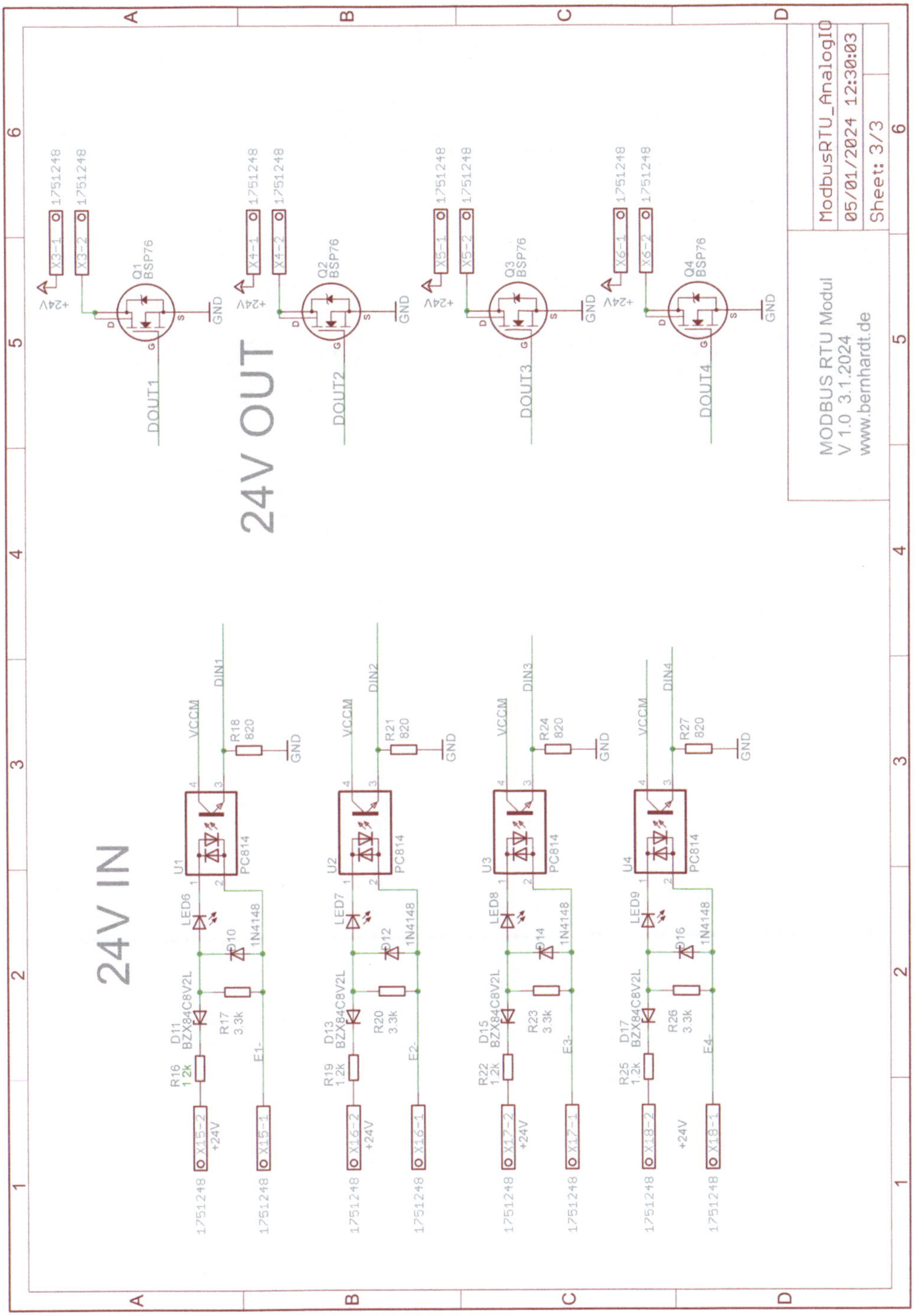

Arduino Mega PLC Board Layout

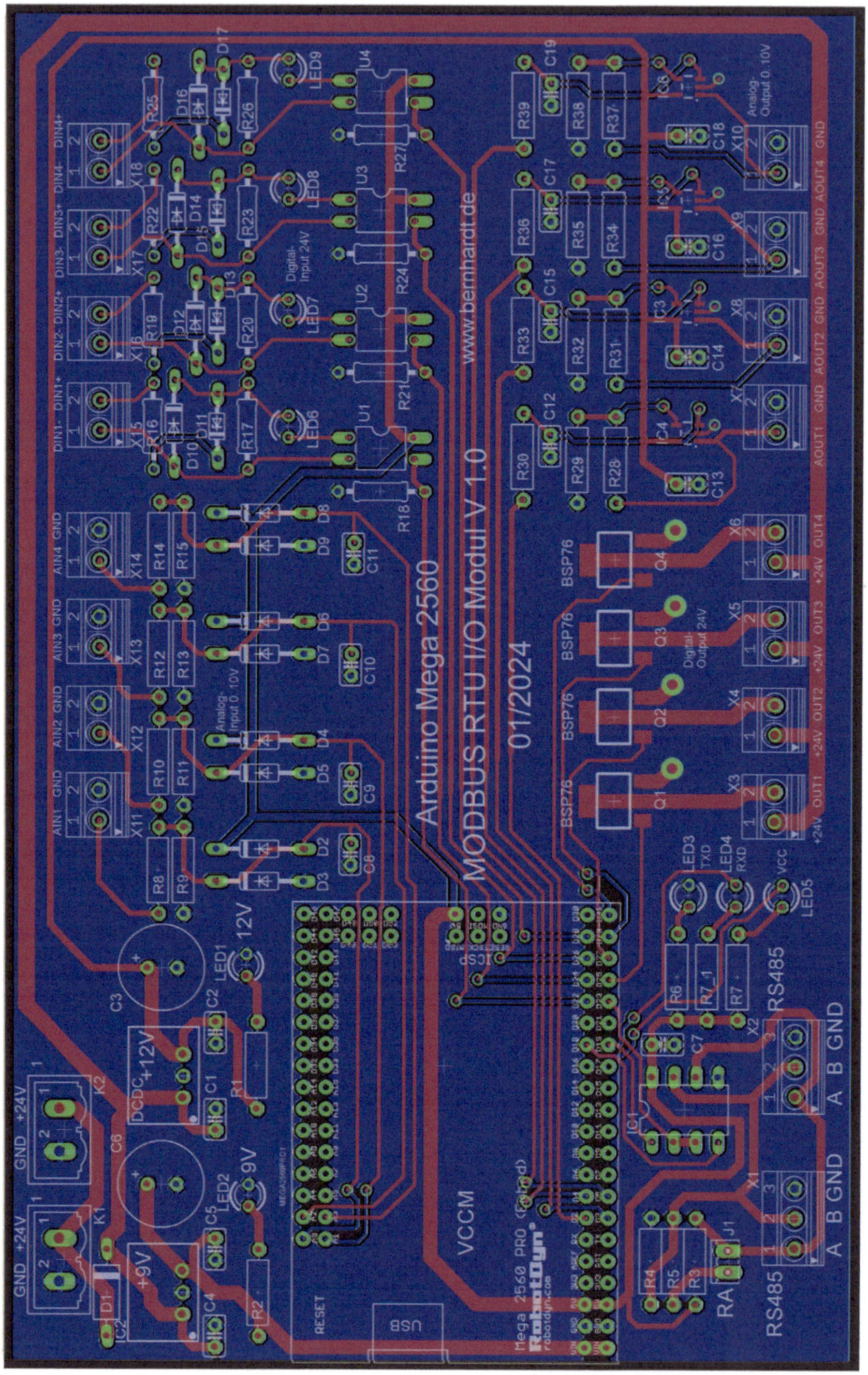

ESP32BoardFuzzyPIDControl Circuit Page 1

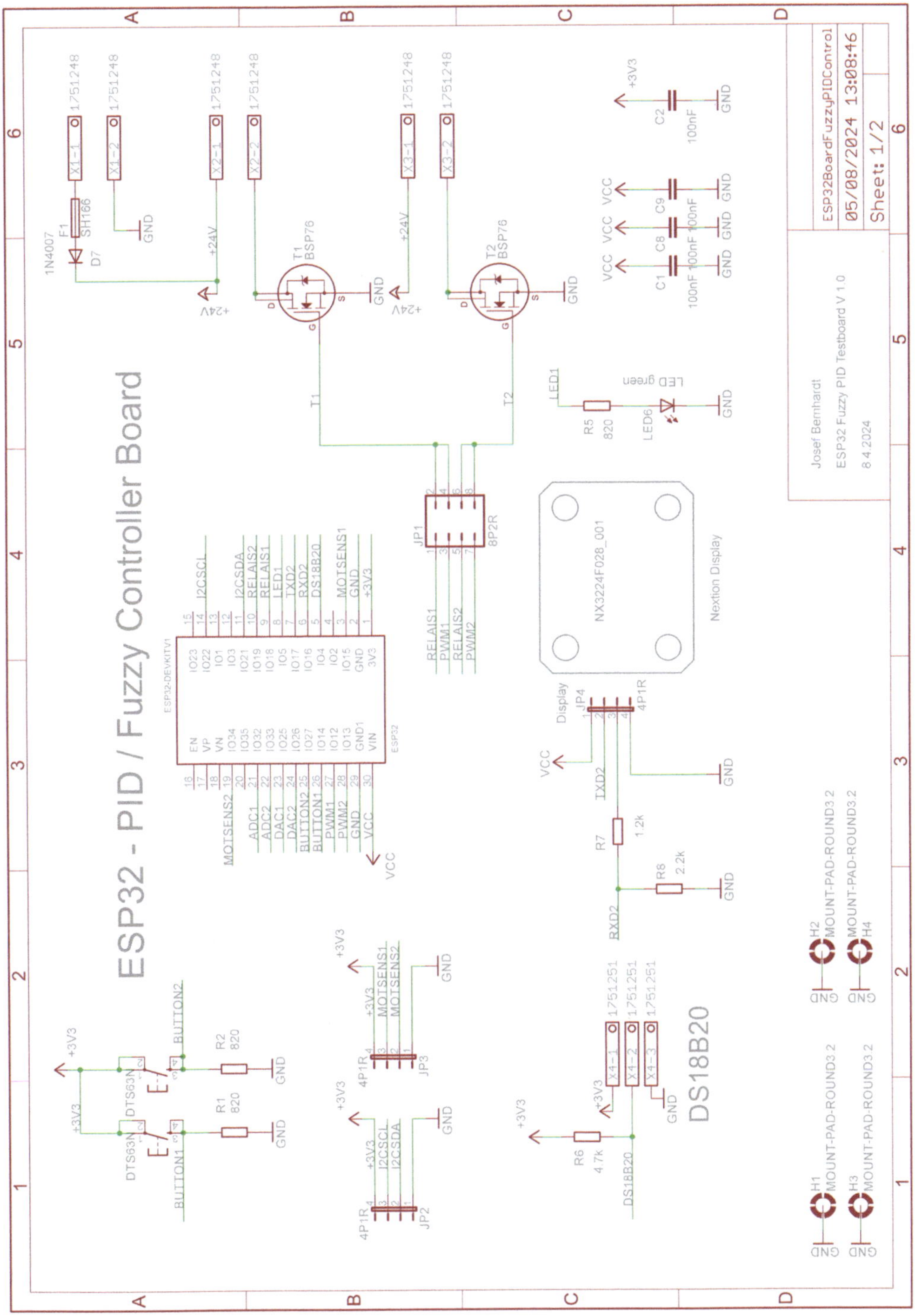

ESP32BoardFuzzyPIDControl Circuit Page 2

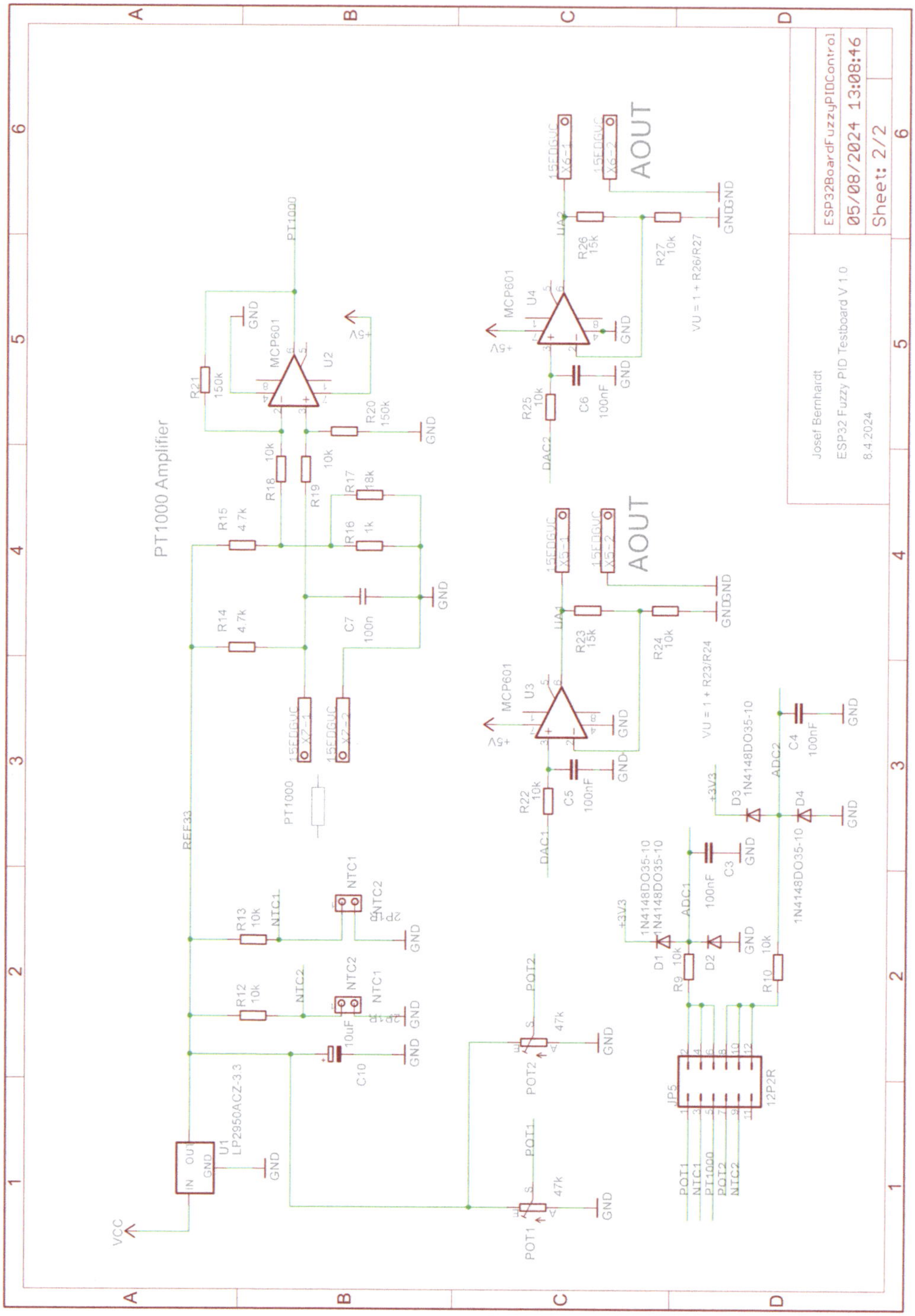

ESP32BoardFuzzyPIDControl Layout

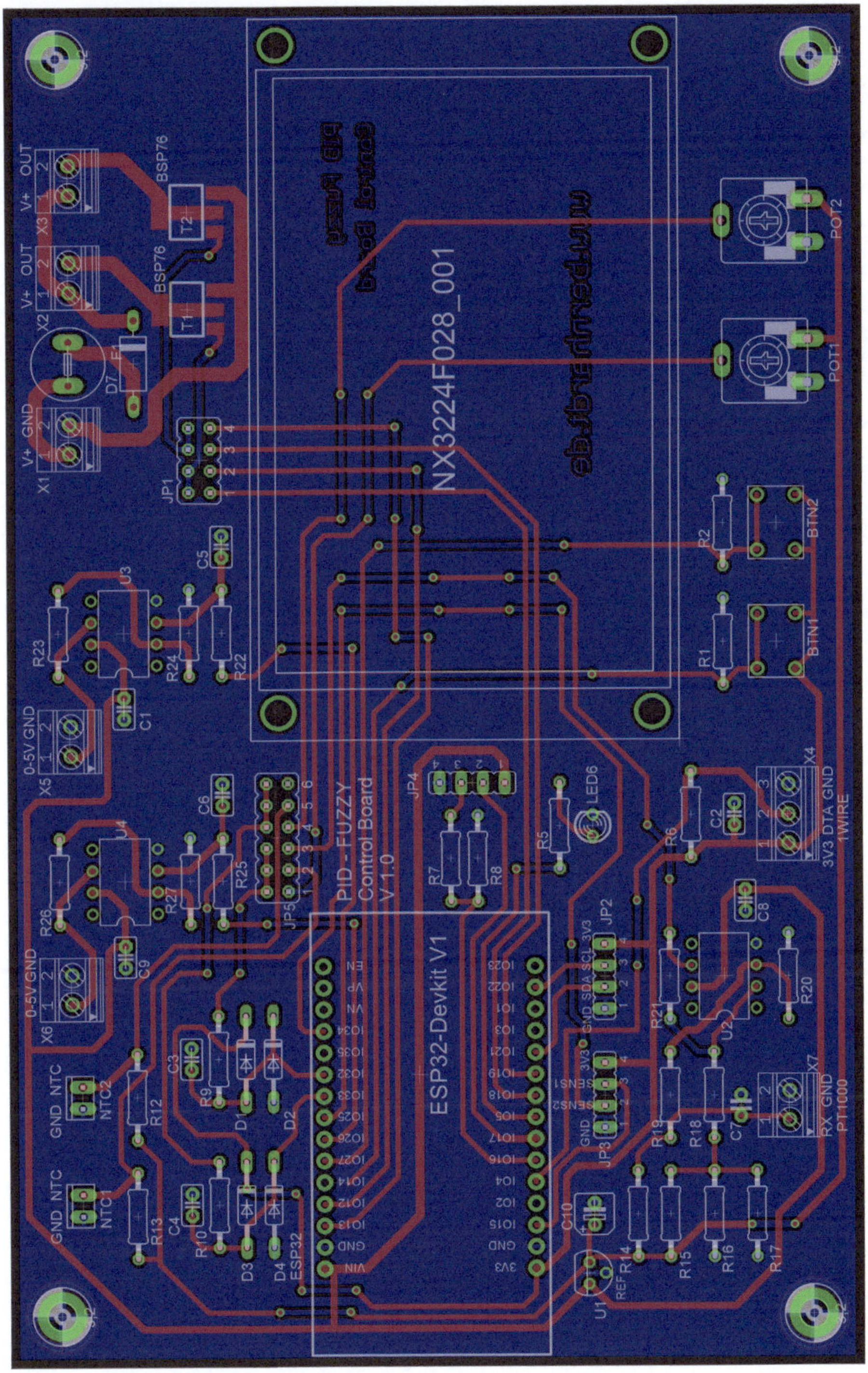

ESP32BoardModbusRTUControl Circuit Page 1

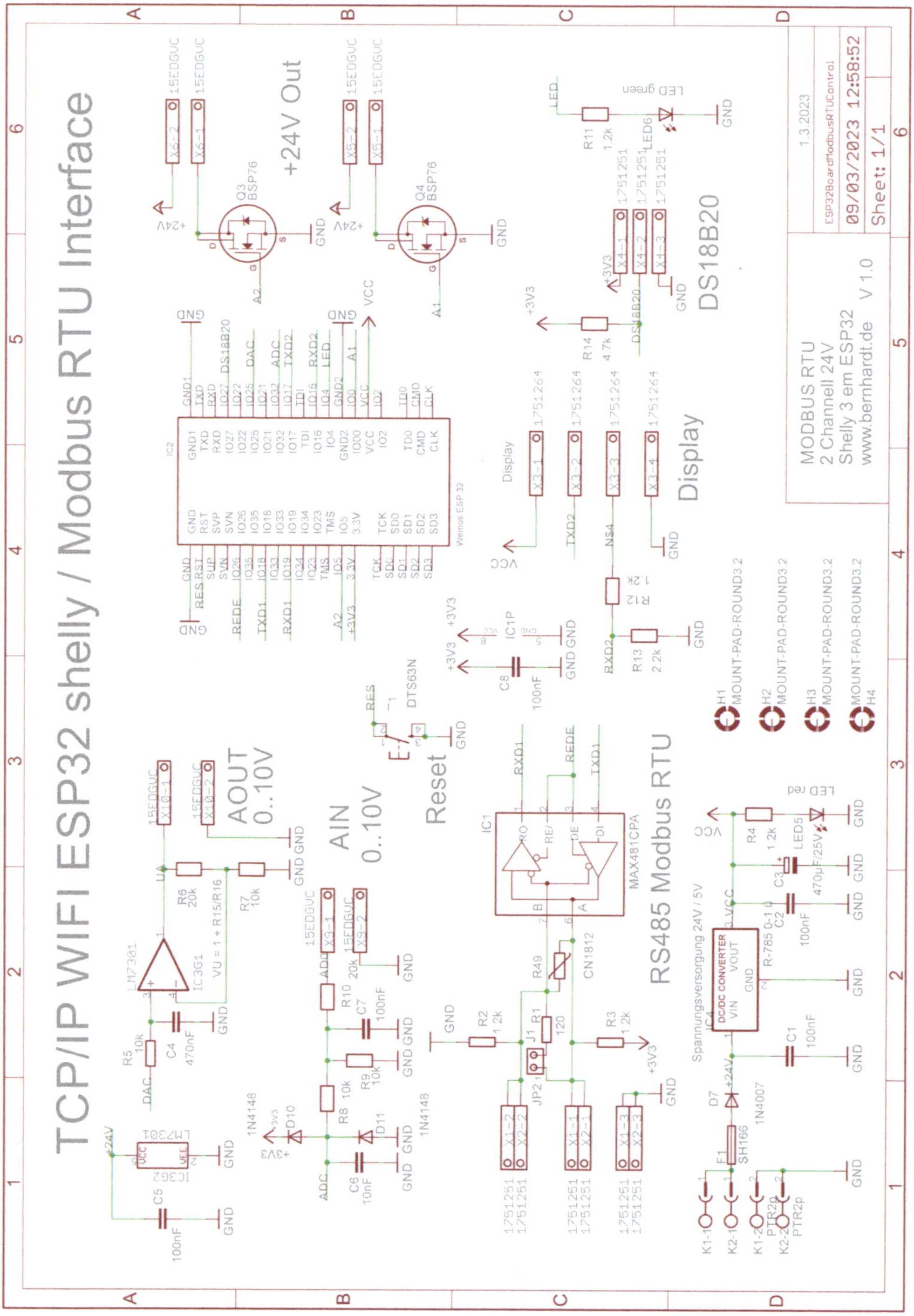

ESP32BoardModbusRTUControl Layout

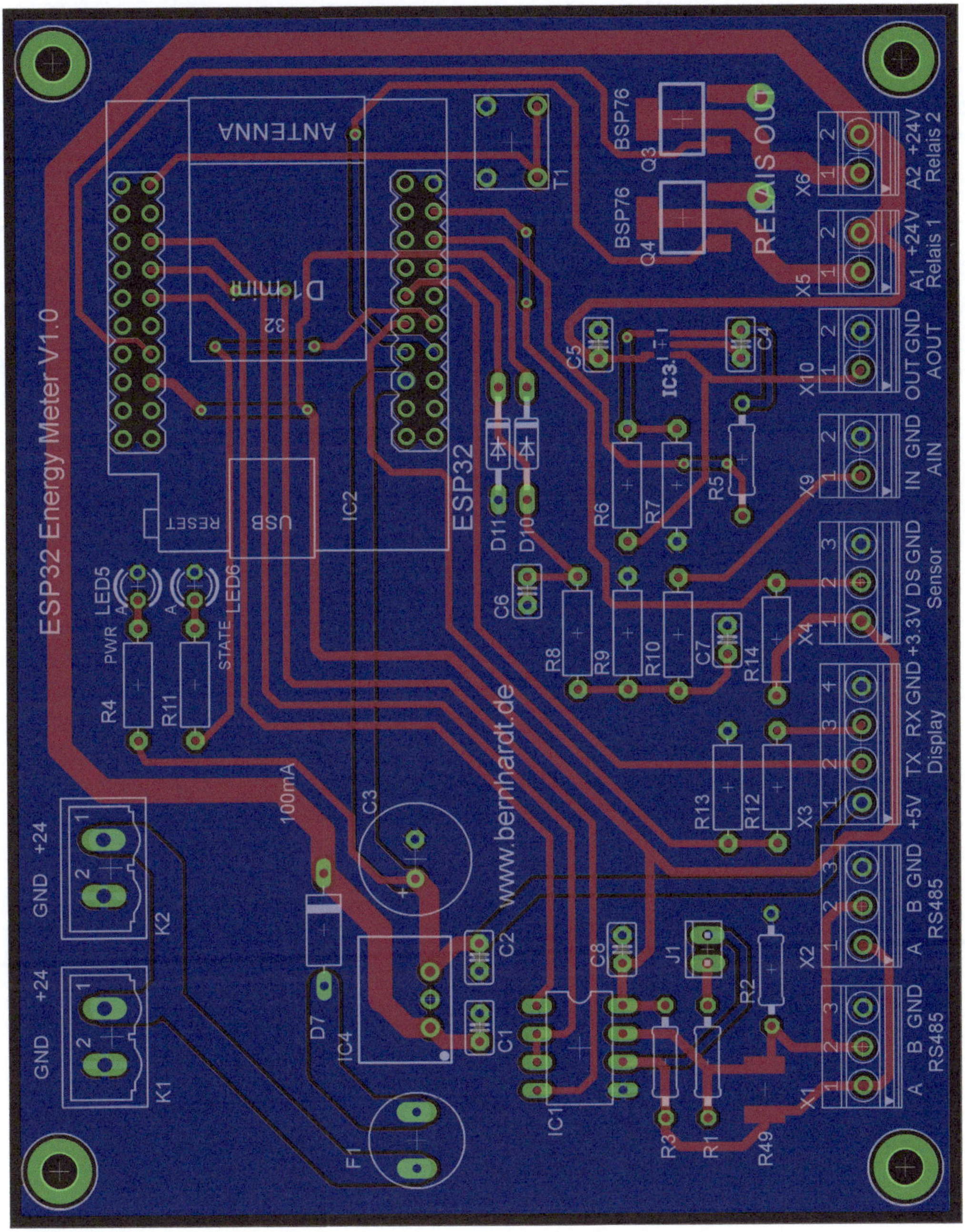

Arduino Nano Test Board Partlist

Qty	Value	Device	Package	Parts
1	Arduino Nano Modul	ARDUINO_NANO	ARDUINO_NANO	ARDUINO_NANO1
5	DTS63	DTS63N	DT63N	S1, S2, S3, S4, S5
8	LED	LED3MM	LED3MM	LED1, LED2, LED3, LED4, LED6, LED7, LED8, LED9
5	100nF	C RM2.5	RM 2.5	C1, C2, C3, C4, C5
5	47k	Poti	CA9V	R13, R14, R15, R16, R17
13	820	R	R 0207/10	R1, R2, R3, R4, R5, R6, R7, R8, R9, R10, R11, R12, R18

Arduino Mega PLC Board Partlist

Qty	Value	Device	Package	Parts
16	1751248	CON RM 3.5 2p	1751248	X3, X4, X5, X6, X7, X8, X9, X10, X11, X12, X13, X14, X15, X16, X17, X18
2	1751251	CON RM 3.5 3p	1751251	X1, X2
12	1N4148	1N4148DO35-10	DO35-10	D2, D3, D4, D5, D6, D7, D8, D9, D10, D12, D14, D16
4	BZX84C8V2L	BZV10	DO34Z7	D11, D13, D15, D17
9	100nF	C2.5/2	C2.5-2	C1, C2, C4, C5, C7, C13, C14, C16, C18
4	10nF	C2.5/2	C2.5-2	C8, C9, C10, C11
4	470nF	C2.5/2	C2.5-2	C12, C15, C17, C19
2	100µF	Elko	E3,5-10	C3, C6
1	1N4007	DIODE D-10	D-10	D1
4		LED3MM	LED3MM	LED6, LED7, LED8, LED9
5		LED3MM	LED3MM	LED1, LED2, LED3, LED4, LED5
1	MAX481CPA	MAX481CPA	DIL08	IC1
4	BSP76	MOSFET_IRLL024	MOSFET SOT-223	Q1, Q2, Q3, Q4
1		MTA02-100	10X02MTA	J1
4	LM7301	LM7301	SOT23-5	IC3, IC4, IC5, IC6
4	PC814	PC814	DIL04	U1, U2, U3, U4
4	3.3k	R 0207/10	R 0207/10	R17, R20, R23, R26
4	820	R 0207/10	R 0207/10	R18, R21, R24, R27
1	R-7812-0.5	R-78C3.3-1.0	SIP3	DCDC
1	R-789.0-0.5	R-78C3.3-1.0	SIP3	IC2
5	1.2k	RESEU-10	R-10	R16, R19, R22, R25 ,R3, R4, R6, R7, R7_1
4	100k	RESEU-10	R-10	R30, R33, R36, R39
17	10k	RESEU-10	R-10	R1, R8, R9, R10, R11, R12, R13, R14, R15, R28, R29, R31, R32, R34, R35, R37, R38
1	120	RESEU-10	R-10	R5
1	6.8k	RESEU-10	R-10	R2
2		W232-2	W232-2	K1, K2
1	MEGA2560PRO-EM-BED	MEG-A2560PRO-EMBED	MEGA2560PRO-EM-BED	MEGA2560PRO1

ESP32BoardFuzzyPIDControl Partlist

Qty	Value	Device	Package	Parts
3	15EDGVC	1751248	1751248	X5, X6, X7
3	1751248	1751248	1751248	X1, X2, X3
1	1751251	1751251	1751251	X4
4	1N4148DO35-10	1N4148DO35-10	DO35-10	D1, D2, D3, D4
9	100nF	C2.5/2	C2.5-2	C1, C2, C3, C4, C5, C6, C7,C8, C9
1	10uF	CPOL-EUB45181A	B45181A	C10
1	1N4007	DIODE-D-10	D-10	D7
2	DTS63N	DTS63N	DT63N	BTN1, BTN2
1	ESP32	ESP32DEVKITV1	ESP32-DEVKITV1	ESP32
3	4P1R	JP4E	JP4	JP2, JP3, JP4
1	8P2R	JP4Q	JP4Q	JP1
1	12P2R	JP6Q	JP6Q	JP5
1	LED Red	LED3MM	LED3MM	LED6
1	LP2950ACZ-3.3	LP2950ACZ-3.3	TO92	U1
2	BSP76	MOSFET_IRLL024	MOSFET_SOT-223	T1, T2
2	2P1R	MTA02-100	10X02MTA	NTC1, NTC2
1	NX3224F028_001	NX3224F028_001	NX3224F028_001	U$1
1	1.2k	R 0207/10	0207/10	R7
10	10k	R 0207/10	0207/10	R9, R10, R12, R13, R18, R19, R22, R24, R25, R27
2	15k	R 0207/10	0207/10	R23, R26
3	820	R 0207/10	0207/10	R1, R2, R5
1	18k	R 0207/10	0207/10	R17
1	1k	R 0207/10	0207/10	R16
1	2.2k	R 0207/10	0207/10	R8
2	150k	R 0207/10	0207/10	R20, R21
3	4.7k	R 0207/10	0207/10	R6, R14, R15
3	MCP601	MCP 601	DIL08	U2, U3, U4
1	SH166	TR5 Fuse	TR5	F1
2	47k	Poti CA9V	**ACP TECHNOLOGIES** CA9V	POT1, POT2

ESP32BoardModbusRTUControl Partlist

Qty	Value	Device	Package	Parts
4	15EDGVC	1751248	1751248	X5, X6, X9, X10
3	1751251	1751251	1751251	X1, X2, X4
1	1751264	1751264	1751264	X3
2	1N4148	1N4148DO35-10	DO35-10	D10, D11
5	100nF	C2.5/2	C2.5-2	C1, C2, C5, C7, C8
1	10nF	C2.5/2	C2.5-2	C6
1	470nF	C2.5/2	C2.5-2	C4
1	470µF/25V	Elko E3.5-10	E3,5-10	C3
1	1N4007	DIODE-D-10	D-10	D7
1	DTS63N	DTS63N	DT63N	T1
1	LED green	LED3MM	LED3MM	LED6
1	LED red	LED3MM	LED3MM	LED5
1	MAX481CPA	MAX481CPA	DIL08	IC1
2	BSP76	MOSFET_IRLL024	MOSFET_SOT-223	Q3, Q4
4	MOUNT-PAD-ROUND3.2	MOUNT-PAD-ROUND3.2	3,2-PAD	H1, H2, H3, H4
1	JP2	MTA02-100	10X02MTA	J1
1	LM7301	LM7301	SOT23-5	IC3
5	1.2k	R 0207/10	R-10	R2, R3, R4, R11, R12
4	10k	R 0207/10	R-10	R5, R7, R8, R9
1	2.2k	R 0207/10	R-10	R13
2	20k	R 0207/10	R-10	R6, R10
1	4.7k	R 0207/10	R-10	R14
1	120	R 0207/10	0207/10	R1
1	R-785.0-1.0	R-78C3.3-1.0	SIP3	IC4
1	SH166	Fuse TR5	TR5	F1
1	CN1812	VARISTORCN1812	CT/CN1812	R49
2	PTR2p	W232-2	W232-2	K1, K2
1	Mini D1 ESP32	WEMOS_D1_32	WEMOS-D1-MINI-32	IC2

Anhang B • Literaturverzeichnis

Bücher

Thomas Tilli: Automatisierung mit Fuzzy Logic

Ulrich Schulte: Einführung in Fuzzy Logic Fortschritt durch Unschärfe

Adolf Grauel: Fuzzy-Logic Einführung in die Grundlagen mit Anwendungen

Peter Beater: Physical Computing – Automatisieren mit dem Arduino

Gerd Schulz: Regelungstechnik Mehrgrößenregelung – Digitale Regelungstechnik – Fuzzy-Regelung

Papers

Lotfi a. Zadeh: Fuzzy Logic = Computing with Words

B. Wamister: L12 Fuzzy Logic

Jim Sibigtroth: A Graphical Introduction to Fuzzy Logic

Jim Sibigtroth: Fuzzy Logic for Embedded Microcontrollers

TI Timothy A. Adcock: (SPRA028) What is Fuzzy Logic? An Overview of the Latest Control Methodology

TI Andreas Dannenberg: (SLAA235) Fuzzy Logic Motor Control with MSP430

Dr. Varodom Toochinda: Digital PID Controllers

Michael Hubo/ Matthias Ortmann: Einführung in die Fuzzy_Logik

Anhang C • Weblinks

Arduino Webseite
https://www.arduino.cc/en/software

Nextion Display Webseite
https://nextion.tech/

Download Seite der Codeblocks IDE
https://www.codeblocks.org/

Bibliothek für Modbus RTU Master
https://github.com/reaper7/SDM_Energy_Meter

FELJC Fuzzy-Regler
https://staff.ltam.lu/feljc/school/asser_t3/Fuzzyregler.pdf

Jim Sibigtroth Fuzzy Logic for Embedded Microcontrollers
https://circuitcellar.com/wp-content/uploads/2015/02/Sibigtroth-CC-1995-03-Issue-056.pdf

A Graphical Introduction to Fuzzy Logic
https://shrubbery.net/~heas/willem/PDF/Motorola/fuzzy.html

Ball and Beam Beispiel
https://my.hidrive.com/share/njy0u0ljzu

Crane Controller
https://www.codeproject.com/Articles/23387/Introduction-to-C-and-Fuzzy-Logic

Control Notes von Jacques Smuts, Ph.D., P.E.
https://blog.opticontrols.com/

Fuzzy Logic in C Dr. Dobbs Journal
https://www.chebucto.ns.ca/Science/AIMET/archive/ddj/fuzzy_logic_in_C/

Fuzzy Logic in C Dr. Dobbs Journal Update
http://www.chebucto.ns.ca/Science/AIMET/archive/ddj/fuzzy_logic_in_C_-_an_update/

Fuzzy und PID-Regler online
https://www.rentanadviser.com/pid-fuzzy-logic/pid-fuzzy-logic.aspx

Wikipedia Fuzzy Control
https://en.wikipedia.org/wiki/Fuzzy_control_system

Buch und Grundlagen zu Neuronalen Netzen
http://www.dkriesel.com/science/neural_networks

Anhang D • Beispielprogramme für den Arduino UNO und ESP32

Ein Teil der Beispiele benötigt keine Externe Hardware und kann jederzeit auf verschiedenen Arduino Boards getestet werden. Bei den Beispielen mit den Sensoren und der realen Heizung empfehle ich das ESP32 Fuzzy Control Board.

Kapitel 1 Arduino Hardware für die Regelungstechnik
01 Arduino_UART2_NextionDisplay
02 Arduino_TimerTick_USB_Hardware
03 Arduino_ADC_Interpolate
04 Arduino_ESP32_WebsocketSlider

Kapitel 2 Sensoren für die Regelungstechnik
01 Arduino_ADC_NTC10K_Calculation
02 Arduino_ADC_PT1000_Interpolation
03 Arduino_ADC_PT1000_OneWire_DS18B20
04 Arduino_LinearRegression
05 Arduino_ADC_NTC_CubicSplineInterpolation
06 Arduino_Polynom_Interpolation

Kapitel 3 Stellglieder MOSFET und SSR
Keine Beispiele vorhanden

Kapitel 4 Steuerung, Regelung und Regelstrecken
01 Arduino_PT2_SystemSimulation
02 Arduino_PhysicalHeaterPulse
03 Arduino_Motor_PWM_ADC
04 Arduino_ADC_PWM_Mosfet
05 Arduino_ADC_Pulse_Mosfet

Kapitel 5 Zweipunkt und PID-Regler
01 Arduino_PT2_TwoPoint_Controller
02 Arduino_PT2_PID_Controller
03 Arduino_PhysicalHeater_PID
04 Arduino_PendelExample

Kapitel 6 Fuzzy Logic Grundlagen
Codeblocks_C_FuzzyFanControl
Codeblocks_C_Fuzzy_Triangle_Trapez_Example
Codeblocks_C_Fuzzy_Gauss_Example
Codeblocks_C_Fuzzy_Bell_Example
Codeblocks_C_Fuzzy_Sigmoid_Example
Arduino_Fuzzy_FanController_COG Test

Kapitel 7 Fuzzy Logic Temperaturregler
7.1 Arduino_PT2_Fuzzy_Triangle
7.2 Arduino_PhysicalHeater_Fuzzy_Triangle
7.3 Arduino_PhysicalHeater_Fuzzy_Gauss
7.4 Arduino_PhysicalHeater_Fuzzy_Bell
7.5 Arduino_PT2_Fuzzy_Gauss_Example
7.6 Arduino_PT2_Fuzzy_Bell_Example

Kapitel 8 Fuzzy Logic Temperaturregler mit zwei Eingängen
Codeblocks_C_TempInnenAussenWamister
Codeblocks_C_VorlauftemperaturHeizung
Arduino_PT2_Fuzzy_Triangle_Error_DError
Arduino_PT2_Fuzzy_Triangle_IndoorOutdoor

Kapitel 9 Fuzzy-Regler Beispiele mit einem DC-Motor
Arduino_Motor_Speed_Measurement
Arduino_Motor_Speed_Control
Arduino_Motor_Position_Control

Kapitel 10 Sliding-Mode-Regler
Arduino_PT2_Sliding_Mode_Controller
Arduino_PT2_Sliding_Mode_Supertwist
Arduino_PhysicalHeater_SlidingModeControl
Arduino_PhysicalHeater_SlidingModeControlEXP
Arduino_SlidingModeFromMatlab

Kapitel 11 Neuronale Netze
Arduino_ANN_ColorSensorTCS34725
Arduino_ANN_FuzzyGaussExample
Arduino_ANN_OneHiddenLayer
Arduino_ANN_TwoHiddenLayer
Arduino_GradientDescentPerceptronDE
Arduino_GradientDescentPerceptronEN

Kapitel 12 Fuzzy Regler für die Stromeinspeisung ins Hausnetz
Arduino_Shelly1PMPlus auslesen.ino
Arduino_ESP32_Shelly3em_SoyoInverter.ino

Diverse Programme die nicht im Buch behandelt werden:

Arduino_CraneControl
Arduino_ESP32_BME280
Arduino_ESP32_HardwareTimerBlink
Arduino_ESP32_LEDC_Fading_PWM1_PWM2
Arduino_ESP32_SCD40_41_CO2_Sensor
Arduino_Nano_TCS74725_Example
Arduino_PT2_RC_NET
Arduino_TimerCycleHeat
Arduino_TimerCycleHeat_Class

Index